水电站大坝安全系列丛书

水电站大坝工程隐患治理

中国电建集团华东勘测设计研究院
国家能源局大坝安全监察中心
黄　维　杨彦龙　彭之辰　等　著

中国电力出版社
CHINA ELECTRIC POWER PRESS

图书在版编目（CIP）数据

水电站大坝工程隐患治理 / 黄维等著. -- 北京：
中国电力出版社，2024.6. -- ISBN 978-7-5198-8968-5

Ⅰ. TV737；TV64

中国国家版本馆 CIP 数据核字第 20240TM290 号

出版发行：中国电力出版社
地　　址：北京市东城区北京站西街 19 号（邮政编码 100005）
网　　址：http://www.cepp.sgcc.com.cn
责任编辑：王晓蕾（010-63412610）
责任校对：黄　蓓　常燕昆
装帧设计：张俊霞
责任印制：杨晓东

印　　刷：三河市航远印刷有限公司
版　　次：2024 年 6 月第一版
印　　次：2024 年 6 月北京第一次印刷
开　　本：787 毫米×1092 毫米　16 开本
印　　张：18.5
字　　数：336 千字
定　　价：128.00 元

#《水电站大坝工程隐患治理》

编　写　组

组　长　黄　维

副组长　杨彦龙　彭之辰

成　员　刘西军　周建波　张　猛　汪　振　黄世强
王辉义　王　锋　吴　伟　郭玉嵘　孙辅庭
龚士林　姚霄雯　张凤山　武维毓　曾　超
季　昀　李　倩　赵　程　杨　凯　刘俊武
陈　乔　何　江　徐　亮　张　毅　蹇　超
陈　文　董　悦

序　言

水电站大坝是党和国家领导人深深挂念、高度重视的“大国重器”。水电站大坝运行安全事关国民经济发展和社会稳定，事关人民生命财产安全、国家能源安全、水安全、环境安全，是国家安全的重要组成部分。

中华人民共和国成立以来，尤其是改革开放和进入21世纪以来，我国的水电事业发展迅速，高坝大库不断刷新世界纪录，中小水电站亦如雨后春笋勃勃竞发，遍布江河。目前，全国纳入能源系统监管的主要是装机容量5万kW以上、发电为主的水电站大坝，总数近700座。国家能源局大坝安全监察中心（简称大坝中心）依法依规为这些大坝提供技术监督服务和管理保障，是目前全世界监管高坝大库最多的水电站大坝安全管理和咨询机构，在大坝工程隐患治理方面有着近40年研究与实践经验，为我国能源系统大坝运行安全长期平稳的良好局面做出了应有贡献。

在看到成绩的同时，我们也要深刻认识到，当前形势下我国水电站大坝安全仍面临诸多挑战，例如极端气候引起的大洪水、滑坡、泥石流、地震等自然灾害对大坝安全的挑战；“小散远”电力企业安全意识弱、工作基础差对运行安全的挑战；应急能力不足对大坝安全管理的挑战等。近几年，我国陆续发生了一些涉坝安全事故或事件。从地域上看，涉及中部、西部、北部的多个省份；从事故事件类型上看，涉及溢洪道冲毁、洪水漫闸、水淹厂房等各种类型。这些事故事件说明，目前电力行业的安全管理工作基础尚不牢固，大坝安全风险隐患依然突出，部分行业单位防范化解各类自然灾害和安全事故的能力还比较薄弱。

2024年是“四个革命、一个合作”能源安全新战略提出10周年，为了总结经验教训、应对风险挑战，大坝中心组织编写了《水电站大坝工程隐患治理》

一书，紧密结合我国能源系统的工程实践，对各类大坝工程隐患的研究及治理进行了全面探讨，为我国以及世界其他国家的大坝管理单位、相关研究者提供了借鉴，具有广泛的学术与实践意义。

本书的第一作者黄维同志长期领导水电站工程建设和安全管理，对大坝工程隐患治理有着丰富经验和系统认识，其余作者多为大坝中心或中国电建集团华东勘测设计研究院的工程技术人员，他们在不同专业岗位上的长期积累和深刻视角是本书的特色和基石。

阅读本书使我深受启发，对照党中央对大坝安全的部署和要求、国民经济快速发展的需求、新型电力系统建设的需求、广大人民群众对安居乐业的追求，在现有的研究和实践基础之上，水电站大坝工程隐患治理体系和能力建设仍大有可为。

一是进一步健全水电站大坝工程隐患治理法律法规及技术标准体系，夯实安全基础。根据国家新形势和新要求，与时俱进，聚焦未来技术演进，强化“治未病、早治病”“诊治并举”的科学观念，及时制定修订现行法律法规和技术标准。做好顶层设计，特别是紧扣水电站大坝工程隐患治理的特点和技术发展需要，加强制定修订配套的技术标准，充分发挥标准化的基础性、引领性作用，持续完善符合现代化治理要求的水电站大坝工程隐患治理法律法规和技术标准体系。

二是提高水电站大坝工程隐患治理的科学管理水平，完善制度化、规范化、科学化的长效管理机制。树立管理技术理念，关注人与物之间、作业环节之间的协调配合，研究构建以风险辨识与管控为基础的隐患排查治理长效管理机制，制定一系列规范科学的规章制度，明晰隐患治理的目标、内容和程序，明确各层级人员的任务、职权和要求，完善排查、治理、记录、通报、报告等重点环节的流程、方法和标准，通过优化管理过程、贯彻管理措施来保证隐患治理的高效、高质量完成和闭环管理。

三是加快推进新技术、新装备、新材料研发创新与应用，为发展新质生产力蓄势赋能。进一步发挥科技引领作用，攻克水库大坝深埋、深水、长距离等复杂隐患的精准探测技术和装备等难题，提升复杂隐患的发现能力，推动深水环境载人潜水器、水下机器人、水下快速灌浆材料等新技术研发和推广应用，着力提高信息采集的数字化、可视化、智慧化感知能力。加强坝下深埋等隐蔽工程、接触渗漏、坝基管涌、深水缺陷等复杂条件下的隐患处置技术、材料、装备和施工工艺的研发力度，进一步提升深埋、深水、高水头、大流速、长距离等复杂条件下工程隐患的治理能力。充分借鉴国内外先进经验，通过“实践、反馈、改进、再实践”的循环探索，不断促进技术手段的进步和发展，加快科技创新成果向现实生产力转化。

“雄关漫道真如铁，而今迈步从头越。”在大坝中心即将迎来成立40周年之际，我非常欣喜于水电站大坝运行安全丛书的又一本力作面世，几代水电人的智慧凝结在字里行间，数百座高坝大库的安危呼唤着攻坚克难。我相信，在全行业的共同努力下，中国水电人一定会持续不断地发展新理念、新技术，为世界提供水电站大坝工程隐患治理的中国方案。

是为序言。

国家能源局大坝安全监察中心党委书记、主任

2024年5月

前　言

水电站大坝是能源领域的重要基础设施，大坝运行安全事关人民福祉，事关经济社会发展大局，是能源安全、水安全，乃至国家总体安全的重要组成部分，不容有失。

我国是世界第一水电大国，水电装机容量达42154万kW，水电站大坝数量众多、规模巨大且增长迅速。当前，我国水电站大坝安全形势总体稳定，但大坝运行条件复杂，受地震、暴雨、洪水等自然灾害以及渗流、溶蚀、冲刷等因素影响，易产生不同程度的工程缺陷或隐患，大坝运行面临不少风险和挑战。截至2023年年底，在国家能源局注册和备案的大坝共681座，这些水电站的总装机容量达3.2亿kW，超过全国水电总装机容量的76%；水库总库容达5100亿m^3，超全国总库容的52%。水电站大坝安全运行责任重大，形势严峻复杂。面对这种情况，各单位凝聚力量，坚持水电站大坝安全工作关口前移，以“从根本上消除事故隐患、从根本上解决问题”理念为指引，积极探索工程隐患治理的有效路径，不断践行以高水平安全保障高质量发展，致力于消除隐患于未然，为我国水电站大坝安全运行管理和工程隐患治理能力现代化贡献了电力行业智慧。

本书的组织单位国家能源局大坝安全监察中心成立近40年时间来，在国家能源局领导下，与各派出能源监管机构等相关单位通力协作，帮助、指导电力企业落实主体责任。完成了近1200座次的大坝全面检查，累计发现、跟踪了近7000项工程隐患和管理类问题，重点完成了2项重大、7项较大、470项一般工程隐患的整改闭环，积极推动大坝安全监管方式由“管事故事件”向“管风险隐患”转变，促进水电站大坝安全运行和工程隐患治理能力的现代化发展。经过多年的经验积累和实践探索，逐步形成了以责任落实、管理提升、技术进步为核心的工程隐患治理路径，成效显著。

水电站大坝工程隐患管理体制机制更加完善。以电力企业为责任主体，由国家能源局对大坝工程隐患治理实施综合监督管理，派出机构和地方电力管理部门履行属地化管理责任，大坝中心提供技术监督和管理保障，构建了齐抓共管工作格局，形成了一套行之有效的工作程序和方法，对保障水电站大坝运行安全起到了重要的作用。

水电站大坝工程隐患管理法规体系更加健全。以《安全生产法》《水法》《水库大坝安全管理条例》等法律法规为基础，以《水电站大坝运行安全监督管理规定》部门规章为要点，配套发布实施《水电站大坝工程隐患治理监督管理办法》等规范性文件，使得水电站大坝工程隐患管理法律法规体系日趋健全，有力保障了工程隐患治理工作的规范化水平提升。

水电站大坝工程隐患排查和治理手段更加多元。随着技术的不断进步和发展，电法、电磁波法、弹性波法、流场法、放射性法、CT 法等检测方法日趋成熟，水下机器人、水下修复材料、水下缺陷修复作业装备和工艺等技术不断取得发展和突破，新技术、新工艺在部分工程的隐患治理中取得了良好的效果。

2024 年是“四个革命、一个合作”能源安全新战略提出 10 周年。为了总结有效经验做法，促进水电站大坝工程隐患治理能力进一步提升，我们基于大坝中心工程隐患治理实例资料和相关工程实践经验撰写了本书，希望能为国内外水电站大坝工程隐患治理提供有益的借鉴，为各级安全管理人员和基层一线员工有效开展工程隐患治理工作提供帮助。全书共分为 7 章，系统介绍了水电站大坝常见工程隐患类型及其特点、水电站大坝工程隐患检查检测方法、水电站大坝工程隐患治理技术，重点介绍了水电站大坝防洪安全隐患、土石坝渗漏安全隐患、水电站泄水建筑物工程安全隐患和水电站边坡问题及泥石流灾害治理实践，通过典型案例深入阐释。

本书在编写过程中，得到了时雷鸣、张春生、杜德进、戴天将、张秀丽、池建军等业内领导和专家的大力支持，凝聚了参编人员的智慧和汗水。国家能源局大坝安全监察中心、中国电建集团华东勘测设计研究院有限公司以及相关电力企业的诸多同志，如程庆超、王泽军、叶谦、刘德明、欧俊锋、谢国新、王俊扬、汪世安等，也给予本书极大帮助，在此一并表示衷心的感谢。

由于本书所涉内容点多面广，受水平所限，难免有错误和疏漏之处，敬请广大读者多提宝贵意见！

黄维

2024 年 5 月

目　录

第1章 水电站大坝常见工程隐患

1.1 概　　述

21世纪以来，随着我国水电工程建设快速发展，水电站大坝工程技术水平不断提高，众多高坝大库相继投入运行，但在大坝建设和运维过程中仍存在诸如对外界条件、内在属性等方面的一些认识和技术上不足。例如，大坝边界约束条件复杂，有些世界级高坝在国内外工程界都没有建设、运行经验可供借鉴；大多数大型、巨型水电站都位于西南部地区，自然环境、地质条件复杂，在勘测设计阶段，坝体、坝基的一些性能和参数难以准确查明和确定；大坝施工过程中干扰因素较多，难以完全达到设计的要求；运行中的大坝不仅长期承受水压力、渗透压力等巨大荷载，并不断遭受到渗流、溶蚀、冲刷、冻融冻胀和热胀冷缩等有害因素影响，筑坝材料和预定功能逐渐老化衰退；还可能遭遇到特大洪水和地震的破坏等。因此，大多数投入运行的大坝会存在或产生不同类型的缺陷或隐患。

缺陷在大坝上是普遍存在的，但并非所有的缺陷都是隐患，只有当缺陷发生后会对水工建筑物结构安全、功能发挥构成威胁时才能称之为隐患。目前在大坝安全管理过程中，对工程隐患的分类多凭经验划分，尚未形成统一的认识和规定。2022年国家能源局颁布实施的《水电站大坝工程隐患治理监督管理办法》(国能发安全规〔2022〕93号)规定的对大坝构成较大以上的隐患主要包括：① 防洪能力严重不足；② 大坝整体稳定性不足；③ 存在影响大坝运行安全的坝体贯穿性裂缝；④ 坝体、坝基、坝肩渗漏严重或者渗透稳定性不足；⑤ 泄洪消能建筑物严重损坏或者严重淤堵；⑥ 泄水闸门、启闭机无法安全运行；⑦ 枢纽区存在影响大坝运行安全的严重地质灾害；⑧ 严重影响大坝运行安全的其他工程问题或缺陷。

本章旨在对大坝定期检查中发现的各类隐患类型进行归纳总结，在深入开展调研的基础上，综合电力、水利行业大坝缺陷和隐患分类的管理法规和实践经验，梳理挡水建筑物、泄水建筑物和工程边坡上常见隐患类型。

1.2 混凝土坝常见工程隐患

1.2.1 混凝土坝运行期常见工程隐患类型

混凝土坝是用混凝土浇筑、碾压或用预制混凝土构件装配而成的坝，按结构特点可分为混凝土重力坝、混凝土拱坝和混凝土支墩坝。根据 2023 年 4 月国际大坝委员会的统计，全世界已建 61988[1]座大坝中，混凝土坝占比约为 20%。但在坝高 60m 以上的大坝中，混凝土坝占比超过半数，且大坝越高，混凝土坝所占比例也越大。

混凝土坝隐患类型一般可归类于设计标准、防洪安全、坝基安全、结构安全度、结构运行性态等。

（1）设计标准方面的隐患主要为工程等级划分、洪水设计标准、抗震设计标准低于规范要求。

1）工程等级划分不符合现行规范要求。较为常见是河堤式副坝建筑物级别偏低，如四川 QFY 水电站、CD 水电站，主要挡水建筑物级别为 3 级，副坝则按 4 级防洪堤设计。

2）洪水设计标准不符合现行规范要求。主要表现在四个方面：一是原设计洪水标准偏低，如山西 TQ 水电站为三等中型工程，设计阶段选用的设计洪水重现期是 100 年，但未考虑校核洪水标准，洪水标准不符合现行规范要求；二是现洪水标准已有变更，如贵州 XW 水电站设计的时候采用老规范，按重现期 50 年设计、200 年校核，原采用的洪水标准不符合现行规范要求；三是建筑物级别的变化导致防洪标准变化，如大坝经过改建或扩建，改变了工程等别和建筑物级别，或因下游环境变化或保护要求提高而需要调整大坝级别，提高防洪标准；四是运行过程中发生大洪水或强降雨导致实际洪水超过原设计标准等，如吉林 BS、辽宁 PSH 等水电站发生大洪水或强降雨后，经洪水复核计算，均出现较原设计成果增大的问题。

3）抗震标准低于规范要求。主要体现在：一是大坝抗震设防烈度未变、地震动峰值加速度发生变化，如 2015 年以来定期检查中云南 MW、GGQ 等 18 座地震动峰值加速度较设计阶段发生变化；二是大坝抗震设计烈度增大，如 2015 年以来

---

[1] 国际大坝委员会登记的 61988 座大坝，是指坝高超过 15m 或库容超过 300 万 m^3、坝高在 5～15m 之间的大坝。

定期检查中大坝抗震设防烈度增加 1 度的大坝有云南 MW、DZH、甘肃 LL 等 16 座混凝土坝。

（2）防洪安全方面的隐患类别主要包括坝顶高程和坝顶构造两类。坝顶高程隐患如坝顶或防浪墙顶高程不满足现行规范的规定等。坝顶构造隐患如防浪墙未封闭，存在缺口；伸缩缝存在缺陷，不能安全挡水等。

（3）混凝土坝坝基安全方面的隐患主要表现在坝基防渗和排水系统。如帷幕灌浆深度不足或存在缺陷；坝基或坝肩存在渗漏通道；坝基扬压力偏高；基础排水不畅等。

（4）混凝土坝结构安全方面的隐患类别主要包括抗滑稳定、坝基、坝体应力等。如坝基、坝体在荷载作用下拉压应力超标等；坝肩、坝基抗滑稳定安全系数不满足规范要求等。

（5）混凝土坝结构运行性态方面的隐患可分为结构损伤、异常渗流、异常变形等。

1）结构损伤。主要是指影响大坝运行安全的混凝土裂缝、混凝土冻融、溶蚀、腐蚀、侵蚀、碳化等形成混凝土剥蚀、疏松脱壳、孔洞、露筋等。

2）异常渗流。主要包括结构缝、施工缝、裂缝、岩体、孔洞、坝体和岸坡结合处等部位渗水；排水管、网、排水反滤系统不通畅、堵塞、抽排设施损坏；洞室岩体、坝体廊道、灌浆廊道和排水廊道、坝脚、下游近坝区域、坝体与两岸岸坡连接处等部位存在析出物、排出物等。

3）异常变形。主要是指相邻坝段、坝体及坝基与岸坡、坝体与其他建筑物等结合部位产生沉降、错动、脱开；梁柱结构倾斜、倾倒、弯曲等；压力钢管等钢衬结构鼓包、屈曲等。

选取已在大坝中心注册或备案，完成蓄水（竣工）安全鉴定，或完成至少一轮大坝安全定期检查的 56 座混凝土坝，共计 71 条隐患，对混凝土坝常见隐患分类统计分析，结果见表 1－1 和图 1－1。

表 1－1　　混凝土坝常见隐患类型

序号	隐患描述	数量（条）	比例（%）
1	坝体、坝基及坝肩渗漏或渗透稳定不足	29	41
2	影响大坝运行安全的混凝土裂缝、冻融剥蚀、侵蚀等	23	32
3	坝基坝肩抗滑稳定不足、坝体应力超标等结构安全度隐患	9	13
4	工程等级、防洪及抗震等设计标准低，不符合现行规范	8	11
5	错动、不均匀沉降等结构异常变形	2	3
总计		71	100

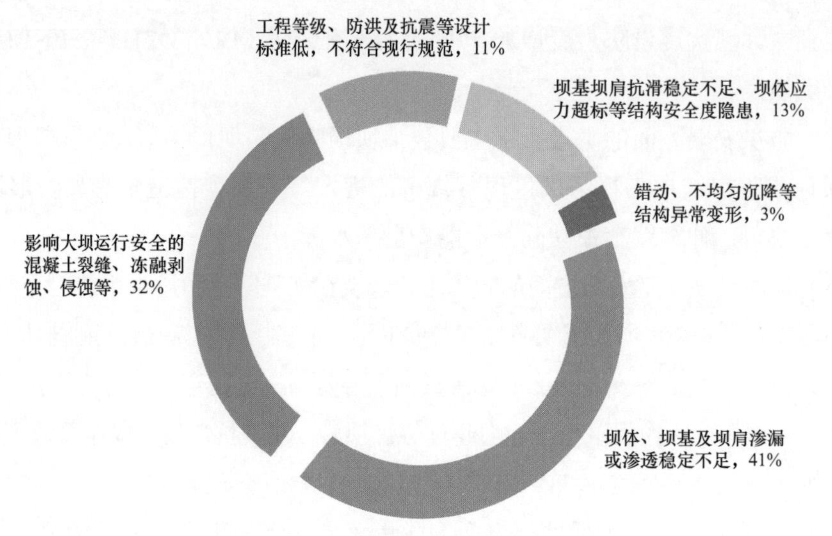

图 1-1　运行期混凝土坝隐患类型分布

1.2.2　大坝及坝肩渗漏或渗透稳定不足

混凝土坝通常有渗漏问题，常见的渗漏类型有地基渗漏、帷幕渗漏、层面渗漏、横缝渗漏等。

1. 地基渗漏

天然地基总是存在不同程度的缺陷，即便是较完整的岩体也会有节理裂隙。此外，由于构造作用，基岩中还会存在断层、破碎带、剪切面和泥化夹层等软弱面，在库水作用下，地基发生渗流是不可避免的。一些工程由于设计阶段渗控措施考虑不足或地质条件较差部位未经妥善处理，运行期产生较大渗漏，不仅损害蓄水效益，而且可能威胁大坝基础和坝肩稳定。

贵州 ZXK 水库长期严重的深岩溶区渗漏致使 1 台机组不能正常发电。蓄水初期渗漏量约 $20m^3/s$，经 1972 年和 1980 年两次库内堵洞处理取得一定效果，渗漏量约为 $17m^3/s$。电站自 1970 年建成发电到 1977 年补充灌浆结束，经历次渗漏勘察，基本查明了工程区岩溶水文地质条件、主要渗漏边界，较为系统地总结了工程所处河段的岩溶发育规律。对 ZXK 大坝历次检查发现，除右岸、河床存在渗漏外，严重的渗漏部位主要位于左岸防渗线。2008 年对严重渗漏的部位分两期进行了进一步防渗处理：一期重点解决坝基及近坝库岸渗漏稳定问题，按三区进行（第一区为右岸及右坝肩部分，第二区为左岸及左坝肩部分，第三区为河床部分，总处理面积约为 $55100m^2$，其中解决渗漏稳定采用帷幕灌浆方式，防渗面积为 $32990m^2$）；二期以处理左岸岩溶管道集中渗漏为主，最终形成完整的防渗帷幕，确保库首及坝址区安全并达到减小渗漏的目的。

广西 XQ 拱坝坝基为可溶性碳酸盐岩，岩溶管道发育，伴生有溶沟溶槽及溶蚀裂隙，局部有小的溶洞，管道性渗漏和裂隙性渗漏并存。坝基岩体透水性极不均一，高程 150m 以上平均渗透系数为 7×10^{-3}cm/s，厚度达 80m，属岩溶裂隙强发育带中等透水岩体。高程 150m 以下所分布的页岩偶夹薄层灰岩或泥质灰岩为相对隔水层。左右岸高程 200m 以上为中等透水岩体，以下为弱透水岩体。坝基多年最大渗漏量为 0.22L/s，但下游右岸有 4 处漏水点，已观测的 2 处渗漏总流量年平均约为 0.75m^3/s，表明大坝存在明显的绕坝渗漏问题。

地基渗漏的危害程度和岩性、构造密切相关。对于一些软岩，如泥岩、页岩，较大的渗漏量表明该处地下水活动剧烈，严重时会造成软岩进一步的软化和泥化，降低岩层强度。对于灰岩等可溶性岩，过大的渗漏会加速岩体的溶蚀，使得岩溶、裂隙进一步扩大。对于软弱夹层，渗漏则会降低夹层的强度，影响坝基的稳定。对软岩、可溶岩和软弱夹层可能影响大坝安全的渗漏，要做比较彻底的防渗处理，常用的处理方法是对帷幕进行补强；对于非可溶性的坚硬岩，如花岗岩等，只要渗漏量不会引起扬压力的增大，一般不会影响运行安全，跟踪监测即可。

2. 帷幕渗漏

为了把扬压力控制在允许范围内，一般在岩基内靠近坝的上游面都设有防渗帷幕和排水孔，但当帷幕灌浆质量较差或长期运行发生老化时，也会产生较大的渗漏问题，威胁结构安全。

1983 年 4 月 21 日，浙江 HNZ 梯形支墩坝 12 号坝段灌浆廊道渗漏量突然大幅增加，达到上年相同水位时的 6 倍。随着库水位的上升，渗漏量以更大的幅度增加，排水孔单孔流量最大达 32.83m^3/d，经检查帷幕已局部破坏。

浙江 HGTYJ、浙江 JST、陕西 LHK、新疆 DSK 拱坝在运行中出现坝踵张开，且拉裂区域贯穿帷幕，造成渗漏量增大、扬压水位升高；湖北 DP、重庆 TZG 拱坝由于帷幕局部灌浆质量较差，运行期出现局部坝基扬压水位偏高和绕坝渗流现象。

新疆 TH 拱坝由于右岸防渗帷幕深度和长度不满足要求，导致右岸坝肩绕坝渗漏量较大。之后对右岸帷幕进行了补强灌浆处理，帷幕底部延伸至 830m 高程，较原帷幕加深了 20m。此外对右岸坝基 850m 高程的 2 号探洞用水下不分散细骨料混凝土进行了封堵回填，帷幕补强灌浆效果较明显。

3. 层面渗漏

大坝坝体层面胶结不良、未经灌浆封闭处理且连通上游库水的裂缝，都可能导致这些部位在运行期出现渗漏问题，进而导致混凝土的抗压、抗拉强度和抗渗能力、钢筋混凝土结构承载能力下降，影响结构安全。裂缝和层面渗漏可以从廊道和坝后坡巡视检查发现，更主要是从坝体排水孔来检查。坝体排水孔的漏水情况和坝体裂缝、层面渗漏有直接的关系。裂缝和层面渗漏往往伴随着大量析钙的现象，即混凝土主要胶凝材料的流失，因此会降低混凝土强度，钢筋长时间暴露在水和空气中产生锈蚀，但这些都是一个长期的过程，运行期是否需要处理视严重程度而定。

4. 横缝渗漏

大坝坝体横缝止水缺陷可能导致运行期出现横缝渗漏问题，如湖北 GHY、浙江 HGTYJ、安徽 CC 等工程。HGTYJ 拱坝横缝渗漏情况如图 1－2 所示。拱坝横缝渗漏同时反映出封拱灌浆效果不佳，通常伴随着横缝灌浆体的溶蚀破坏，使横缝灌浆体强度降低，影响拱坝的整体性。

图 1－2　浙江 HGTYJ 拱坝下游面多条横缝渗漏并析钙

1.2.3　影响大坝运行安全的混凝土裂缝、冻融剥蚀、侵蚀等

1. 混凝土裂缝

混凝土坝因坝体体积庞大，受其自身和周围介质的影响，往往会产生很大的约束应力，极易产生裂缝。裂缝是混凝土坝普遍存在的问题，甚至存在“无坝不裂”的现象。

裂缝按开裂部位、影响开裂的原因、开裂时机以及对结构影响程度有不同的分类。根据开裂部位不同，裂缝可分为坝踵开裂、上游坝面开裂、下游坝面开裂、坝体内部开裂。根据影响开裂原因不同，裂缝可分为温度影响裂缝、地基影响裂缝、混凝土质量引起裂缝和地震裂缝。根据开裂时机不同，裂缝可以分为施工期裂缝和运行期裂缝。从工程运行情况来看，混凝土裂缝导致的整体破坏较少，但坝体局部开裂仍会影响大坝的安全性、适用性和耐久性，若裂缝进一步扩展则有可能会导致建筑物破坏甚至垮坝的灾难性事故。

四川省威远县的 SG 拱坝于 1975 年建成，正常运行近 6 年后坝身出现裂缝。当时采煤工作面距坝址下游约 100m，在河谷底下的垂直深度 130m，正向坝基掘进，致使地面下陷坝体开裂并不断扩大，最大缝宽达 350mm，致使水库不能蓄水。另外同样位于四川的 JJ 拱坝，也是由于坝基下部的煤层采空，造成坝体严重开裂，还造成了下游两岸岩体出现裂缝、塌滑等现象。位于云南澜沧江中游的 XW 拱坝，坝高 292m，自 2007 年 11 月在高程 1060m 检查廊道中发现裂缝后，经横缝灌区压水检查发现在高程 1095m 以下的坝体中部存在较多裂缝，裂缝平均宽度约为 1mm，施工中出现的坝内裂缝等缺陷已按设计要求处理，经多年运行考验，目前坝体裂缝不影响结构完整性，下游坝面及电梯井浅表裂缝总体无发展。

另外，四川 ET、贵州 GPT、安徽 CC、广东 XFJ 等多个大坝均存在影响大坝运行安全的混凝土裂缝隐患。以安徽 CC 拱坝为例，在 1972 年检查中，其下游坝面 80～105.5m 高程分布有较多的水平裂缝，105m 高程的水平裂缝规模最大，个别部位最大缝宽达到 7mm，严重影响大坝安全，具体如图 1－3 所示。经分析，其裂缝主要由于温度及右岸岩体变形导致。后经锚筋锚固和水泥、环氧灌浆处理，最近一次定检对裂缝深度作钻孔检查表明，裂缝深度多年来无明显增加，监测资料反映裂缝开度稳定。

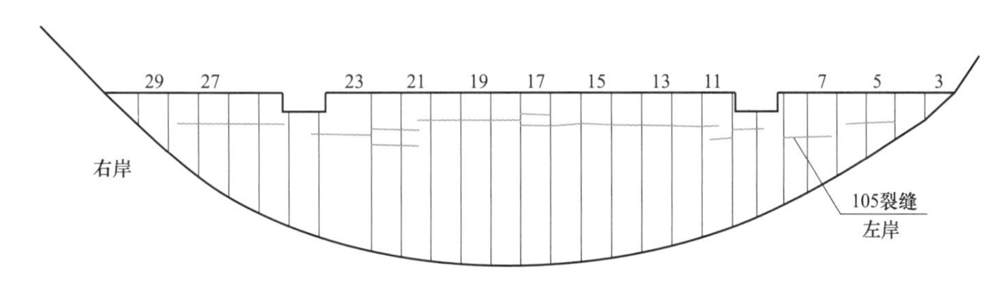

图 1－3 安徽 CC 拱坝下游面 105m 高程水平裂缝分布图

浙江 HGTYJ 拱坝于 2010 年检查时发现 10 坝段闸墩位于闸门支座上游侧，约距坝顶拱圈中心线上游 1.7～3.8m、高程 446.8～449.8m 范围内有一斜向裂缝，贯穿于整个 3m 厚闸墩，裂缝表层有少量析出物。为解决裂缝隐患，对右岸侧边墩贯穿裂缝采用先灌注无溶剂环氧化学浆液填充加固，再于缝面粘贴两道碳纤维布补强，外表面涂刷弹性环氧材料的处理，具体处理如图 1－4 所示。

1962 年 3 月 19 日，广东 XFJ 大坝当时库水位为 110.48m，由于距坝 1.1km 处发生 6.1 级地震（震中烈度 8 度），坝高 108.5m 高程处产生长达 82m 的贯穿性水平裂缝，导致库水渗漏。1962 年 11 月 6 日，安徽 MS 连拱坝右岸垛基突然大量渗水，

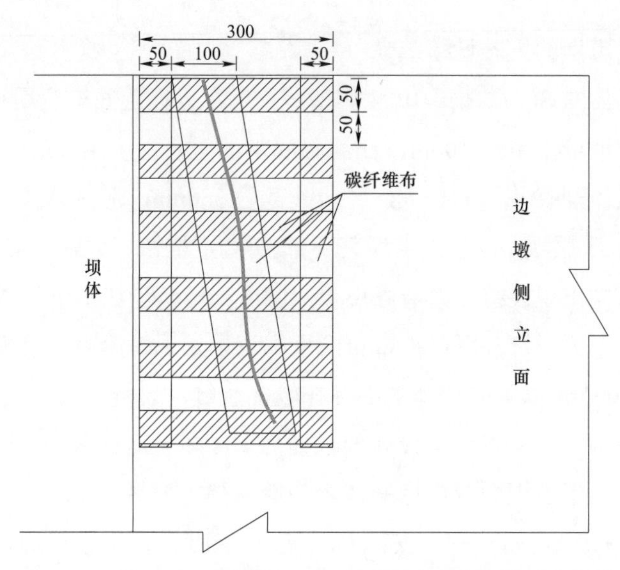

图 1－4　浙江 HGTYJ 拱坝 10 号坝段闸墩裂缝处理示意图

达 70L/s，一个未封堵的灌浆孔喷水高达 11m，垛基向上抬动，垛顶强烈摆动，坝体出现几十条裂缝，大坝处于危险状态。1969 年 6 月 30 日，湖南 ZX 单支墩大头坝 1 号支墩 114.5m 廊道西侧出现劈头裂缝，缝宽 2.5mm，裂缝面积约占大坝横剖面的 45%，缝内严重射水；1977 年 5 月 16 日，2 号支墩产生劈头裂缝，射水达 40L/s。上述三座大坝均被迫降低库水位或放空运行，进行隐患治理。

裂缝危害性取决于裂缝的规模、形态和部位。裂缝的规模包括长度、宽度和深度，其中对结构影响最大的是深度，但三者是互相影响的。浅表且长度较短的裂缝（长度在 50cm 以内），一般对结构的整体性影响不大，但在有钢筋的部位会造成钢筋的锈蚀，这种情况则需对裂缝进行封闭处理。深层裂缝对结构的应力、稳定会产生影响。其中，垂直于坝轴线方向的竖向裂缝影响较小，平行于坝轴线的竖向裂缝对结构刚度影响较大，平行于坝轴线的水平裂缝对断面的稳定影响较大，闸墩部位的贯穿性裂缝对闸墩的安全影响比较大。对于深层、贯穿性裂缝，目前还很难有办法完全消除。现有的办法首先是通过灌浆、粘碳纤维、粘钢板等方法限制裂缝进一步扩展；其次，可根据结构计算成果对结构整体进行加固，如预应力锚索等。此外，对于上游面的裂缝，应结合防渗要求进行处理，包括裂缝的灌浆和表面封闭。

2. 混凝土冻融剥蚀、碳化、侵蚀等

混凝土坝运行期上下游坝面等表面均暴露在环境中，无特殊保护，在物理和化学侵蚀（如冻融、高温、碳化、硫酸盐侵蚀等）的作用下，混凝土耐久性经常会出现问题，影响结构的正常使用性能和安全性，威胁到混凝土坝的安全运行。

混凝土冻融破坏是混凝土微孔隙中的水，由于温度正负交替，在冰胀压力和渗透压力联合作用下使混凝土由表及里产生剥蚀破坏，从而降低混凝土的强度。如吉林 BS 拱坝坝顶路面混凝土出现冻融破坏（见图 1－5），影响正常使用。

(a) 15号坝段坝顶路面混凝土剥蚀

(b) 38号坝段坝顶路面混凝土剥蚀、麻面

图 1－5　吉林 BS 拱坝坝顶路面混凝土冻融破坏

混凝土碳化是混凝土坝的一个重要缺陷类型，也是混凝土坝老化的征兆之一。安徽 CC、贵州 PD、广东 LXH 等大坝存在较严重的表面碳化缺陷。对碳化深度较小并小于钢筋保护层厚度，碳化层比较坚硬的，运行期跟踪其发展即可，也可用优质涂料封闭；对碳化深度大于钢筋保护层厚度或碳化深度虽小但碳化层疏松剥落的，应凿除碳化层，粉刷高强砂浆或浇筑高强混凝土；对钢筋锈蚀严重的，应在修补前除锈，视情况和结构需要加补钢筋；对碳化深度过大、钢筋锈蚀明显、危及结构安全的构件，应拆除重建。

另外，还存在环境水对混凝土的侵蚀，使得混凝土出现体积膨胀、腐蚀等问题。青海 LJX、贵州 WJD 及贵州 ZXK 等大坝存在较明显的环境水侵蚀缺陷。青海 LJX 拱坝左岸爬坡段廊道Ⅰ区混凝土整体腐蚀严重，台阶多处隆起、剥落、垮塌，呈浸水状态，如图 1－6 所示。

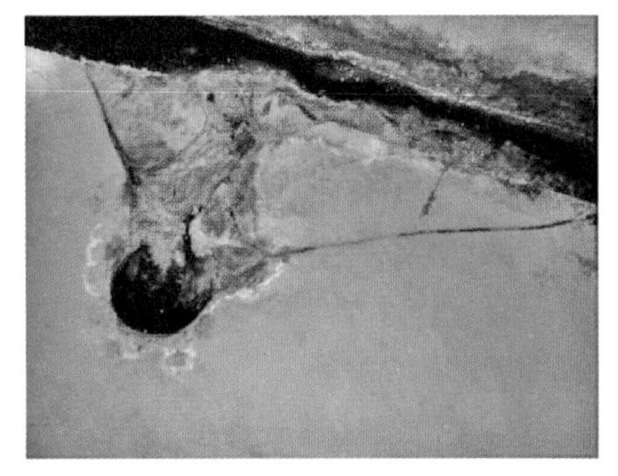

图 1－6　青海 LJX 拱坝左岸爬坡段廊道Ⅰ区台阶及底板混凝土腐蚀情况

针对环境水对混凝土的侵蚀，在运行期加强侵蚀、析钙部位的巡视检查以及水质监测即可。如果侵蚀严重或位于建筑物的重要部位，需对缺陷进行补强加固处理，以增强混凝土的耐久性。

1.2.4 坝肩、坝基等抗滑稳定性不足

坝肩、坝基等抗滑稳定不足通常是由于坝体沿抗剪能力不足的薄弱层产生滑动，或在荷载作用下上游坝踵以下岩体受拉产生裂缝以及下游坝趾岩体受压发生破碎而引起倾倒滑移破坏，其后果可能导致坝肩、坝基区岩体出现大范围滑坡、掉块或岩体开裂，甚至坝体、坝基整体结构存在破坏或失稳。

在历次定期检查中，辽宁 HLS、贵州 DF、安徽 MS、四川 TT 等大坝均存在坝肩或坝基等抗滑稳定性不足的安全隐患。以贵州 DF 拱坝为例，其右坝肩、夹泥层与 F_{34} 断层所构成的滑动岩体抗滑稳定安全系数不满足规范要求，考虑夹泥层连通情况及抗剪参数可能发生的变化，经重新复核计算确定采用全预应力锚索的加固处理措施。共布置 3000kN 级预应力锚索 120 根，锚索分 18 排布置，排距 4m，索间距 8m，具体如图 1－7 所示。经加固处理后，对右岸坝肩进行了抗滑稳定复核。处

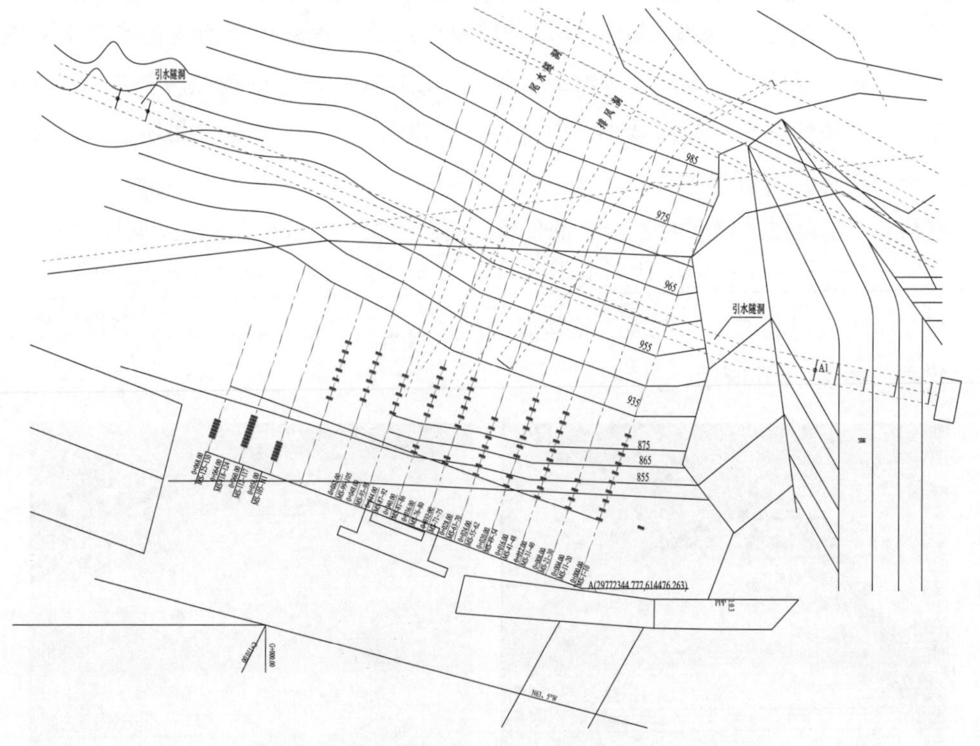

图 1－7 贵州 DF 拱坝右岸下游坝肩锚索平面布置图

理后的稳定安全系数略低于安全控制标准，但均在 5%范围内，且从现场揭露的良好地质情况，以及某些计算假定明显偏于安全的情况看，右坝肩处理后稳定安全总体是有保障的。

安徽 JC 重力坝在 1977 年建成投运不久即发生坝基红层泥化、软化，1981 年检查发现 6～8 号坝段泥化、软化面积约 108m^2，最大泥化深达 5.5m，1～3 号坝段建基面脱开范围约 120m^2，7 号坝段坝基摩擦系数由 0.4 降为 0.35，大坝处于危险状态，被迫放空前池不发电进行加固。

1.2.5　工程等级、防洪及抗震等设计标准低于现行规范

工程等级、防洪及抗震等设计标准低的所有工程案例中，防洪标准偏低是混凝土坝最常见的工程隐患之一。如贵州 XW 大坝由于泄洪能力严重不足，竣工不久就遭遇超设计标准洪水而漫坝。1963 年 7 月 9 日，当发生洪峰流量为 16600m^3/s 时（为设计时校核工况下泄流量的 1.7 倍），由于洪水标准数次降低，泄洪能力不足，造成洪水漫过坝顶事故，漫顶高度 0.40m，漫流长达 152h。安徽 FZL 大坝由于防洪能力低，再加上控制运行不当，1969 年 7 月 14 日遭遇百年一遇洪水，在洪水来临前该地区旱情比较严重，为片面追求灌溉效益抬高了蓄水位，洪水来临时为使下游群众和一些工程器材转移，又延误了开闸泄洪时机，当闸门开启 2/3 时电源中断，且无备用电源，影响了泄量，结果造成洪水漫坝，水位超过坝顶 1.08m，漫坝时间持续 25h15min，使下游两岸基岩遭受严重冲刷，洪水席卷树木等杂物从 70 多米高的坝顶冲砸下来，致使坝后厂房被毁，发电机组全部损坏，损失巨大。安徽 MZT 大坝为保 FZL 大坝，亦漫顶 0.49m。

防洪标准偏低有多方面原因。一是我国在 1964 年之前没有统一的适合我国国情的水电工程防洪标准，其后虽制定了有关标准，但又受历史上“左”的干扰，采用历史洪水作为设计标准，加上设计时水文系列短缺，边勘测、边设计、边施工的“三边”工程影响等原因，导致部分大坝原设计采用的防洪标准偏低；二是部分梯级水电站存在上下游电站洪水调度或者洪水标准不协调的情况；三是由于规划中拟建的上游电站迟迟未建，而影响到防洪能力。当然也有个别大坝的泄洪设施存在严重缺陷而影响泄洪能力。

在防洪标准偏低的工程中，广西 MS、LL 等水电站在技术标准许可的范围内经论证降低了防洪标准或汛限水位，达到了规范要求的防洪标准；北京 ZW、LPL，甘肃 BPX 等水电站通过梯级联调或者修建上游梯级水电站，利用上游水库调洪错峰，削减入库洪水，提高了下游梯级的洪水标准；其他水电站则采取加高大坝（包

括防浪墙）或扩建泄洪设施等措施才满足规范要求的防洪标准。

1.2.6 错动、不均匀沉降等结构异常变形

由于地基原始强度不均匀，后期施工时基础处理不当；或坝体的上部荷载受压不均匀，受力点不同；或外部荷载，长期受积水渗水浸泡局部塌陷等原因，易出现坝体相邻坝段、坝体与岸坡、坝体与其他建筑物结合部位错动、挤压受损、拉裂张开、不均匀变形等，导致止水破坏或失效。有些异常变形还伴随有大量涌水，继续发展将影响大坝稳定性。

云南 DCS 水电站碾压混凝土重力坝在初次蓄水期，发现侧向位移中的趋势性变化比较显著。根据分析，可能存在两个原因：① 两岸地下水位并不对称，左岸地下水位远高于右岸。② 坝段侧向温差十分显著，导致左侧坝段强烈挤压右侧坝段，同时进水口坝段基岩高程在 830m 左右基岩弹性模量低于混凝土，其受挤压后变形较大。832m 高程廊道内两个垂线测点时效位移呈线性发散变化，且较长时间都无明显收敛趋势。对此，加强了对异常变形位置的监测，并采取相应的加固除险措施。

安徽 FZL 连拱坝在 1993 年 11 月下旬，河床 13 个垛墙顶向下游的位移量较历史最大值增大达 59%，同时 13 号垛基础沉陷量比历史同期明显增大，坝体裂缝有扩展迹象，被迫控制水位运行。

1.3 土石坝常见工程隐患

1.3.1 土石坝运行期常见隐患类型

土石坝是一种应用最广的坝型，包括面板堆石坝、心墙坝、均质坝等。我国在 20 世纪建成了大量土石坝，但绝大多数为 70m 以下的中低坝。进入 21 世纪后，我国建成了众多高土石坝，特别是在深厚覆盖层河谷、地质条件较差的坝址大多选择了土石坝，同时高地震烈度区修建土石坝的实例也很多，坝高也已经突破 200m。但由于设计缺陷、施工质量、运行管理、特殊荷载（如地震、高寒）等原因，一些投入运行的土石坝会发生不同类型的隐患，如贵州 SBX 大坝受一、二期面板施工缝破损影响，最大渗流量达 270L/s；四川 SZP 大坝在 2017 年蓄水后坝顶沉降陡增约 20cm，坝体心墙渗压、两岸绕坝渗流水位均出现升高，心墙廊道局部破坏。

同混凝土坝一样，土石坝隐患类型也可归类于设计标准、防洪安全、坝基安全、坝构安全度、结构运行性态等 5 个方面。其中设计标准方面的隐患，如工程等级划分、洪水设计标准、抗震设计标准方面等，与混凝土坝情形非常类似。

（1）土石坝坝基安全方面的隐患包括变形稳定和渗流稳定两个方面。坝基变形稳定类，如坝基存在缺陷处理不到位导致变形异常等；坝基渗流稳定类，如坝基渗透坡降超标、地基、深厚覆盖层地基渗漏异常、地基或土坝下游流土破坏等。

（2）土石坝坝体结构安全度隐患主要包括筑坝材料缺陷和坝坡不稳定。筑坝材料缺陷如筑坝材料分区、筑坝材料级配不满足要求等；坝坡不稳定包括坝坡稳定安全系数不满足规范要求、坝坡滑坡、坍塌等。

（3）土石坝结构运行性态方面的隐患可分为结构损伤、异常渗流、异常变形等。

1）结构损伤。主要包括坝肩岩体、浆砌块石护坡等开裂、滑坡、坍塌、松动掉块；堆石坝坝顶、下游坝坡开裂、塌滑或滑坡；心墙等防渗体开裂或局部破坏；防渗面板出现挤压破损，或防渗土工膜出现撕裂和孔洞。

2）异常渗流。主要包括坝后渗流量或坝体渗透压力较大，或坝体浸润线逐年抬高，坝下游坡脚以上出现渗水，影响下游坝坡稳定等。

3）结构异常变形。是指斜墙、心墙堆石坝及均质坝、面板堆石坝坝面，以及浆砌块石护坡、干砌块石护坡、心墙与基础的连接处、心墙与防浪墙底部的连接处、心墙因施工质量等问题产生局部不均匀沉降、塌陷、隆起、错台、开裂、挤压破坏等。

4）其他隐患。如面板周边缝、垂直缝、防浪墙底与面板顶水平接缝、防浪墙伸缩缝、坝体及坝基与其他建筑物的连接部位等止水材料老化、破损等。

选取已在大坝中心注册或备案，完成蓄水（竣工）安全鉴定，或完成至少一轮大坝安全定期检查的 52 座土石坝，共计 84 条隐患类型进行统计分析，具体统计见表 1－2 和图 1－8。

表 1－2　　土石坝常见隐患类型

序号	隐患描述	数量（条）	比例（%）
1	面板/土工膜破损、心墙坝心墙损坏等坝体防渗体安全隐患	40	48
2	坝基渗透破坏	26	31
3	工程防洪安全隐患	13	15
4	周边缝、垂直缝等接缝止水破损、异常或失效	5	6
总计		84	100

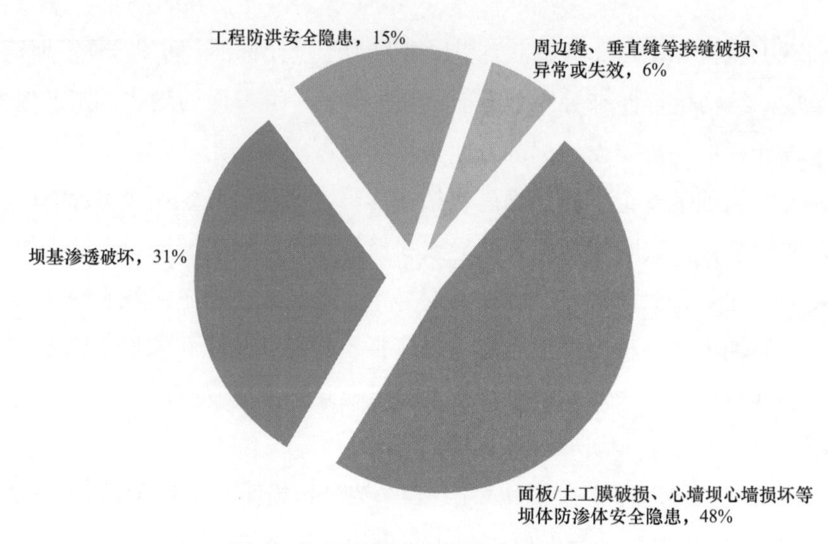

图 1-8　运行期土石坝隐患类型分布

1.3.2　面板破损、心墙损坏等坝体防渗体安全隐患

1. 面板裂缝、破损、脱空、隆起、塌陷

面板裂缝是面板缺陷中比较常见的问题，除一些特殊情况外，一般是由于温度和干缩引起的。面板裂缝一般不会导致坝体防渗结构的破坏，但会因加速溶蚀、冻融、钢筋锈蚀等而导致面板耐久性降低，因此在实际工程中也应引起重视。在工程实例中，对于缝宽 $\delta<0.2$mm 且延伸较短的裂缝可不做处理或采用环氧砂浆等弹性材料做表面封缝处理；对于缝宽 0.2mm$\leqslant\delta<$0.5mm 的裂缝，一般先采用水溶性聚氨酯等材料进行化学灌浆处理，然后进行嵌缝和表面处理；对于缝宽 $\delta\geqslant$0.5mm 的裂缝，一般先骑缝凿槽，再采用化学灌浆和封缝处理。如浙江 TK、福建 WAX、新疆 CHWS、云南 LM、青海 GBX、甘肃 LSEJ、湖北 DLZ 等电站大坝面板的裂缝处理基本遵循了以上原则，采取类似的措施进行处理，处理后多数工程效果较好。

由于坝体不均匀沉降或地震作用，使面板产生挤压破损、脱空、隆起、塌陷等缺陷也是实际工程中较常出现的情况。若破损部位在水面以上，可采用回填一般混凝土，裂缝处理参照上文中提到的施工工艺；若破损部位在水面以下，则应回填例如 PBM 聚合物混凝土、水下环氧混凝土等化学材料，然后进行水下封缝处理。贵州 SBX 大坝为混凝土面板堆石坝，最大坝高 185.50m，面板浇筑分三期施工。水库于 2006 年 1 月下闸蓄水，此后水位长期在死水位附近运行。2007 年 6～8 月，降雨导致库水位由 433m 涨至 472m，大坝渗漏量大幅度增加，渗漏量最大值为 302L/s，且主坝面板右 MB5 在 385m 和 379m 高程几支监测仪器出现异常，局部仪器逐渐失效，表明该区域面板发生异常。2008 年 3 月，水下检查发现面板左 MB3～右 MB8 连续共 11 块面板在一、二期面板施工缝附近发生破损，破损长度约 184m，宽度为 2～4m，深度一般 10～25cm 不等，最深 40cm，破损部位混凝土开裂，与下层混凝土脱开，结构缝止水局部破坏。面板破坏部位示意如图 1–9 所示，水下检查照片如图 1–10 所示。2008 年 3～6 月、2010 年 2～4 月对发现的缺陷进行了修复处理。

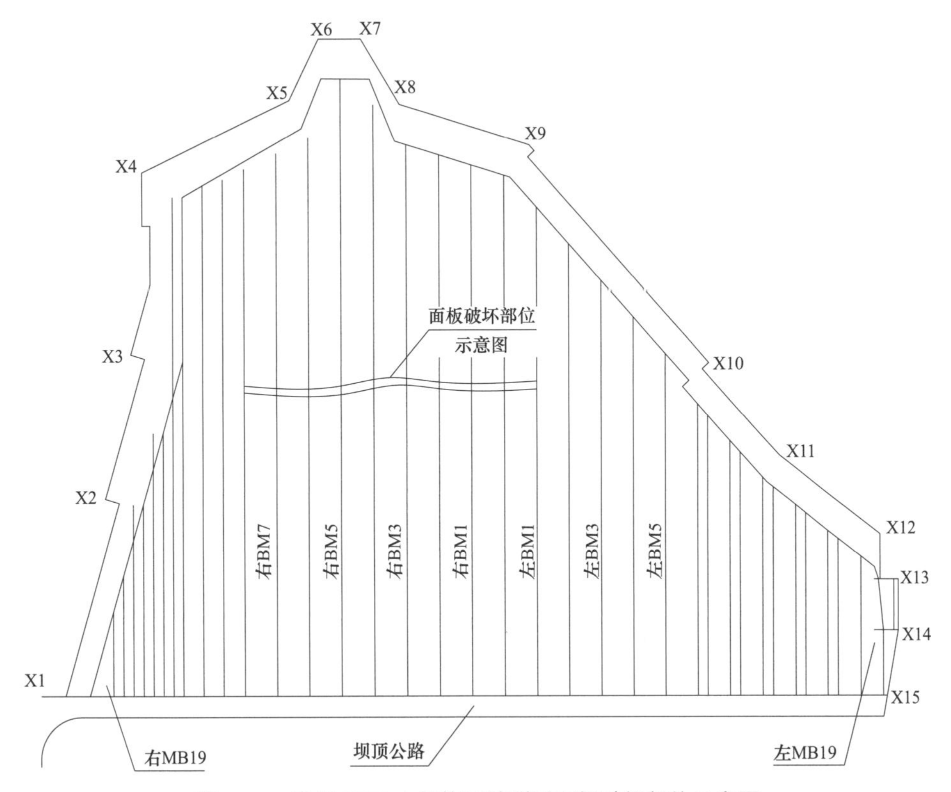

图 1–9　贵州 SBX 大坝施工缝附近面板破损部位示意图

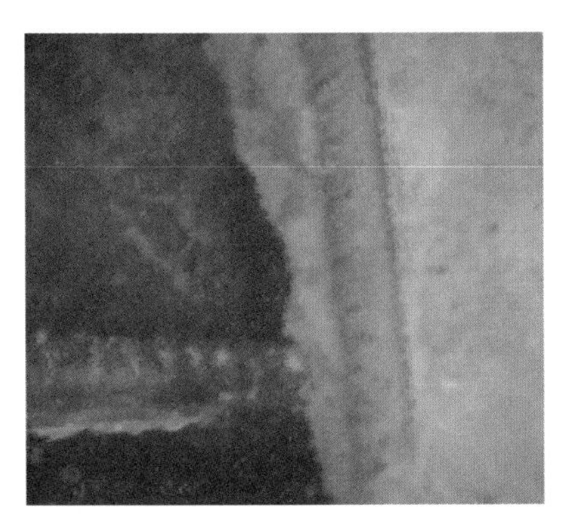
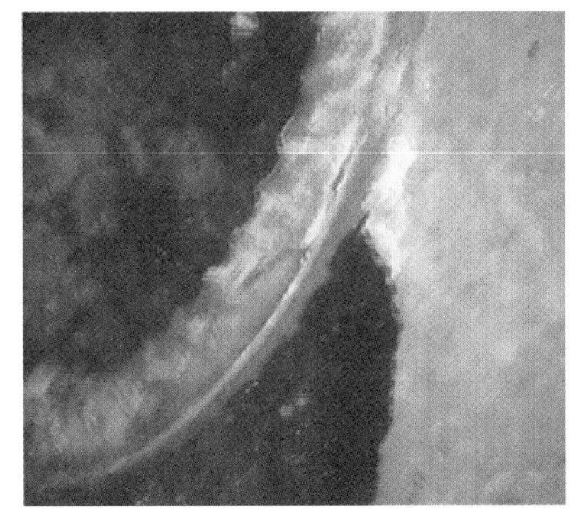

图 1–10　右 MB5 破损部位凿除检查照片

2. 心墙开裂、破坏

心墙等结构作为大坝防渗体系的一部分，要求填筑材料具有良好的密度、水稳定性、防渗性、塑性、抗裂性和一定的强度。

贵州 HF 大坝坝高 54.28m，原为木斜墙堆石坝，采用上游的木斜墙作为坝体主要防渗体系，由于木斜墙运用已久，日益腐烂，大坝发生较大渗漏。后在坝体上游侧的干砌石体内采用高浓度的混合材料进行钻孔灌浆防渗处理，形成灌浆结石心墙防渗体，解决了大坝渗漏问题。

甘肃 BK 大坝为黏土心墙坝，由于地震作用大坝曾发生较大位移。为防止防浪墙底部混凝土与心墙顶部脱开，以及两岸心墙与齿墙结合部位出现裂缝而产生渗漏风险，对大坝顶部进行了水泥灌浆和化学灌浆处理，加强了坝体防渗。

1.3.3 坝基渗透稳定等安全隐患

土石坝由于坝底面积大，坝基应力较小，对天然地基的强度和变形要求以及处理措施的标准都略低于混凝土坝。但是土石坝坝基的承载能力、强度、变形和抗渗能力等一般都远不如混凝土坝，由于地基问题引起的土石坝失事事件在工程中也占了较大比例。归纳起来，主要由以下几种情况：坝基内部存在渗漏通道、深覆盖层、断层破碎带等不良地质构造未妥善处理。

云南 QZS 大坝为面板堆石坝，最大坝高 106.1m。水库下闸蓄水两年后发现坝后量水堰渗水量猛增至 1.17m^3/s，且一度出现浑水。开挖后，发现左岸趾板 1756.00m 高程附近出现一条宽约 10.0m 的挤压破碎带全强风化深槽，而该段的帷幕灌浆未按穿过强风化岩层设计要求。后经分析并经物探探测证实，该地段地质条件差，局部节理发育，不均匀风化严重，蓄水后趾板边坡经库水长期浸泡及水位变动，致使局部边坡失稳、滑塌，基础在较大水力坡度作用下，全强风化岩体沿节理带发生渗透破坏，渗透通道逐步扩大而产生大的集中渗漏。处理中采取以趾板基础为主的“前堵后截”的措施。“前堵”即在可能集中渗漏通道采用细骨料混凝土填塞和基岩灌浆的方案予以封堵，以封闭密集的边坡节理裂隙及集中渗漏通道；“后截”则是加密、加深此段趾板下已有的帷幕灌浆和固结灌浆。此外，对该段趾板上部开挖边坡岩体破碎、塌滑严重的部位进行了扩大原有混凝土贴坡挡墙支护范围并局部增加预应力锚索支护的处理。处理后坝基渗漏量较小，表明坝基防渗帷幕与封堵深槽效果较好。

江西 HM 大坝为黏土心墙风化土料壳坝，最大坝高 38.7m。HM 主坝兴建于 20 世纪 60 年代，施工时坝壳部分基础只做了表面处理，坝壳置于覆盖层上，心墙开挖至基岩，而与心墙底面接触的三条顺河向断层 F_{23}、f_{29}、F_{11} 及破碎带并未进行专门处理，仅对其进行了人工撬挖和沿 F_{23} 断层浇了一段长 6.0m、宽 0.6m 的混凝土板，对左坝肩节理密集的强风化带也仅作表面开挖。主坝心墙基础开挖时，在 4.0m 上下游水位差时，在桩号 0+075.0m～0+0+185.0m 范围内出现涌泉 18 处，而且大部分在断层影响带和断层破碎带内出露，在靠近 F_{11} 断层处压水试验岩石最大单位吸水率达到 $\omega=91.7$Lu。1997 年 7 月底至 8 月初，基 10（F_{23} 断层位置）测压管水位异常，出现下游坝趾出水点有细砂带出、附近路面凹陷、混凝土断裂等现象，坝基砂层的测压管水位也异常升高 20～30cm，表明经 1997 年长期高水位的运行，F_{23} 断层工作状态趋于恶化，渗漏量急剧增加。HM 主坝的隐患主要集中在 F_{11} 和 F_{23} 两条断层上，F_{11} 断层产生了渗透变形，F_{23} 断层工作正常，因两条断层破碎带、影响带的分布范围较广，中间夹有 f_{29} 破碎带，坝基渗漏及渗透稳定问题同时存在，局部性的补强灌浆处理尚不能解决问题。补强加固设计将两条断层一并处理，在 F_{11} 和 F_{23} 断层发育区形成较为完整的防渗帷幕体。在心墙与基岩接触面处选用水溶性聚氨酯作为灌浆材料，在下部基岩破碎带选用 P42.5 普通硅酸盐水泥或超细水泥作为灌浆材料。在主帷幕下游断层破碎带吸浆量较大的部位增加补强灌浆孔，以增加帷幕厚度，提高帷幕防渗效果。补强加固使得坝基渗流条件得到改善，帷幕灌浆取得较好效果。

四川 LD 水电站大坝为黏土心墙堆石坝，建于最大厚度 152m 的覆盖层上。工程于 2011 年 8 月 20 日下闸蓄水，2013 年 3 月 31 日，于右岸在量水堰下游约 186m 处发现渗水，距大坝坡脚约 209m，涌水初期流量约 5L/s；2013 年 4 月 15 日，涌水区地面发生塌陷，且有较多的灰黑色细颗粒涌出；其后渗流量在 188～212L/s。综合各种检测、监测资料，分析认为河床坝基深层存在渗漏通道，因此对河床深层渗漏通道采取帷幕灌浆封闭等处理措施。处理后，坝后涌水点渗流量减小至 1.09L/s，坝后量水堰渗流量减小至 13.76L/s。处理前后对比如图 1-11 所示。

(a) 灌浆前

(b) 灌浆后

图 1-11　四川 LD 水电站大坝坝后涌水点量水堰灌浆前后渗流量对比图

1.3.4 工程防洪安全隐患

土石坝坝顶（或防渗体顶部）高程根据正常运行和非常运行时的静水位加相应的超高予以确定。当坝顶设置坚固、稳定、与坝体防渗体紧密结合的防浪墙时，对坝顶（或防渗体顶部）超高的要求即为对防浪墙顶部高程的要求。由于设计的坝顶（或防渗体顶部）高程是针对大坝沉降稳定后的情况而言的，运行期大坝往往会出现坝顶（或防渗体顶部）高程不满足要求的情况。如第三轮大坝定检的176座大坝审查意见中，有17座（占总数的9.7%）防洪标准偏低。主要包括三个方面：一是防洪标准偏低防洪能力不足，导致坝顶（或防渗体顶部）高程不满足要求；二是坝体填筑压实度低，竣工以后沉降量大，导致坝顶（或防渗体顶部）高程不足；三是坝顶超高不够导致坝顶（防浪墙顶）高程不足；四是防渗体顶部与防浪墙未紧密结合。

在实际工程中针对不同的缺陷情况，采用不同的处理方式：

（1）坝顶（或防渗体顶部）高程满足土石坝规范要求，防浪墙顶高程安全超高不满足，仅需对防浪墙进行加高处理。如湖北DZL大坝采用5.2m高的“U”形钢筋混凝土防浪墙的坝顶结构，坝顶高程275.00m，防浪墙高程276.2m，墙底高出设计洪水位4.59m。设计复核结果，防浪墙顶高程不满足规范要求，遂采用C20钢筋混凝土加高防浪墙顶25cm，并采用锚筋与原墙顶相连。

（2）坝顶（或防渗体顶部）高程高于设计洪水位和正常蓄水位，低于校核洪水位，且防浪墙顶低于浪顶高程。如云南YLHYJ电站拦河坝为黏土心墙土坝，最大坝高80.5m，坝顶高程2230.5m。设计正常水位2227.0m，校核洪水位2229.5m，设计心墙顶高程2229.7m，实际心墙顶高程2227.0m，比设计少填筑了2.7m。遂对大坝2226.43m高程以上的心墙进行了挖槽、拼接和铺筑土工膜等技术处理，并按设计技术要求回填心墙红黏土，层层夯实至2229.7m高程。处理后，心墙顶高程2229.7m，高出校核洪水位0.2m，坝顶高程2230.5m，满足设计规范要求。

1.3.5 周边缝、垂直缝等接缝止水破损、异常或失效

面板坝接缝按位置和作用可分为周边缝、面板垂直缝、趾板伸缩缝、面板与防浪墙水平缝、防浪墙伸缩缝等，它们是防渗系统中的薄弱环节，特别是周边缝，要承担较大的三向变位和很大的水压力，最易发生止水失效和重大渗漏问题。

1. 周边缝

周边缝为面板和趾板的接缝，接缝内嵌填可压缩材料，并设置2～3道止水。

由于周边缝两侧结构的变形性能相差较大，在水荷载的作用下，面板与趾板易产生相对位移。因此周边缝破坏常见由于挤压破损或拉拔作用引起的止水破坏。

云南 MLTEQ 为钢筋混凝土面板堆石坝，从 2010 年起发现渗流监测异常，2012 年 4 月开展了水上、水下检查，结果在左岸周边缝高程 560～615m 区段共发现 15 个部位存在不同程度的吸墨现象，其中 13 个部位存在轻微吸墨现象，高程 599.2m 及 605.4m 吸墨现象较明显，高程 615～620m 止水保护罩变形较明显，且粉煤灰已大量流失；在右岸周边缝高程 593.2～614.7m 区段，高程 598m 和 604.2m 存在轻微的吸墨现象，因此可判断左岸高程 585.4m、599.2m 及 605.4m，右岸高程 598m 和 604.2m 周边缝存在渗漏点，相应部位特殊垫层料存在一定问题。2012 年 7 月，对左岸高程 578.5m 以上周边缝铜止水破损区段的止水铜片进行焊补，对面板后局部脱空部位进行灌浆处理，右岸周边缝高程 580m 以上接缝部位渗漏点附近接缝内夹塞 SR 柔性填料，回填粉煤灰。现场检查及处理照片如图 1－12～图 1－14 所示。

图 1－12　左岸周边缝铜止水破损部位切除

图 1－13　左岸周边缝局部空腔填塞处理

图 1-14　趾板一侧混凝土浇筑前分缝位置夹塞 1cm 厚橡胶板

2. 面板垂直缝

垂直于坝轴线的面板板间接缝，有压性缝和张性缝之分。位于河床中部的垂直缝称为压性缝，一般只设一道止水，高坝或地震设计烈度 8 度及以上的中坝，宜在压性缝中设置抗挤压板。压性缝容易产生挤压破损；位于两岸坝肩附近的垂直缝为张性缝，缝面一般涂刷一层防黏合剂，设 1～2 道止水，张性缝容易产生张拉破损。

贵州 TSQYJ 的 L3/L4 面板是典型的垂直缝挤压破坏，现场检查部分缝段可见止水铜片翼缘。水上部分采用 C25 混凝土回填破损的面板，接缝处用 2cm 厚橡胶板隔缝；水下部分采用水下环氧混凝土回填，接缝处未作分隔处理；为释放面板水平向应变，选择距破损的 L3/L4 垂直缝左右各 2 个条块的 L1/L2 和 L5/L6 两条垂直缝按埋橡胶板隔缝的方式进行改造。这种处理方式有助于防止该部位类似破坏发生。根据实测资料，一期面板和二期面板下部处于三向受压状态，且以顺坡向受压为主；L3/L4 接缝破损处理后，未发现邻近 0+630m 和 0+725m 桩号下部面板顺坡向应变增加的现象。内部变形观测资料表明高程 725m 以下坝体变形已基本稳定。

3. 趾板伸缩缝

趾板布置在面板周边，通过设有止水的周边缝与面板连为一体，同时又与经过基础灌浆处理后的基岩连接，封闭地面以下的渗漏通道。趾板设伸缩缝，缝内一般设两道止水，一端与周边缝的止水相接，另一端埋入基岩内，构成封闭止水系统。工程中有很多趾板伸缩缝止水破坏的实例。

湖南 ZSQ 大坝为混凝土面板堆石坝，最大坝高 78m。水库于 1990 年 11 月下闸蓄水，1992 年发现渗漏，并逐年增大，1999 年 7 月渗漏量达 2500L/s，渗漏十分严重。经多次分析讨论，并结合水下录像、潜水员查勘、物探、钻探等多种勘查资料，分析认为：由于趾板伸缩缝止水破坏而形成渗漏通道，渗漏水带走过渡层和垫层中细颗粒，造成面板架空和止水破坏扩大，加剧渗漏发展，直至面板断裂产生渗漏点。针对该缺陷进行了面板修复处理和加密灌浆处理：① 垫层料严重流失的 L8、L9 采用改性垫层料，即在垫层料中掺入质量比为 5%～8%的强度等级为 42.5 的水泥，适量加水湿润、拌和均匀充填，充填时用插入式或平板振动器进行密实。② 对 L1、L9～L11 面板，凿除受损区面板混凝土，保留钢筋，重浇面板混凝土，在周边缝周围仅凿除周边缝一定宽度的条带混凝土，加厚浇筑新的钢筋混凝土防渗层。③ 对 L0～L4、L8、L10、L11 面板裂缝与贯穿性裂缝，缝宽 $\delta>0.2$mm 的沿缝凿槽，嵌填 SR－2 材料，覆盖 SR 盖片；缝宽 $\delta<0.2$mm 裂缝及非贯穿性裂缝在表层粘贴盖片。④ 在 L9、L10 面板趾板约 106m 高程采用粉煤灰作表层覆盖。⑤ 对垫层进行加密灌浆处理，分铅直孔灌浆和斜孔灌浆。为保证铅直孔和探孔孔口不产生渗漏，对铅直孔和探孔孔口采用预缩砂浆和环氧砂浆进行了特殊封堵处理。处理后大坝渗漏量由处理前的 2500L/s 下降为 20L/s 左右，处理效果良好。

1.4　泄水消能建筑物常见工程隐患

1.4.1　泄水消能建筑物运行期常见隐患类型

泄水建筑物主要的功能是泄洪、冲沙、排沙、放空水库等，其运行安全是确保大坝安全的重要组成部分。国内外的资料显示，泄洪引起的泄水建筑物破坏案例屡见不鲜：中国湖南 WQX、云南 JAQ、湖北 SP 等大坝下游水垫塘出现冲刷破坏；美国奥罗维尔，中国 EP 等水库溢洪道出现泄洪水毁；美国胡佛、格兰峡，中国四川 ET、甘肃 LJX 等水电站泄洪洞均曾发生的泄流运行局部破坏。根据第三轮大坝定期检查的 182 座大坝统计，有 101 座大坝（55.5%）泄水建筑物出现不同程度的破坏，有的破坏还相当严重。泄水建筑物破坏案例反映出以下特点：一是运行期发生破坏概率高，且影响泄水消能建筑物安全性的因素繁杂；二是如不及时采取有效措施，泄水消能建筑物破坏后除影响泄水消能建筑物本身安全外，还有可能会影响相邻的坝体、边坡安全，甚至威胁下游生命财产安全，造成严重的社会经济损失。

泄水消能建筑物隐患类型一般可归类于总体布置、泄流能力、结构安全性、结构运行性态、消能防冲安全隐患等 5 个方面。

（1）总体布置及体型不合理。如进水渠（口）进口吸气漩涡、异常横向流等不利流态；泄洪洞出口突扩段水翅冲击闸门；溢洪道泄槽内水流翻越边墙；水流不能归槽；雾化影响周边建筑物及边坡安全等。

（2）泄流能力不足的隐患主要包括库容曲线变化或调度方案调整，泄流能力要求提高；下游近坝区河道改变、河床明显抬高、设障或过流断面偏小，不能正常过流或影响过流能力；泄水建筑物没有完建；实测泄流能力明显小于设计要求；流道边界条件发生变化、孔顶梁板结构阻挡水流下泄、流道两侧墙体高度明显不足、泄流时洪水漫墙等。

（3）结构安全性方面的隐患主要包括稳定安全系数不足、混凝土应力超标等。

（4）结构运行性态方面的隐患可分为结构损伤、异常渗流、异常变形等。

1）结构损伤主要是指泄槽、堰面、闸墩等过流面裂缝、空蚀、冲刷磨损；进水口和出水口、门（栅）槽及竖井结构磨损、空蚀等。

2）异常渗流主要包括结构缝等部位渗水，排水管不通畅等。

3）异常变形是指溢洪道与其他建筑物等结合部位不均匀变形，产生沉降、错动、脱开；溢洪道与两岸岸坡连接处等部位塌陷、隆起、错台、挤压破坏等。

（5）消能防冲方面的安全隐患主要为消能工结构空蚀、冲刷、磨损，消力坎、消力墩、护坡等冲刷、磨损、淘空等；边坡护岸破损等。

为掌握泄水建筑物运行情况，开展其运行隐患调查，选取 90 座水电站大坝泄水建筑物，共计 122 条隐患类型进行统计分析，对泄水消能建筑物总体布置、泄流能力、结构运行性态等方面常见隐患类型统计分析，具体统计见表 1－3 和图 1－15 所示。

表 1－3　　泄水消能建筑物常见隐患类型

序号	隐患描述	数量（条）	比例（%）
1	泄洪消能防冲破坏	59	48
2	溢洪道、泄洪洞等流道裂缝、冲蚀磨损或空蚀损坏	55	45
3	泄水建筑物泄流能力不足	8	7
总计		122	100

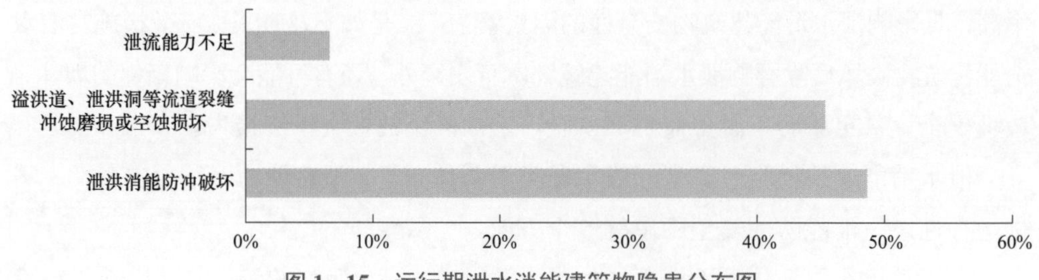

图 1－15　运行期泄水消能建筑物隐患分布图

1.4.2　泄洪道、泄洪洞等流道裂缝、冲蚀磨损或空蚀损坏

根据调查和统计，泄水建筑物流道破坏主要原因有泄水建筑物布置不合理、结构设计不满足规范要求、材料抗冲耐磨能力不足、掺气或排水失效、止水失效、施工质量缺陷及复杂的水力特性等。此外，不合理的运行方式也是诱发破坏的重要原因，导致泄水建筑物过流面等出现大面积严重的冲刷、空蚀破坏、钢筋裸露锈蚀等。

1. 布置不合理

泄水建筑物体型欠佳的原因大多为导流洞改建成泄洪洞，如甘肃 LJX 泄洪洞、云南 NL 冲沙洞、新疆 TH 排沙洞等。也有专门设计的泄洪洞，如四川 ET 泄洪洞等。这些泄洪洞流道设计体型欠佳，导致产生空化、空蚀破坏。甘肃 LJX 水电站泄洪洞反弧末端出现严重破坏，主要由于反弧半径偏小、流速梯度大，在高流速情况下，加之 20 世纪 50、60 年代施工的混凝土抗冲耐磨性能差，导致严重空化空蚀破坏。另外，由于溢流形体、消能选型不合理、运行与设计工况不符等原因，流道内水流出现涌浪、越墙、水流不能归槽等不利流态。

云南 SSHK 水电站投运以来，经历的最大洪水重现期略大于 10 年，最大泄洪流量 1278m^3/s。底流消能设计未经模型试验验证，消力池长度仅 24m，后接长约 15m 海漫（原技施阶段海漫长度为 30m，实际施工长度 15m），远小于设计计算的水跃长度（校核工况 92.371m）。由于消力池及海漫长度不足，泄洪易形成远驱水跃，形成不利流态，造成海漫下游侧河床冲淘表孔。现场检查泄洪表孔溢流面和泄洪（冲沙）底孔边墙、检修闸门至工作闸门间的流道底板局部，发现存在磨损、冲刷，导致局部骨料出露、露筋现象；表孔消力池底板存在多处磨损，局部形成淘坑、露筋等缺陷（见图 1－16）；海漫下游侧未衬护的河床局部存在冲坑。

图 1－16　因不利流态消力池底板磨损明显

新疆 WQ 水电站深孔泄洪洞改建后未曾泄洪，工作闸门全开泄洪时原工作闸井进口顶部伴随吸气漩涡，洞内水流挟带不稳定气囊；新建的发电隧洞和泄洪洞连接部位流态复杂，且出口水流存在水翅冲顶现象，深孔泄洪洞泄洪流态紊乱，不利于安全泄洪。详细案例分析见第 6 章。

2. 多泥沙河流泄洪冲沙频繁

部分大中型工程坝高相对较高，河流泥沙含量高，为确保有效库容，水库需在汛期频繁泄洪冲沙，因此导致泄洪孔（洞）过流面反复出现冲蚀磨损。如四川 GZ 泄洪排沙底孔、四川 TJZ 泄洪冲沙底孔、四川 LTS 泄洪洞、甘肃 LJX 泄水道、宁夏 QTX 泄水管、云南 DYJYJ 泄洪冲沙底孔、四川 BZS 左右底孔等工程泄洪冲沙建筑物流道均出现反复磨损破坏。随着抗冲耐磨材料性能的不断提高，同时总结完善修补工艺，上述流道修补效果越来越好。泄水建筑物冲磨蚀典型破坏类型如图 1－17 所示。

(a) 高速水流夹砂冲磨

(b) 推移质冲蚀破坏

图 1－17　泄水建筑物冲磨蚀典型破坏类型

3. 结构强度不满足要求

部分工程泄洪洞由导流洞改建，如广东 NS 泄洪洞（水头 70m）、新疆 TH 排沙洞（水头 24m）、云南 YP 右岸泄洪洞（水头 70m）等。结构设计和施工质量达不到永久工程要求，运行后存在渗水、结构破损等现象。

美国奥洛威尔大坝溢洪道在 2017 年 2 月 7 日溢洪道启用运行期间，在一段较陡峭位置，由于水流冲刷溢洪道泄槽底板的裂缝和接缝，导致底板下的浮托力超过底板的自重和结构强度。上浮的部分底板暴露了该位置下方的劣质基岩，造成严重侵蚀，并导致更多的底板剥落以及更大范围的侵蚀。奥洛威尔大坝溢洪道事故独立调查小组公布的最终报告表明，事故由物理因素、人员、组织和行业因素的复杂相互作用造成。其中物理因素分为两大类：一是溢洪道设计和竣工情况的固有缺陷，以及随后的泄槽底板恶化；二是某些位置的溢洪道基础条件差。

美国奥洛威尔大坝溢洪道泄槽破坏情况如图 1－18 所示。

图 1－18　美国奥洛威尔大坝溢洪道泄槽破坏

4. 掺气、排气、排水失效

掺气、排气和排水设施是避免高水头泄水建筑物遭受空蚀破坏的重要手段。通过在高水头泄水建筑物上设置掺气设施，加强水流掺气，能有效减免局部低压区可能发生的空蚀破坏，经济效益、生态效益和安全意义均十分明显。掺气减蚀的机理就是在高速水流中掺入空气，水流掺气后，增加了水气混合体的可压缩性，减小冲击波压强，减弱传递到固壁的高强冲击，减免空蚀破坏。常见的泄水建筑物掺气、排气和排水失效表现主要有通气孔不畅、掺气不足、通气孔冒水等。

四川 ET 水电站的两条泄洪洞在运行 4 年后发生空蚀破坏，其中 1 号洞破坏严重（见图 1－19），2 号洞很轻微。1 号泄洪洞在 2001 年使用频率高，共运行 85 天，其中连续泄洪 62 天，汛后检查发现，自 2 号掺气槽以下约 400m 长的混凝土衬砌受到严重损坏，最大冲坑深度达 21m。2003 年修复后进行了 8 次泄流试验，2004 年又进行了 2 次泄洪，查明了空蚀的原因，即部分通气孔超高（超过挑坎顶高），其作用类似一个很宽而体型不佳的门槽，因为凡是通气孔超高处的下游均有空蚀痕迹，而且超高多的空蚀严重。1 号泄洪洞于 2005 年汛前对 2 号掺气槽进行了改型，抬高了掺气口高程并设置了侧向掺气设施。2005 年至 2007 年共运行 1120h，后期运行结构未见损坏。近年随设计经验的积累，高速水流掺气减蚀措施不断进步，因设计体型不合理导致严重破坏的工程案例逐渐减少。

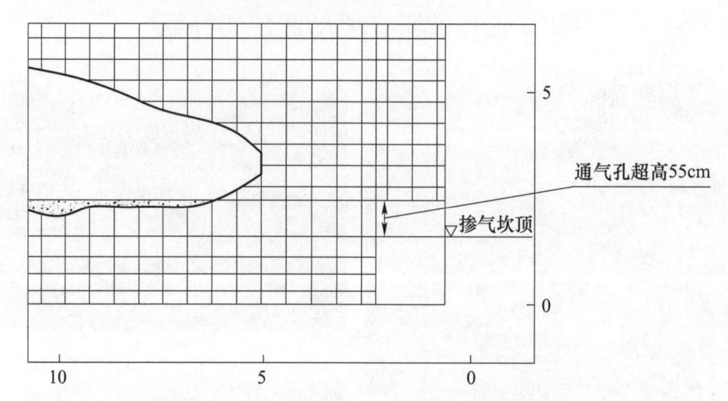

图 1－19　四川 ET 水电站 1 号泄洪洞侧墙空蚀破坏示意图

云南 JAQ 水电站大坝在 2011—2016 年的汛后检查中，发现表孔溢流面反弧段混凝土面（2 号掺气坎前的部位）均存在局部冲蚀破坏、麻面以及环氧砂浆修补层局部脱落情况。2013 年 1 月及 2016 年 4 月，分别对表孔溢流面的冲蚀破坏部位进行了凿除冲毁部位松散混凝土及周边加深修直处理，最后采用环氧混凝土修补。2017 年 7 月 8 日泄洪时发现 2～3 号掺气槽之间的溢洪道局部水面出现异常跳跃现象；2017 年 7 月 10 日，表孔溢洪道下泄了工程建成后的最大流量 7095m^3/s；2017 年 7 月 22 日，发现溢洪道 1:10 段底板（损坏面积约为 2300m^2）、1:3 段底板（损坏面积 3250m^2）发生较为严重的抗冲磨层冲坏现象，如图 1－20 所示。泄水建筑物破坏的主要原因有表孔溢洪道 1 号掺气槽掺气空腔不稳定，掺气效果欠佳；2、3 号掺气槽积水严重（排水孔堵塞），导致通气井向泄槽中部补气的横向通气孔面积显著减小，掺气减蚀作用受到制约，掺气坎下游产生不利水流条件，这是泄槽底板发生破坏的原因之一；泄水建筑物运行频繁变化，水流条件变幅大，且底板两层混凝土浇筑时间间隔较长，泄槽末端板块抗浮稳定存在一定风险，也是抗冲耐磨层失稳破坏的原因之一。

贵州 YT 水电站大坝在 2006 年 5 月 8 日溢洪道泄洪后，溢洪道泄槽底板 4～6 段（溢 0＋074.00m～溢 0＋114.00m）严重损毁，水毁面积约 950m^2，冲坑最大深度约 7.0m，其中泄槽第 5 段（溢 0＋084.00m～溢 0＋099.00m）右边墙底板下部淘空最大水平深度为 3～4m。2014 年 7 月 14～18 日，溢洪道泄洪时发现泄槽水流流态异常，泄槽底板 2～3 段（溢 0＋039.00m～溢 0＋064.20m）沿结构缝止水破坏、底板抬起损坏，损毁面积约 662m^2，加上松动未脱落部分共约 767m^2，最大冲坑深度为 5.5m，损毁方量约 1540m^3，涉及泄槽 8 块底板，如图 1－21 所示。事故主要原

图 1－20　云南 JAQ 水电站大坝溢洪道现场检查照片

因有：① 在高速水流区未设置掺气设施。模型试验表明“圆弧段区域（第 4、5 段）附近的流速大，底流流速可达 30m/s”，补充试验表明该区域最大底流流速 31.37m/s。根据《溢洪道设计规范》（DL/T 5166—2002）6.7.4 条，“当水流流速超过 30m/s 时应设置掺气设施”。现场破坏的底板显示部分圆弧段底板沿结构缝齐整地被掀起。② 泄槽地基锚固困难。泄槽地基灰岩产状不利，且呈薄片状，底板锚筋锚固力无法保障。泄槽地基为顺坡向岩体，锚筋密度、深度不足以及与基岩的锚固效果差，导致底板不满足锚固地基有效重量的要求。现场破坏的底板显示部分锚筋挂着片状岩石或锚筋直接拔出。③ 泄槽结构缝止水存在缺陷。泄槽部分结构缝原设计止水为 H651 型塑料止水带，且施工质量可能存在缺陷、止水带与混凝土黏结不密实，导致高速水流进入泄槽底板下面。④ 泄槽底板止水施工存在缺陷。从破坏现场看，橡胶止水带多处存在一翼翻转 90°、止水带未能嵌入混凝土、接头部位未连接密实、埋设走样等现象，说明泄槽底板结构缝止水的施工质量较差，给泄槽底板留下了致命的隐患。

图 1－21　贵州 YT 水电站大坝溢洪道 2014 年泄槽段底板 2～3 段水毁照片

5. 止水破损或失效

混凝土结构缝止水和排水结构可靠性是影响泄槽段安全运用的重要因素。止水失效，高速水源窜入结构缝内，流速水头立即会转变为压力，拽动底板，反复作用以至拉脱（若基岩强度低，更易拉开）；底板一经拉开，由于脉动压力具有传递性，其与流速水头压力就会产生顶托底板的作用。一旦底板个别块体被顶托变形突起，流态即刻会发生很大变化，水流抬动作用将大大加剧，直至掀起其他板块。

湖北 SP 水电站为混凝土面板砂砾石堆石坝，最大坝高 90.5m。岸坡式溢洪道最大下泄流量为 7020m^3/s，基岩为页岩、砂质页岩。2007 年溢洪道建成后首次泄洪，泄流量为 600m^3/s，泄洪约 20h，发现反弧段处水流翻滚异常，关闭闸门检查，发现在 B12 段，即挑流鼻坎反弧段上切点附近的 5 块混凝土板已被冲掉 3 块，并形成约有 4m 左右的冲坑，如图 1－22 所示。主要原因为止水失效、基础砂质页岩与混凝土胶结强度不高、排水局部不畅。

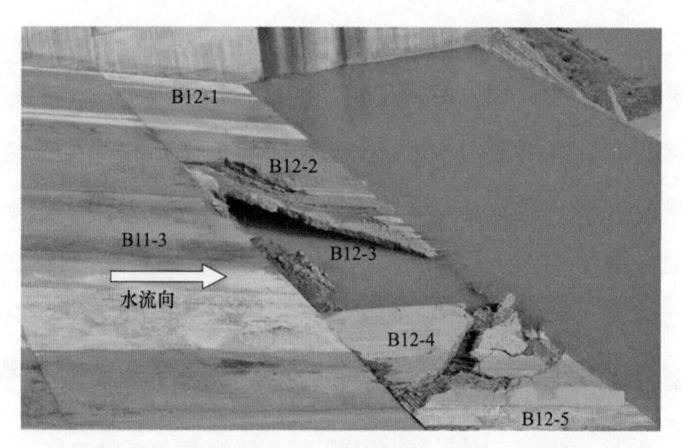

图 1－22　湖北 SP 水电站挑流鼻坎反弧段冲刷破坏

贵州 SBX 水电站溢洪道位于左岸主坝与副坝之间，共设 3 孔。泄洪洞位于溢洪道左侧，由进水渠段、进口闸室段、明流洞身段、出口明槽和挑流鼻坎段及出口尾水渠段组成。塔式进水口，设两孔 5m×9m 有压短管进口，弧形闸门控制，最大泄流量为 2936m^3/s，采用挑流消能。2007 年 6 月以后库水位迅速上升。2007 年 7 月 26 日，SBX 库区普降暴雨，上游连续降雨强度达到 100mm，降雨后预报洪峰流量由 4000m^3/s 迅速上升至 8000m^3/s，实际入库洪峰流量达 7650m^3/s，此时库水位已到 467.50m。因库区防洪要求，电站开闸泄洪，历时 12h 后，7 月 27 日 6 时 50 分左右，巡视发现在 4 号掺气槽处泄洪水流异常，有三股水舌从 4 号掺气槽附近向上游移动，随后 4 号掺气槽区域水柱冲起，泄水受阻，水流翻过右边墙。现场发现异常情况后于 7 时 20 分闸门全部关闭，从发现异常到闸门关闭历时 30min。之后，关闭溢洪道闸门，改由泄洪洞泄洪。

采用溢洪道进行泄洪时，4 号掺气槽及其上下游共 27 块泄槽底板（其中 24 块尺寸为 13m×15m，左侧 3 块为 12m×15m）被损毁，损坏桩号从溢 0+350 到溢 0+440，其中 13 块混凝土底板全部被冲毁，14 块混凝土底板部分残留，累计损坏面积约 4000m^2，冲毁最深 11m，冲毁混凝土与基岩总量约 1.5 万 m^3。4 号掺气槽（溢 0+400）至 5 号掺气槽（溢 0+510）段底板及边墙面层混凝土冲刷严重，边墙局部有露筋、混凝土小冲坑，局部结构缝面有渗水，磨损面积约 7000m^2。

本次泄洪前 12.5h 溢洪道运行正常，水流掺气充分。经现场仔细检查，没有发现气蚀破坏的痕迹，也没有发现冲坑上游部位有磨损。因此，可以排除空蚀破坏和冲磨破坏的诱发因素。从现场破坏的状态分析，泄槽段水毁是由高速水流动水压力所引起的，水毁段揭示的混凝土浇筑冷缝等难以承受高速水流产生的动水压力，导致缝面以上的混凝土被掀走，因此，底板混凝土浇筑中形成的冷缝是本次水毁的主要原因。从目击和拍摄的照片分析，破坏源在第四道掺气槽上游的某块底板，首先是底板表面剥离，形成过大的不平整度和凸坎，进而高速水流直接冲击底板和掺气槽，致使泄槽破坏。目击的三股突起的水柱向上游运动，并即刻消失的现象，很可能是冷缝上部的混凝土块被高速水流掀起所致。结构缝止水铜片以上的油毛毡不具备止水功能，不能防止水流进入缝内，且止水片距下层面仅约 20cm，其底部的混凝土难以振捣密实，动水渗入后，受力条件完全改变；此外设计的排水槽面积仅约 0.05m^2，而横向长度超过 70m，如止水效果较差，水不能及时排除。

6. 工程质量存在缺陷

部分大坝泄洪洞蓄水后随即出现洞内衬砌混凝土渗水、裂缝等问题。导致上述问题的主要原因有洞内灌浆不到位、衬砌混凝土厚度或配筋不足、衬砌混凝土强度不足等，如云南 LBG 水电站右岸泄洪洞、广东 NS 水电站泄洪洞、云南 YP 水电站左右岸泄洪洞等属于此类问题；混凝土结构配筋不足、混凝土抗冻性能不满足要求等，如 YF 水电站中孔闸墩由于上述原因在运行初期出现裂缝。上述问题经灌浆、重新浇筑混凝土衬砌，在闸墩裂缝部位增加预应力锚索，修补抗冻材料混凝土等处理，基本消除了安全隐患。吉林 FM 老坝施工质量差，运行年代长，遭受冻融破坏严重，混凝土老化脆。1986 年 8 月 7 日，泄洪时 12～14 号坝段溢流面上 1920m^3 混凝土被冲走，破坏面积约 1090m^2，平均冲深约 2m，最大冲深为 3.3m，泄流半小时被迫关闸，溢流面破坏严重。

另外，由于事故、检修门槽结构体型较复杂，需埋设金属结构预埋件、浇筑二期混凝土等，施工难度相对较大，往往施工质量很难保证；同时门槽本身破坏流道的光滑性，在高速水流作用极易产生破坏。如甘肃 LJX 泄水道、排沙洞，湖南 DJ 一、二级放空洞，四川 GZ 泄洪排沙底孔，福建 SK 泄水底孔，江西 ZL 泄空洞、广西 PJ 放空孔管以及云南 DYJSJ 泄洪排沙闸。需对门槽一期混凝土配筋、二期混凝土插筋埋件、混凝土级配进行精细化设计，并控制埋件焊接和混凝土浇筑质量。江西 ZL 土坝在 1988 年 2 月 10 日例行检查时发现泄洪放空洞左孔检修门槽损坏，进一步水下检查发现门槽下游护角钢板翘起，内部的二期混凝土破碎剥离，放空洞不能使用，被迫将汛期起调水位降低 1.5m。

1.4.3 泄洪消能防冲破坏

由于施工质量差、不平整，防冲建筑物护底深度不足，接缝止水、排水设置不合理，底板厚度不够，消力池长度不够，底部扬压力过大等原因，在动水压力作用下，泄洪消能建筑物易发生空蚀、底板掀起、淘空、冲刷破坏等。

贵州 WJD、DF 等大坝泄洪后下游出现较大冲坑或造成下游护岸工程损坏。四川 ET 大坝在 2008 年检查时发现下游河床左岸护坡马道局部被洪水冲坏。经现场测量，被洪水掀起的混凝土护坡马道长约 13.2m、宽约 4.5m，面积约 60m^2。损坏部位中间有 1 条施工缝，施工缝上游侧表层钢筋混凝土面板被完全冲走，下层的浆砌石已出露，施工缝下游侧表层钢筋混凝土面板和下层浆砌石全部被冲走，底部回填石渣有掏空现象，掏空段长约 8m。之后对下游左侧护岸马道破损区的混凝土采取了拆除、混凝土面板浇筑、右岸抛石回填等措施。2010 年汛后检查发现右岸护坡约有 60m 长的区域底部被掏空，护脚抛石被水流冲走，有 40m 护坡段混凝土出现局部磨损。之后对右岸下游护岸掏空部位进行了维修，对冲刷严重区域采用钢筋石笼护脚，护岸底部掏空区域用 C20 毛石混凝土回填，抛石冲走较少的区域增加护脚抛石，增强其抗冲刷能力，具体如图 1－23 所示。

贵州 DF 水电站下游河道的冲刷主要发生在左岸溢洪道、泄洪洞下游挑流水舌落点处的右岸岸边。2007 年汛后右岸约 990m^3 混凝土护坡被泄洪洞的泄洪水流冲刷破坏，该缺陷于 2008 年汛前修复处理完成。2008 年 11 月泄洪洞泄洪时又将修复部位大面积冲坏，大部分钢筋混凝土底板、锚杆和 145 个消能墩被冲毁。贵州 DF 水电站泄洪冲刷部位如图 1－24 所示。

(a) 2009 年护坡修复情况

(b) 2011 年修复情况

图 1－23　四川 ET 左岸下游护岸护坡修复情况

(a) 2007 年泄洪冲刷部位

(b) 2008 年泄洪冲刷部位

图 1－24　贵州 DF 水电站泄洪冲刷部位

1971 年，四川 GZ 重力坝汛后检查发现消力塘两岸侧墙遭受严重冲刷，1975 年水下检查发现右侧墙冲坑最大深度达 11.5m，1982 年水下检查发现大小冲坑 86 个，冲走混凝土 1200m^3，1986 年水下检查发现漂木道和分水墙冲刷破坏严重。

1.4.4　泄流能力不足

泄洪建筑物实际尺寸与设计偏差较大、设计泄流曲线与实际偏差较大、或下游行洪受阻导致泄洪设施泄流能力降低的应重新复核泄流曲线，必要时采用最新复测成果进行调洪复核。如广西 BLT 大坝在广西 LT 水电站正常运行后，下游水位流量关系曲线根据实测水位、流量资料进行了修正，并复核了其泄流能力；四川 TPY 大坝在“5・12”汶川地震后，及时清理了侵占严重的河道行洪断面，保障了汛期泄洪安全；吉林 FM 大坝二次定检、吉林 HS 大坝首次定检、浙江 XAJ 大坝首次和二次定检时调洪复核均采用了新的泄流曲线。

1.5 工程边坡常见工程隐患

1.5.1 工程边坡运行期常见隐患类型

边坡稳定对水电站运行安全至关重要。边坡垮塌一般对大坝实体结构不至于产生严重威胁，但对闸墩等形体单薄的结构和泄洪设备可能会造成严重损伤，影响大坝部分的运行功能。近坝库岸边坡失稳的危害性一般为涌浪影响，如 1961 年 3 月 6 日，湖南 ZX 水电站大坝首次蓄水 148.9m 时，上游右岸 1.55km 处发生大规模滑坡，总体积 165 万 m^3，掀起巨大涌浪，坝前浪高达 3.6m，库水漫过坝顶泄向下游，造成一定损失。

一般地，工程边坡按组成物质分类可分为岩质边坡、土质边坡和岩土混合坡，影响边坡稳定的主要因素一般有地层和岩性、地质构造、岩体结构（结构面倾向和倾角、走向、组数及数量、连续性等）、初始应力状态（初始地应力高将导致边坡开挖后稳定性下降）和外部因素（边坡形态、爆破、开挖、地下水、浅表层锚固措施、地震作用）等。水库运行后，受水流掏刷、冲刷、波浪冲击、雨水浸入以及水位骤降等因素影响，工程边坡常见的破坏形式有崩塌、滑坡、岩石倾倒、流动等，如图 1-25 所示。

运行期边坡主要存在以下 3 种隐患类型：

（1）稳定性不足。如边坡变形速率持续增大或出口及后缘拉裂缝形成，裂缝宽度和深度持续发展等。

（2）滑坡、崩塌、开裂、掉块。如土质边坡后缘或坡面开裂、崩塌；岩质边坡崩塌、掉块；库岸滑坡体、变形体、崩塌堆积体地表开裂、滑坡、坍塌、崩塌、掉块；隧洞沿线边坡滑坡、坍塌、滚石、掉块；坡内排水洞坍塌、崩塌、掉块等。

(a) 崩塌

(b) 滑坡

(c) 岩石倾倒

(d) 流动

图 1－25　边坡常见破坏类

（3）绕坝或异常渗漏。如边坡结构面渗水；库岸滑坡体、变形体、崩塌堆积体异常渗水等。

结合边坡破坏的主要形式和类型，开展其运行隐患调查，选取 45 座大坝工程边坡，共计 54 条隐患类型进行统计分析，具体统计见表 1－4。

表 1－4　　边坡常见隐患类型

序号	隐患类型	数量（座）	比例（%）
1	稳定性不足	25	46
2	滑坡、崩塌、开裂、掉块	15	28
3	绕坝或异常渗漏	14	26
总计		54	100

各类隐患类型分布如图 1－26 所示。

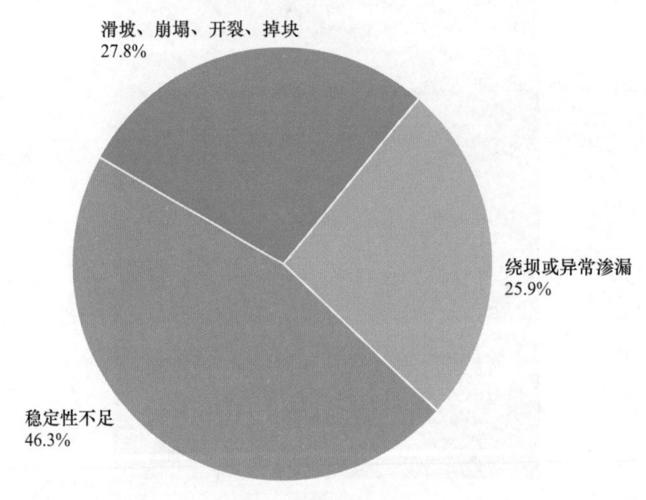

图 1－26　运行期工程边坡隐患类型分布

针对工程边坡各类隐患，边坡常见的治理措施主要有：① 减载、边坡开挖和压坡；② 排水及防渗：坡面、坡顶以上及边坡内部设排水及防渗措施；③ 坡面保护：喷混凝土、喷纤维混凝土、挂网喷混凝土等；④ 边坡锚固措施：锚杆、钢筋桩、预应力锚杆、预应力锚索；⑤ 抗滑支挡结构：挡土墙、抗滑桩、抗剪洞、锚固洞；⑥ 组合加固措施：锚固与支挡措施的组合，包括预应力锚索（锚杆、预应力锚杆、抗滑桩、桩洞联合体、锚杆（锚索）挡墙等。上述措施中，①～③为边坡增稳措施，④～⑥为边坡加固措施。边坡加固处理一般优先考虑增稳措施，当增稳措施不能满足要求时，再考虑加固措施。

1.5.2 稳定性不足

在实际工程中，存在没有按设计坡度进行开挖、坡度过陡、基坑降排水措施不力、基坑开挖后暴露时间过长、经风化而使土体变松散等现象，造成边坡不稳定的隐患。青海 LXW、四川 MEG、四川 DN、云南 YP 等大坝均存在过边坡稳定性不足的安全隐患。

云南 YP 水电站左岸溢洪道引渠段及闸室段左侧边坡，最高开挖边坡高度 92m，高程 904m 以上边坡岩性主要为石英砂岩夹泥质粉砂岩，岩体为互层状结构，岩层为斜交顺向坡，上部岩体全、强风化破碎为主，下部岩体弱风化较破碎，小的褶皱断层发育，挤压强烈，高程 949m 至坡顶部为粉砂质黏土坡积层和全风化土质边坡。高程 904m 以上边坡地质条件复杂，稳定条件较差。溢洪道引渠段及闸室边坡典型剖面如图 1-27 所示。

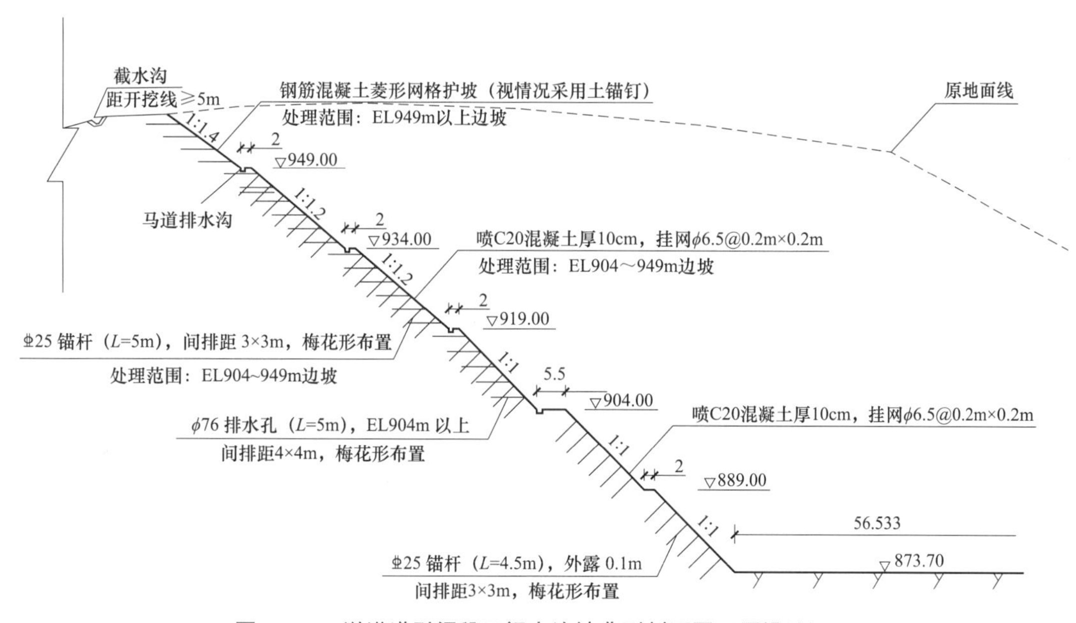

图 1-27　溢洪道引渠段及闸室边坡典型剖面图（原设计）

施工期及运行期边坡曾发生过多次变形和塌滑，出现裂缝主要有 13 条（见图 1-28），经过加固处理后基本处于收敛状态，但还有 2 条裂缝没收敛。运行期 2008 年也出现多条裂缝，经过处理后也基本稳定。但边坡顶部开口线处及截水沟出现的裂缝，在 2012 年及 2014 年封闭处理后，又重新开裂，到 2014 年 11 月裂缝最大开合度达到 22mm。

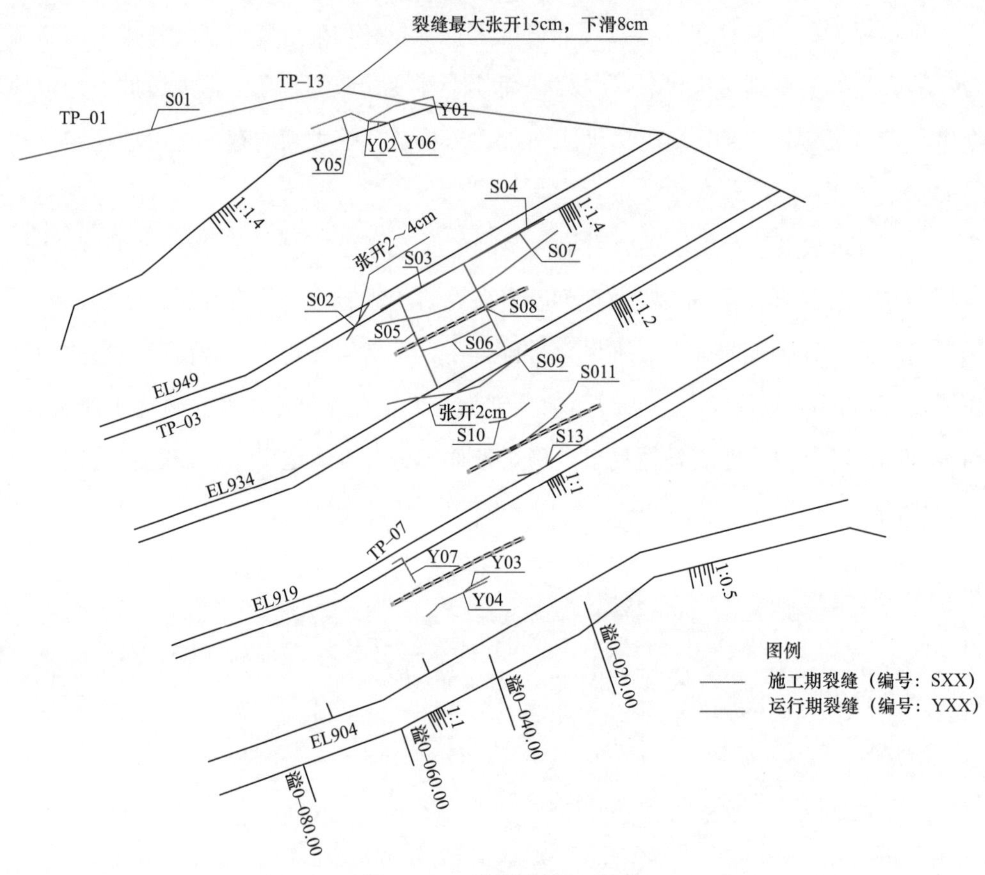

图 1–28　边坡裂缝示意图

考虑到边坡裂缝仍在发展，2018 年 3 月至 8 月对溢洪道高边坡进行加固处理，完成 115 束锚索，深排水孔 1870m，混凝土梁浇筑 417m^3，钢筋安装 14.1t，锚索测力计 7 台，水位孔 3 个，测斜孔 3 个，表面观测墩 2 个。经监测分析，其变形速率较以前明显减小，变形过程曲线收敛趋势较明显，边坡已趋于基本稳定状态。

青海 LXW 大坝库区 GP 岸坡变形体估算总方量约 9240 万 m^3，规模巨大，距枢纽建筑物较近，其稳定性对工程安全影响较大。变形体成因机制十分复杂。GP 变形体尚未稳定。具体案例分析见第 7 章。

1.5.3　滑坡、崩塌、开裂、掉块

滑坡是指斜坡岩土体在重力（或叠加地震力、水压力等）作用下，沿某一面以

水平运动为主的变形破坏现象，其中包含变形和破坏两个主要过程。破坏是指斜坡岩土体中已形成贯通性破坏面并发生宏观显著位移，实际上就是指滑坡发生的短暂过程；而在贯通性破坏面形成之前，斜坡岩土体的部分变形与局部破裂称为变形。崩塌是指岩土体在重力作用下，从高陡坡突然加速崩落、滚落或跳跃，具有明显的拉断或倾覆现象。

1. 金沙江白格堰塞湖险情

（1）白格滑坡体基本情况。白格滑坡体位于金沙江右岸，西藏自治区江达县波罗乡白格村附近，距离金沙江下游降曲河口约 54km，滑坡体后缘高程约 3600m，前缘至江边高程约 2880m。滑坡体出露地层岩性主要为元古界片麻岩组和华里西期蛇纹岩带，蛇纹岩位于边坡中上部，滑坡后缘发育波罗－木协逆冲断层。滑坡体分区如图 1－29 所示。

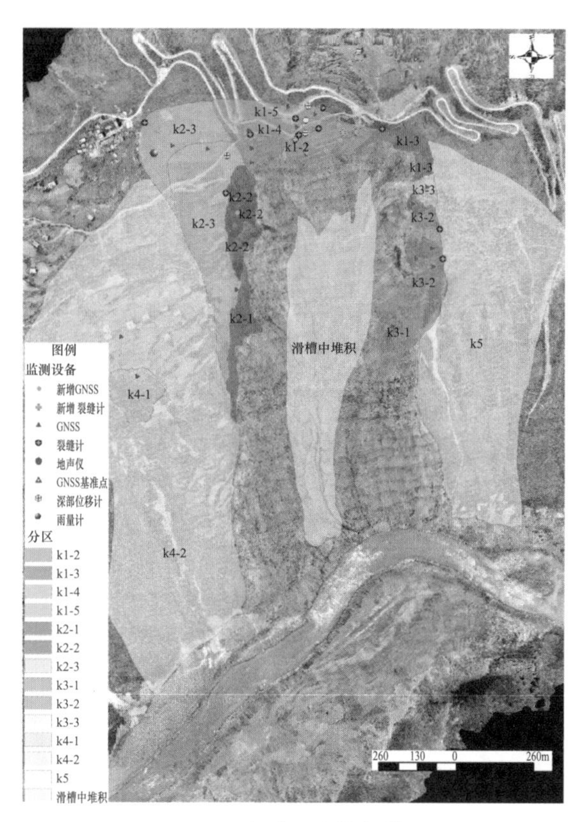

图 1－29　金沙江白格滑坡分区

（2）2018 年白格堰塞湖险情。2018 年，白格滑坡两次堵江形成堰塞湖，对下游叶巴滩、拉哇、巴塘、苏洼龙等在建水电工程，以及梨园、阿海、金安桥、龙开口、鲁地拉等在运水电站造成威胁。

2018年10月11日凌晨，金沙江右岸江达县波罗乡白格村附近发生滑坡堵江形成堰塞湖，滑坡体规模约1000万m^3，堰塞湖蓄水量约2.5亿m^3（见图1-30）。10月12日17时30分，堰塞湖水位超过堰塞体临水侧凹槽高程2930.30m后自然过流，估计溃坝洪峰流量约11000m^3/s。溃堰洪水未对当时在建的SWL水电站围堰造成影响，导流洞顺利泄洪，洪水传到LY库区洪峰流量4880m^3/s，其中溃堰前LY入库流量主要为区间来水，约为1090m^3/s。

图1-30 第一次堰塞体滑坡

2018年11月3日，西藏江达县波罗乡白格村原“10·11”滑坡高位残留体向滑坡后缘及深部继续扩展发育，失稳下滑同时将原滑槽内中部平台残留的大量块碎石裹挟而下，堵塞原“10·11”堰塞体的泄流渠，发生二次堵江，再次形成堰塞湖（见图1-31）。新增堰塞体顺河长约273m，横河宽约195m，龙口最低高程2966m。蓄满后，堰塞湖库容预估将达7.7亿m^3。11月8日，施工机械陆续到达堰塞体现场，实施干预施工，于11月11日完成泄流渠（槽顶宽42m、底宽3m、高14m、长220m）开挖。同时，对SWL上、下游围堰实施破拆。12日10时，堰塞体人工开挖泄槽全面过流。13 日 14 时，过流量开始明显加大，泄槽不断被冲刷扩大；18 时 20 分，堰塞体达到溃决最大洪峰流量，约 33900m³/s，随后出库流量逐步回落，堰塞湖风险解除，但下游各大坝因溃决洪水造成不同程度的受损。各电站受损情况如下：① YBT 电站：11 月 13 日 20 时出现最大流量 28300m³/s，远超设计校核标准 5000 年一遇洪峰流量 10100m³/s。溃堰洪水导致右岸导流洞洞内外供电、制浆、排水等设施全部损毁；6 号临时桥至左右岸导流洞便道全部损毁；4 号临时桥至 401 号公路和 7 号临时桥便道（路面、路基及挡护设施）全部损毁；左岸导流洞出口围堰冲毁；左右岸导流洞洞内充水。② LW 电站：11 月 13 日 23 时 15 分出现最大流量 22000m³/s，远超设计校核标准可能最大洪水洪峰流量 11900m³/s，导致上游索桥左、右岸连接道路冲毁，LW1 号路隧洞进水，混凝土系统冲毁，LW 沟口钢筋加工场场地冲毁等。③ BT 电站：11 月 14 日 1 时出现最大流量 21200m³/s，远超设计校核标准 5000 年一遇洪峰流量 10500m³/s；右岸场内交通工程等毁坏。④ SWL 电站：11 月 14 日 3 时 50 分出现最大流量 19800m³/s，远超设计校核标准可能最大洪水洪峰流量 12500m³/s。溃堰洪水导致大坝上下游围堰全部冲毁，基坑过水。⑤ LY 水库：由于前期腾库及洪水减弱等原因，LY 在 11 月 15 日 14 时出现最大入库流量 7410m³/s，溃堰洪水未对电站运行造成较大影响。

图 1-31　第二次堰塞体滑坡

2. 四川 TPY 水电站“8·20”泥石流

2019 年 8 月 19 日 20 时至 20 日 9 时，四川汶川县境内多处发生强降雨，岷江多条支沟发生泥石流灾害。20 日凌晨 2 时许，距 TPY 电站闸坝下游约 200m 处的闸底关沟发生特大泥石流，泥石流冲积扇阻断岷江壅高闸坝下游水位并形成涌浪，短时将闸坝淹没，造成闸门破坏及机电设备受损。灾害还造成多孔泄洪闸门被损毁，局部水工建筑物损坏，进出闸坝道路损毁，生活区冲毁，闸坝库区及下游河道淤积严重，如图 1-32 所示。

(a) 引水渠工作闸门被淤泥淹没

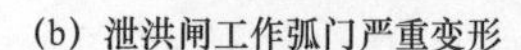

(b) 泄洪闸工作弧门严重变形

(c) 泄洪闸门 T 形梁破坏严重

(d) 左岸路基冲毁

图 1-32　四川 TPY 大坝遭泥石流受损情况

3. 陕西 AK 水电站 RJS 滑坡体和左岸溢洪道边坡

陕西 AK 水电站大坝 RJS 滑坡体处于不均匀蠕滑状态，年位移量或滑动速率与降雨关系密切，强降雨是敏感的促滑因素。现场检查坡面上有较多的裂缝、沟槽和陷落坑，后缘有错坎和拉裂缝，其延伸方向多为顺坡向，滑坡已基本解体。滑坡体前缘块体先滑，牵引后面的块体失稳，如图 1-33 所示。

图 1－33　陕西 AK 大坝 RJS 滑坡体

左岸溢洪道边坡施工中多处发生坡体失稳现象，经设置抗滑桩、锚洞、锚索和混凝土挡护等措施，处理后工程边坡整体稳定。“5·12”汶川地震未对大坝造成破坏。2010 年“7·18”洪水期间，受泄洪冲刷影响，左岸下游河床边坡多处发生滑坡，造成左岸公路中断，坡脚护坡多处出现空蚀淘刷，如图 1－34 所示。

1.5.4　绕坝或异常渗漏

大坝建成蓄水后，渗流绕过两岸坝肩从下游岸坡流出，称为绕坝渗流，这对大坝运行不利但又难以避免。一般情况下绕坝渗流是一种正常现象，但如果坝肩帷幕灌浆质量较差，或者岸坡中有强透水层，就有可能造成集中渗流，影响大坝的蓄水效益。此外，地下渗透水压力不仅会在坝基内形成巨大的孔隙水压力，减小滑动面上的正应力，同时也会改变岩石的性质，降低岩体的抗压强度，是影响坝肩岩体抗滑稳定的一项重要因素，威胁大坝的安全运行。

图 1－34　陕西 AK 大坝左岸溢洪道边坡

重庆 TZG 拱坝运行后，左坝肩下游水垫塘护坡及以上部位边坡高程约 700.00m 有多处渗水，坝后混凝土置换体与基岩结合部位不同高程有多处渗水出露点。日常巡视检查发现，库水位在 750.00m 以上运行时，左岸坝肩下游边坡渗水量随库水位变化较敏感。新增的量水堰测值表明，左岸坝肩下游边坡渗水主要受上游库水位影响，排除降雨影响后实测最大渗流量约为 21L/s。左岸坝肩防渗帷幕局部效果较差，存在明显绕坝渗流。左坝肩绕坝渗漏若不消除，长此以往，将逐渐削弱夹层的抗剪强度，对拱座抗滑稳定不利。

四川 YL 大坝右岸覆盖层中不存在软弱面及潜在的不稳定体，边坡整体稳定性较好。但右岸坝肩山体单薄，土体透水性较好，水库蓄水运行以来，山体内地下水位较高，地表渗水较普遍，局部呈面状渗水，且水量较大，表部松散土体出现了塌滑、凹陷和脱空等渗透破坏现象，对右岸单薄山体的稳定性有一定的影响（见图 1－35）。因此对右坝肩山体边坡进行了清坡、反滤排水、贴坡压脚、坡脚修建混凝土重力式挡土墙，以及设置截水沟、排水沟、山体和廊道排水等整治处理，整治后右坝肩边坡坡面渗透变形与滑塌破坏得到了一定的控制。

图 1-35　四川 YL 大坝右坝肩塌陷处

第 2 章

水电站大坝工程隐患检查检测方法

2.1 隐患检查检测方法概述

水电站大坝由于施工质量缺陷、地质缺陷、筑坝材料劣化或因地震、人为、生物破坏等，可能会形成隐患并在长期运行过程中逐步扩大、恶化，容易导致坝体开裂、渗漏、塌陷甚至溃坝事故，对水电站大坝安全运行造成不利影响。目前，我国水电站大坝主要可分为土石坝和混凝土坝，土石坝的筑坝材料主要为土石体，混凝土坝的筑坝材料主要为常态混凝土和碾压混凝土。筑坝材料不同，坝体隐患的类型和特征也有所不同。土石坝的坝体隐患主要为洞穴、不密实、裂缝、塌陷及渗漏等，混凝土坝的坝体隐患主要为混凝土开裂、离析、低强及渗漏等，坝基隐患主要为渗漏、沉陷、滑移等。由于大坝隐患具有一定的隐蔽性，需要采用专门方法检查检测其位置、性质、程度、规模、形态及发展变化趋势。

大坝隐患检查检测以往主要采用钻探、开挖等方法，这些方法对坝体有破坏性，也存在局限性。自从 20 世纪 80 年代开始，我国大坝隐患检查检测逐渐采用电法、电磁波法、弹性波法、流场法和放射性法等物探方法，其中电法包括高密度电法、自然电位法、充电法、激发极化法、伪随机流场法等，电磁波法包括瞬变电磁法、大地电磁测深法、地质雷达法等，弹性波法包括地震反射波法（地震映像）、瑞雷波法、声波法等。近年来借助计算机层析成像处理技术发展起来的电阻率 CT 法、弹性波 CT 法和电磁波 CT 法等方法也得到了较为广泛的应用。用于探测大坝隐患的各种无损检测方法，主要是基于坝体隐患与正常坝体材料之间存在物性差异的前提。对于土石坝，坝体隐患与密实（正常）土石体之间主要存在电性差异，电法、电磁法一般作为首选方法。对于混凝土坝，坝体隐患与正常混凝土之间主要存在力学性能（包括抗压强度、劈裂强度、抗折强度、弹性模量等）和物理性能（碳化、抗冻性、抗渗性、弹性波速度和衰减系数等）差异，弹性波法一般为首选方法。由于水下和水上的作业环境不同，目视检查、水下摄像、图像声呐、多波束声呐、测扫声呐、地层剖面探测等方法是水下检查检测的主要手段，水下潜航器近年来也得到越来越广泛的应用，但目前水下检查检测方法主要用于检查大坝表面缺陷。另外，各种无损检测方法均存在局限性和多解性问题，用于检查检测大坝隐患也是如此。综合应用多种无损检测方法或结合钻探是解决局限性和多解性问题较为有效的手段。不同类型、不同部位大坝隐患的检查检测方法选择可参照表 2-1。

表 2-1　　水电站大坝隐患检查检测方法适用性

坝型	部位	隐患	旱地检查检测														水下检查检测														
				电法				电磁波法				弹性波法				其他	潜水		潜航器		流场法		声呐法		地层剖面法		示踪法		
			目视检查	高密度电法	自然电位法	充电法	电阻率CT法	瞬变电磁法	大地电磁测深法	地质雷达法	电磁波CT法	地震反射波法	瑞雷波法	声波法	弹性波CT法	红外热成像法	目视检查	摄像检查	摄像检查	图像声呐	伪随机流场法	声波流速法	多波束声呐法	侧扫声呐法	浅地层剖面法	地震剖面法	颜色示踪法	化学示踪法	同位素示踪法
土石坝	坝体	表面缺陷	○														○	○	○	△									
		不密实		○			○	○		○	△		○		○														
		内部开裂		△				△		△	△	△			○														
		渗漏入口	○		△	△											○	○	○	△	○	△					△	△	△
		渗漏通道	△	○	△	△	○	○	△	△	○				△												△	△	△
	防渗墙	不连续								△	△	△		○	○														
		开裂								△	○	△		○	△														

续表

坝型	部位	隐患	旱地检查检测														水下检查检测												
			目视检查	电法				电磁波法				弹性波法				其他	潜水		潜航器		流场法		声呐法		地层剖面法		示踪法		
				高密度电法	自然电位法	充电法	电阻率CT法	瞬变电磁法	大地电磁测深法	地质雷达法	电磁波CT法	地震反射波法	瑞雷波法	声波法	弹性波CT法	红外热成像法	目视检查	摄像检查	摄像检查	图像声呐	伪随机流场法	声波流速法	多波束声呐法	侧扫声呐法	浅地层剖面法	地震剖面法	颜色示踪法	化学示踪法	同位素示踪法
土石坝	防渗墙	渗漏通道			△	△	△			△	○	△		○	○												△	△	△
	面板	开裂	○													△	○	○	○	△			△	△					
		破损	○													△	○	○	○	△			△	△					
		脱空								○		○				△													
		渗漏入口	○		△	△											○	○	○	△	○	△	△	△			△	△	△
	坝前	淤积或冲刷	○	△						○		△					○	○	○	○			○	○	○	○			
	坝基	渗漏通道	△	△			△		△		○			△	○														
	坝肩	渗漏通道	△	△	△	△	△	△	△	△	○			△	○														
	库区	渗漏入口	○		△	△											△	△	△		○	△	△	△			△	△	△
混凝土坝	坝体	表面缺陷	○														○	○	○	△			△	△					

续表

坝型	部位	隐患	旱地检查检测														水下检查检测												
				电法				电磁波法				弹性波法				其他	潜水		潜航器		流场法		声呐法		地层剖面法		示踪法		
			目视检查	高密度电法	自然电位法	充电法	电阻率CT法	瞬变电磁法	大地电磁测深法	地质雷达法	电磁波CT法	地震反射波法	瑞雷波法	声波法	弹性波CT法	红外热成像法	目视检查	摄像检查	摄像检查	图像声呐	伪随机流场法	声波流速法	多波束声呐法	侧扫声呐法	浅地层剖面法	地震剖面法	颜色示踪法	化学示踪法	同位素示踪法
混凝土坝	坝体	裂缝位置	○							△				○	○	△	○	○	○	△									
		裂缝深度												○	△														
		内部缺陷								△	△			○	○														
		渗漏入口	○			△											○	○	○	△	○	△	△	△			△	△	△
		渗漏通道	△			△				△	○			○	○														
	坝前	淤积或冲刷	○	△						○		△					○	○	○	○			○	○	○	○			
	坝基	软弱层		△					△		△	△		△	○														
		渗漏通道		△			△		△		○			△	○														
	坝肩	渗漏通道	△	△	△	△	△		△	△	○			△	○														
	库区	渗漏入口	○		△	△											△	△	△		○	△	△	△			△	△	△

注：○ 主要方法；△ 辅助方法或条件具备时可选。

2.2 混凝土坝隐患检查检测方法

2.2.1 混凝土内部缺陷检测方法

混凝土缺陷是指破坏混凝土连续性、完整性或降低混凝土强度和耐久性的蜂窝、孔洞、离析、裂缝、胶结不良、低强区以及夹杂沙、泥、杂物等，缺陷将影响混凝土的结构承载力和耐久性，甚至可能在缺陷部位形成渗漏通道。

混凝土为非均质弹黏塑性材料，在缺陷混凝土中传播的弹性波一般具有低波速和强衰减特性，可通过检测混凝土中的弹性波速度和幅度及变化判定缺陷混凝土。声波、地震波均属于弹性波范畴，由于声波具有较高的频率和更高的分辨率，故一般采用声波法检测混凝土缺陷。大坝混凝土一般为大体积混凝土，通常只有一个可供检测的作业面，由于声波频率高、能量较小，在混凝土中穿透距离不大，故在坝体表面难以检测到深部的混凝土缺陷，通常必须借助钻孔采用孔间声波透射法或孔间声波 CT 法进行检测。当然，钻孔检测混凝土内部缺陷更直观，钻取的芯样可以用于抗压强度试验、弹模试验、抗渗试验、抗冻试验等。利用钻孔还可以进行钻孔压水、钻孔弹模检测，也可辅助采用钻孔摄像解决芯样不连续、不完整问题。但钻孔仅是“一孔之见”，不可能大量布置，因此采用无损方法与钻孔相结合检测大坝混凝土内部缺陷是优选方案。对于浅部缺陷，也可采用地质雷达法或超声横波三维成像法进行辅助检测。该两种检测方法不需要钻孔，但检测结果一般仅用于定性分析。

1. 孔间声波透射法

声波透射法需要利用两个相对的检测面或两个钻孔进行穿透检测。由于大坝大体积混凝土无相对的两个检测面，故需要钻孔。在一个孔中发射声波，在另一个孔中接收声波，声波穿透两孔之间的混凝土，读取各声波射线的声波初至时间和首波幅值，依据每条声波射线长度和声波旅行时间计算声波射线速度，根据声波速度和声波幅度及变化情况判断声波射线是否穿过混凝土缺陷，再根据所有穿过混凝土缺陷的声波射线交会形成的区域判定缺陷混凝土的位置和范围。当仅有一个检测孔时，若有可能也可与坝体上下游面或其他临空面之间进行穿透检测（见图 2-1）。

高频声波在混凝土中传播距离小但分辨率高，低频声波传播距离较大但分辨率相对较低，而且声波在混凝土中传播具有绕射特性，低频声波或过大的传播距离容易产生绕射现象，降低对混凝土缺陷的分辨能力。因此在布置声波检测孔时，必须综合考虑检测分辨率、声波仪器性能、钻孔成本等因素，选择合适的孔间距。当需要增强声波能量以加大声波检测的有效距离时，也可采用大功率声波震源、电火花震源或其他高能震源激发声波，但会在一定程度上降低检测分辨率。

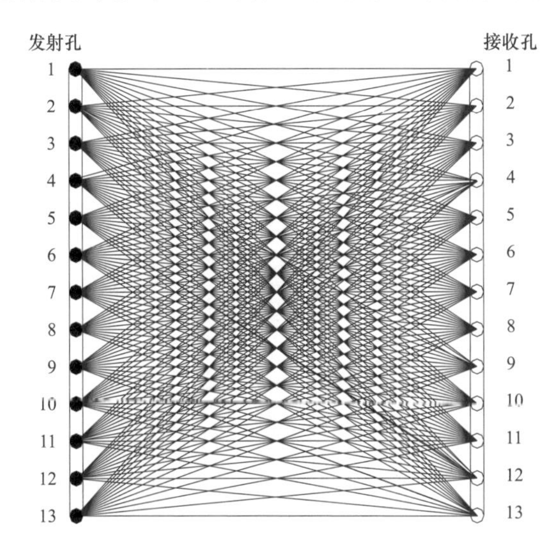

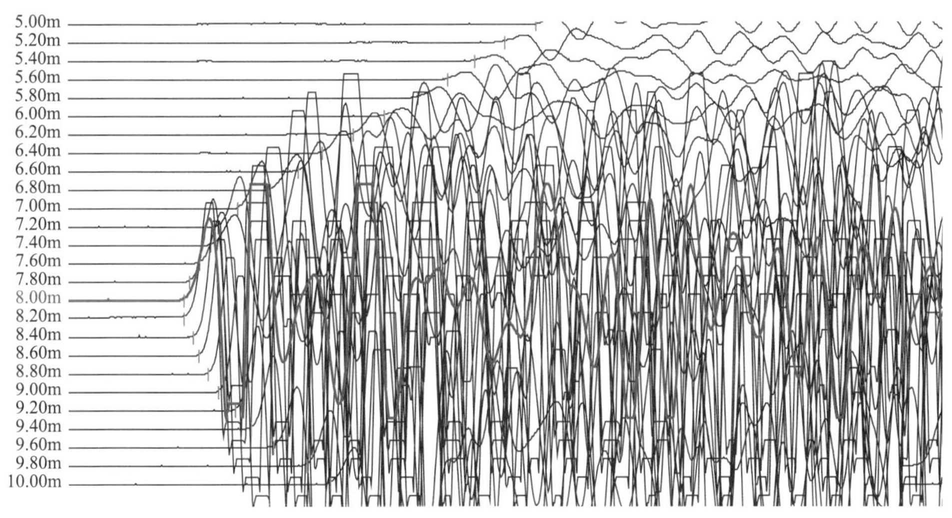

图 2－1　声波透射法检测原理图

2. 孔间声波 CT 法

声波 CT 法是声波层析成像法的简称，是利用声波射线理论的声波速度层析成像，通过对大量声波穿透检测数据的反演分析获得断面单元的声波速度。目前主要采用二维声波 CT 技术，三维声波 CT 技术尚未在工程中大量应用。

二维孔间声波 CT 法要求两个声波透射检测孔位于同一平面内，以扇型观测方式获得大量交叉的穿透混凝土的声波射线，读取各声波射线的声波初至时间，依据每条声波射线的起止点空间坐标和声波旅行时间，遵循费马原理及惠更斯原理追踪最小走时、最短路径的射线，采用拉东变换反演拟合重构检测断面每个单元的声波速度，获取断面声波速度剖面图（见图 2-2）。根据断面声波速度的分布特征及低声速分布情况，判断缺陷混凝土的位置和范围。为保证层析成像处理质量，一般要求钻孔间距不大于钻孔深度，且不大于 10～15 倍成像单元尺寸（边长）。在可能的情况下，利用多边进行声波透射检测有助于提高成像质量。

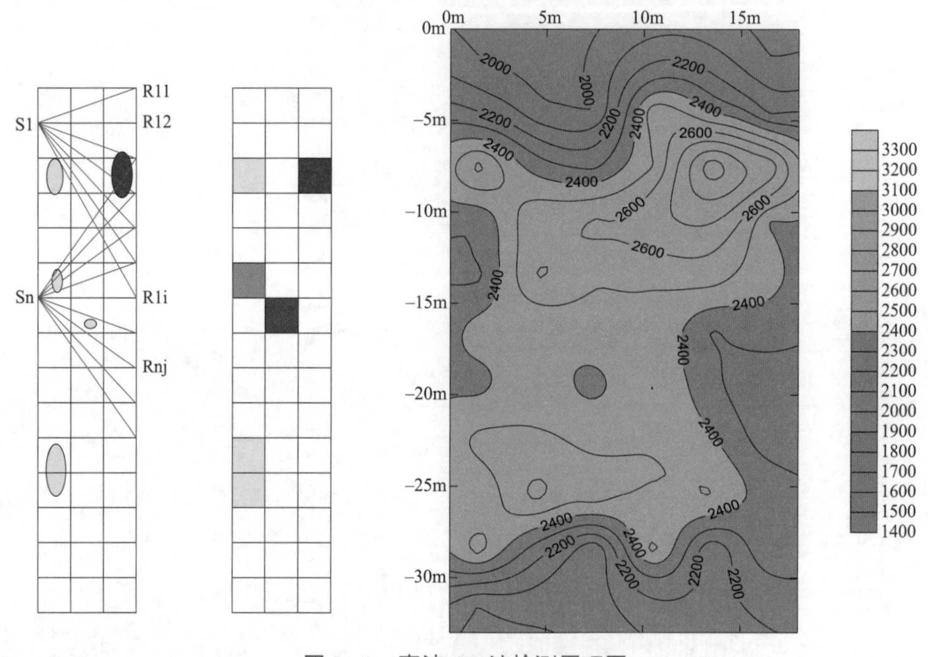

图 2-2　声波 CT 法检测原理图

3. 地质雷达法

地质雷达法是一种用于探测介质内部分布的广谱（1MHz～1GHz）电磁技术，雷达天线的中心频率决定了地质雷达的探测分辨率和有效探测深度，天线的中心频率越高，探测分辨率越高，但有效探测深度越小。一般来说，缺陷混凝土与正常混凝土的电导率、介电常数等电性参数存在差异，电磁波遇到缺陷混凝土时将产生反射电磁波。通过分析反射电磁波信号的强度、相位、频率、旅行时间及同相轴的形态，可大致分析缺陷混凝土的位置及范围（见图 2-3）。雷达天线中心频率的选择要考虑拟探测深度及对缺陷混凝土的分辨率要求：探测浅部、小范围分布的缺陷混凝土宜使用高频天线；探测深部、广泛分布的缺陷混凝土可使用低频天线。为避免附近电线电缆、金属结构的干扰，应尽量使用具有抗干扰功能的屏蔽天线。

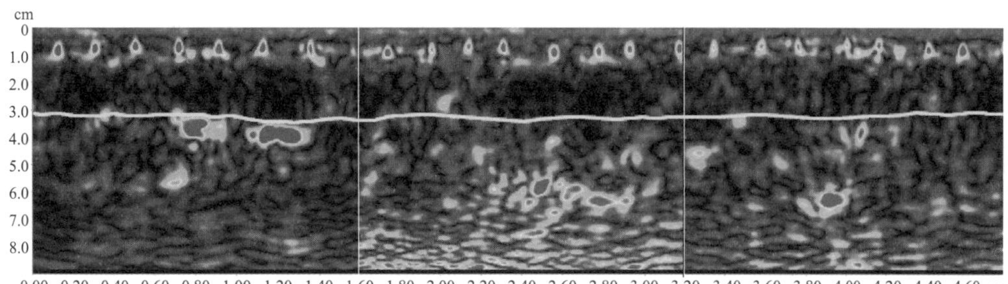

图 2–3　地质雷达成像图

4. 超声横波三维成像法

超声横波三维成像法是以超声波的反射理论为基础，采用合成孔径聚焦技术和三维层析成像技术对超声波横波反射信号进行处理和成像（见图 2–4），形成断面超声波横波速度色谱图，低横波速度区可判定为混凝土缺陷（见图 2–5）。由于超声波横波不能在空气、水等流体中传播，与超声波纵波相比，对混凝土缺陷更为敏感。

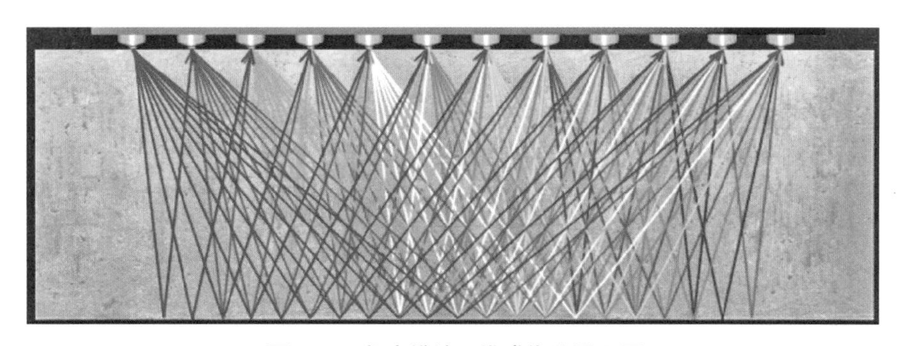

图 2–4　超声横波三维成像法原理图

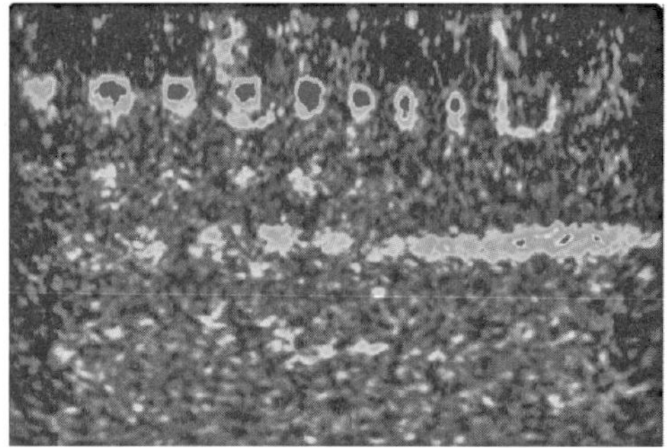

图 2–5　超声横波三维成像成果图

2.2.2　混凝土强度检测方法

混凝土强度是评价混凝土质量的主要指标之一，低于设计强度等级要求的混凝土属于低强混凝土。混凝土抗压强度检测方法主要有回弹法、超声回弹综合法、钻芯法和拔出法，其中回弹法和超声回弹综合法为无损检测方法，该两种方法的检测准确度相对较差，必要时需要用钻芯法验证和修正；钻芯法和拔出法为半破损检测方法，检测结果相对准确。对于大坝混凝土，常用回弹法、超声回弹综合法和钻芯法检测混凝土抗压强度。

1. *回弹法*

回弹法是通过检测混凝土表面硬度和碳化深度来推定混凝土的抗压强度的方法。根据回弹仪弹击混凝土表面的回弹距离（回弹值），结合混凝土表面碳化深度进行修正，利用大量混凝土强度与回弹值统计取得的经验换算关系，进而推定混凝土的抗压强度。必要时，选择若干测区钻取混凝土芯样进行抗压强度试验，对回弹法推定结果进行验证和修正。对于抗压强度检测结果不满足设计要求的混凝土且经钻芯验证，则在其分布范围内的混凝土可判定为低强度混凝土。

混凝土表面碳化深度可用于修正回弹值，也是评价混凝土耐久性的指标之一。混凝土长期暴露在空气中，大气中二氧化碳缓慢渗入混凝土，与混凝土内的氢氧化钙反应生成碳酸钙，由表及里使混凝土由碱性变成中性。利用酚酞酒精溶液遇碱变红色的原理可以检测混凝土的碳化深度，已碳化混凝土呈中性，遇到酚酞酒精溶液不变色；未碳化混凝土呈碱性，遇到酚酞酒精溶液将变成红色。

2. *超声回弹综合法*

超声回弹综合法是通过测试混凝土表面回弹量、碳化深度和超声波速度，利用回弹量、声波速度与混凝土抗压强度的相关关系，推定混凝土的抗压强度。超声回弹综合法与回弹法相比，增加了混凝土超声波速度参量，推定的混凝土抗压强度比回弹法相对准确，但也有必要根据芯样抗压强度试验结果进行验证和修正。同样，对于抗压强度检测结果不满足设计要求且经钻芯验证的混凝土，可判定为低强度混凝土。

3. *钻芯法*

钻芯法是一种半破损检测混凝土强度的方法，钻取混凝土芯样制作成圆柱体试件进行抗压强度、劈裂抗拉强度等试验，以核查和验证大坝混凝土的强度。当钻芯法检测混凝土强度不满足设计要求时，则可判定为低强度混凝土。另外，钻取的混凝土芯样还可用于弹性模量试验、抗渗试验、抗冻试验等混凝土性能试验。

2.2.3 混凝土裂缝检测方法

混凝土是一种多孔胶凝人造石材，具有抗压与抗拉强度比高、延伸率小等特点，混凝土收缩、温度变形、荷载作用或地基不均匀沉降等均可能导致混凝土开裂。通常将下列混凝土裂缝归并为有害裂缝：① 对结构安全性和稳定性有危害的裂缝；② 对混凝土结构耐久性有影响的裂缝；③ 有渗漏水的裂缝；④ 贯穿结构层的裂缝；⑤ 深度与构造钢筋相连的裂缝；⑥ 呈网状分布的裂缝；⑦ 宽度大于 0.2mm 且不能自愈的裂缝。

大坝混凝土裂缝十分普遍，裂缝不仅影响坝体质量，也容易形成渗漏通道。裂缝的位置、走向、长度、宽度和深度是描述裂缝特征的主要参数。通过外观检查可以查明混凝土表面裂缝的位置、走向、长度和宽度，裂缝的深度通常采用超声波法和钻芯法检测，必要时结合钻孔电视摄像、压水试验综合确定。

1. 外观检查

外观检查主要采用目视检查法和图像识别法。目视检查法由检查人员借助卷尺、塞规、裂缝测宽仪、定位测量设备及照相机、摄像机等工器具，测量裂缝的长度、宽度、位置及走向，描绘裂缝的形态。一般用定位设备测量裂缝起止点位置及坐标，用卷尺测量裂缝的长度，用塞规或裂缝测宽仪测量裂缝的宽度，并记录裂缝的形态、走向及渗漏、析钙等现象，绘制裂缝分布图。图像识别法一般利用照相机、摄像机、无人机、潜航器及定位测量设备等获取旱地或水下混凝土表面高清影像图，并赋予图像位置坐标。对于能见度较低的水域，通常使用图像声呐获取水下混凝土表面的高分辨率声呐图。通过识别影像图或声呐图中的裂缝及形态，确定裂缝的长度、宽度、位置及走向。

2. 裂缝深度检测

裂缝深度一般采用钻芯法或超声波法检测，按照超声波检测方式的不同又分为超声波单面平测法、超声波双面透射法和超声波钻孔透射法。采用超声波透射法检测裂缝深度时，裂缝应未被充填或灌浆。

（1）钻芯法。钻芯法属于半破损方法，通常在裂缝的中间部位骑缝钻孔，钻孔方向为推测裂缝延伸方向，钻孔深度大于预估裂缝深度。通过观察芯样的裂缝尖灭位置及所在深度，确定裂缝的深度。当裂缝形态较为复杂时，可借助钻孔电视摄像或压水试验综合确定裂缝的深度，甚至可能需要钻多个孔才能较准确判定裂缝尖灭位置及深度。

（2）超声波单面平测法。当混凝土受检部位只有一个表面可供检测，且预估裂缝深度不大于 500mm 时，可采用超声波单面平测法检测裂缝的深度。该方法不能用于检测深度大于500mm的裂缝。

超声波单面平测法是在裂缝的一侧用平面换能器发射超声波，分别在裂缝的同一侧和另一侧用平面换能器接收超声波，根据超声波绕过裂缝末端的传播时间和混凝土声波速度计算裂缝的深度（见图2-6）。

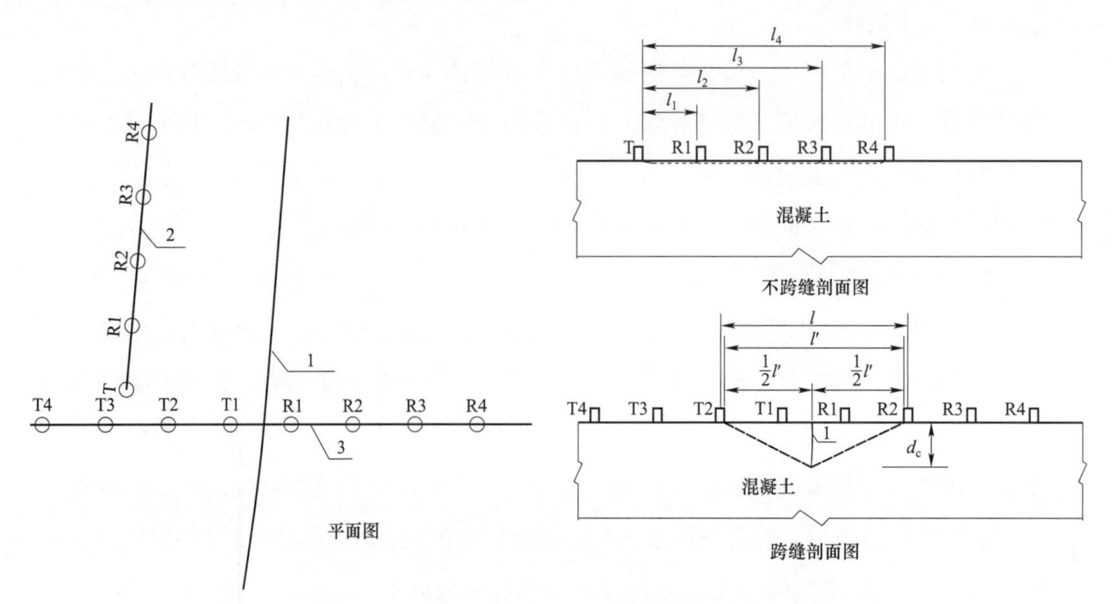

图2-6　超声波单面平测法检测裂缝深度原理图

1—裂缝；2—不跨缝测线；3—跨缝测线剖面图

（3）超声波双面透射法。当裂缝两侧有相对的受检面可进行超声波透射法检测时，可采用超声波双面透射法检测裂缝的深度。检测时，在两受检面布置多个测点并使用平面换能器分别发射和接收超声波，形成平行或交叉的超声波射线，记录每条射线的超声波首波幅值，绘制首波幅值～位置曲线。将超声波首波幅值突变的射线或交会点确定为裂缝的尖灭位置，该点与表面裂缝的连线方向为裂缝的延伸方向，该位置深度即为裂缝深度（见图2-7）。

（4）超声波钻孔透射法。大坝的大体积混凝土一般无法满足超声波双面透射法检测条件。当预估裂缝深度超过500mm时，应在裂缝两侧钻孔进行超声波透射法检测。钻孔深度应大于预估裂缝深度500mm以上，孔径不小于40mm，两孔至裂缝的距离宜为100～150cm。检测前，将两孔注满清水，分别放置发射换能器和接收换能器，采用水平同步或交叉方式检测超声波首波幅值，绘制首波幅值—深度曲线，将首波声幅突变的射线或交会点确定为裂缝的尖灭位置，该位置深度即为裂缝深度（见图2-8）。

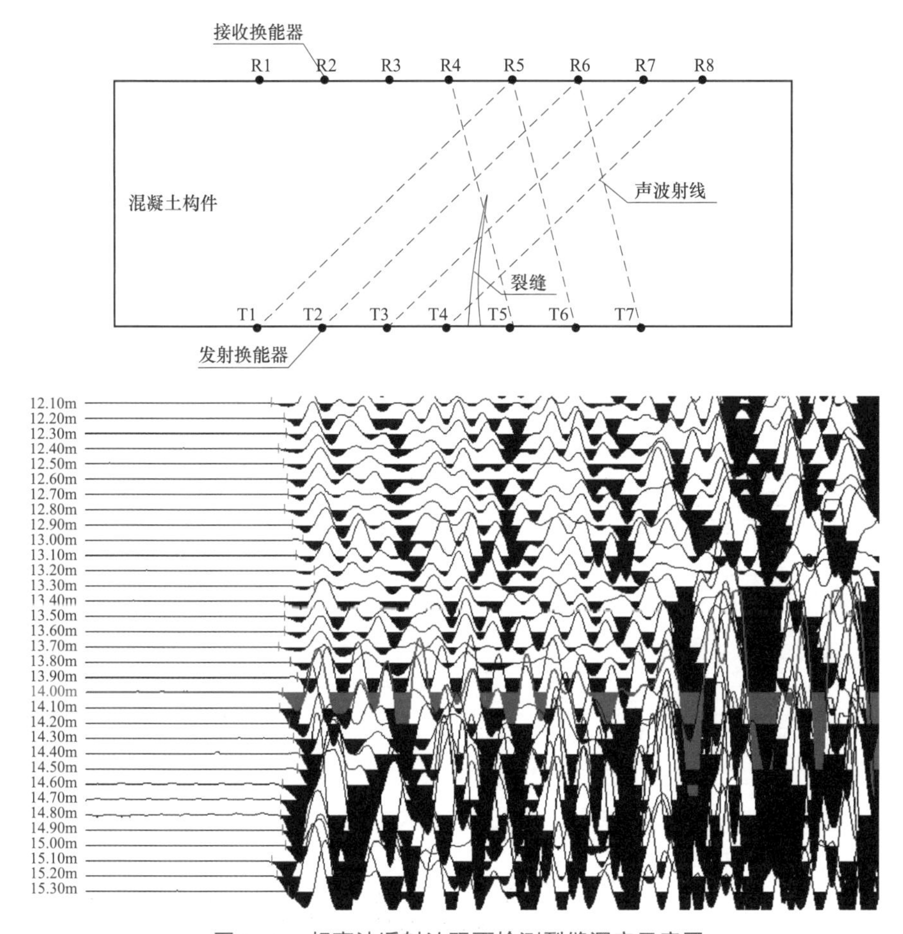

图 2-7　超声波透射法双面检测裂缝深度示意图

2.2.4　混凝土耐久性检测方法

大坝混凝土耐久性病害主要为危害性裂缝、渗漏溶蚀、水质腐蚀、碳化及钢筋锈蚀、冻融破坏、冲蚀、气蚀和磨损等。混凝土耐久性检测，除上述涉及的碳化深度、混凝土强度、裂缝检测和外观检查外，通常还钻取芯样进行抗渗、抗冻试验，必要时分析水质和检测混凝土中钢筋的锈蚀。

1. 混凝土抗渗性检测

混凝土抗渗性用抗渗等级表示，根据钻取的芯样试件所能承受的最大水压力来确定。《混凝土质量控制标准》（GB 50164—2011）将混凝土的抗渗等级划分为 P4、P6、P8、P10、P12 等五个等级，相应表示混凝土抗渗试验时一组 6 个试件中有 4 个试件未出现渗水时的最大水压力。《水工混凝土试验规程》DL/T 5150 规定一组 6 个试件中有超过 2 个试件渗水时的最小水压力为水工混凝土的抗渗等级。

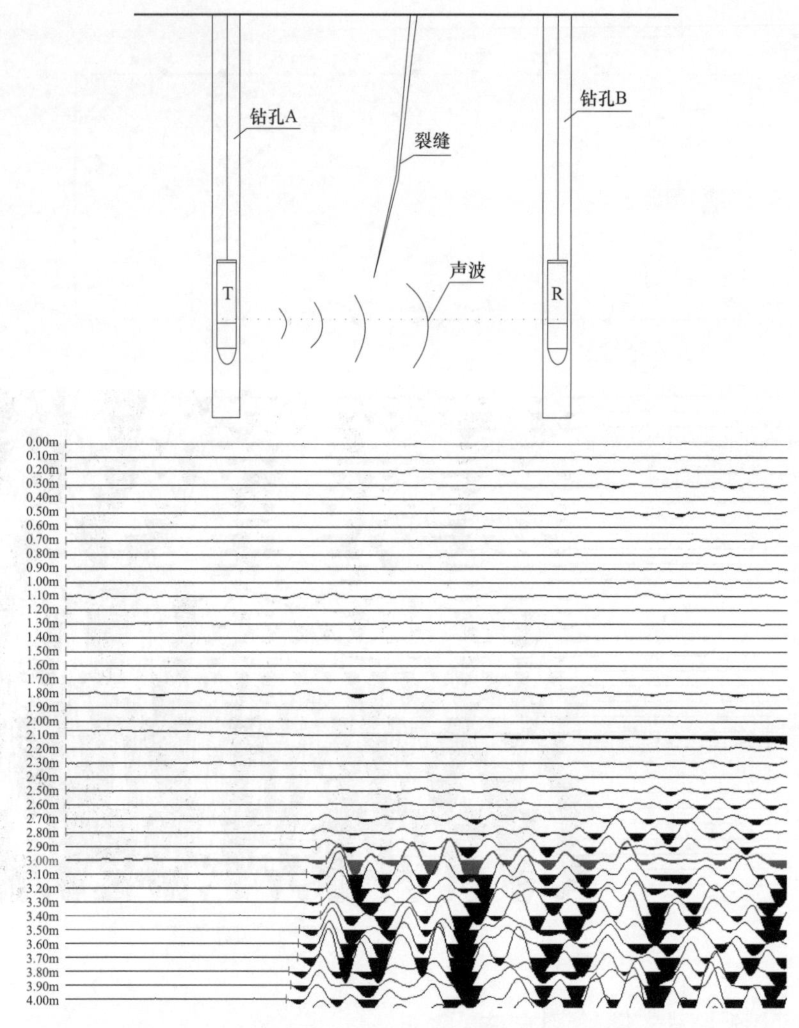

图 2-8　超声波钻孔透射法检测裂缝深度示意图

2. 混凝土抗冻性能检测

混凝土抗冻性能检测通常采用抗冻等级试验来确定，是将钻取的混凝土试件吸水饱和后进行反复冻融循环，以抗压强度下降不超过 25%、质量损失不超过 5%时所能承受的最大冻融循环次数判定混凝土的抗冻等级。混凝土抗冻等级一般分为 F50、F100、F150、F200、F250、F300、F350、F400 和＞F400 等九个等级。

3. 混凝土内钢筋锈蚀检测

混凝土内钢筋锈蚀常用半电位法检测，在钢筋出露部位或凿除钢筋保护层使钢筋外露，测量混凝土表面与钢筋的电位差。根据电位水平判断混凝土中钢筋发生锈蚀的概率或钢筋正在发生锈蚀的锈蚀活化程度，分为无锈蚀活动性或锈蚀活动性不确定，有锈蚀活动但锈蚀状态不确定、可能坑蚀，有锈蚀活动性、发生锈蚀概率大于 90%，有锈蚀活动性、严重锈蚀可能性极大，存在锈蚀开裂区域等五个等级。

4. 水质检测分析

库水中部分化学成分会对混凝土结构产生腐蚀，如 Mg^{2+}、SO_4^{2-}、CO_2、HCO_3^-、侵蚀性 CO_2 离子和低 pH 值。根据《水利水电工程地质勘察规范》（GB 50487—2008，2022 年版）的有关规定，水质对混凝土结构的腐蚀性评价分为一般酸性型、碳酸型、重碳酸型、镁离子型和硫酸盐型等五种类型，并按腐蚀性强度分为无腐蚀、弱腐蚀、中等腐蚀、强腐蚀等四个等级。

2.2.5　混凝土内钢筋检测方法

混凝土中钢筋检测方法主要有电磁感应法和雷达法。

1. 电磁感应法

电磁感应法是利用供给交变电流的线圈辐射电磁场，激励钢筋产生感应电流而辐射二次场，二次场又激励线圈产生感应电动势。线圈与钢筋的不同距离产生不同的感应电压，在钢筋正上方时将获得最大的感应电压值，因此通过测量感应电压及其变化趋势，确定钢筋的位置和保护层厚度（见图 2-9）。电磁感应法检测混凝土中钢筋保护层厚度一般不超过 8cm。

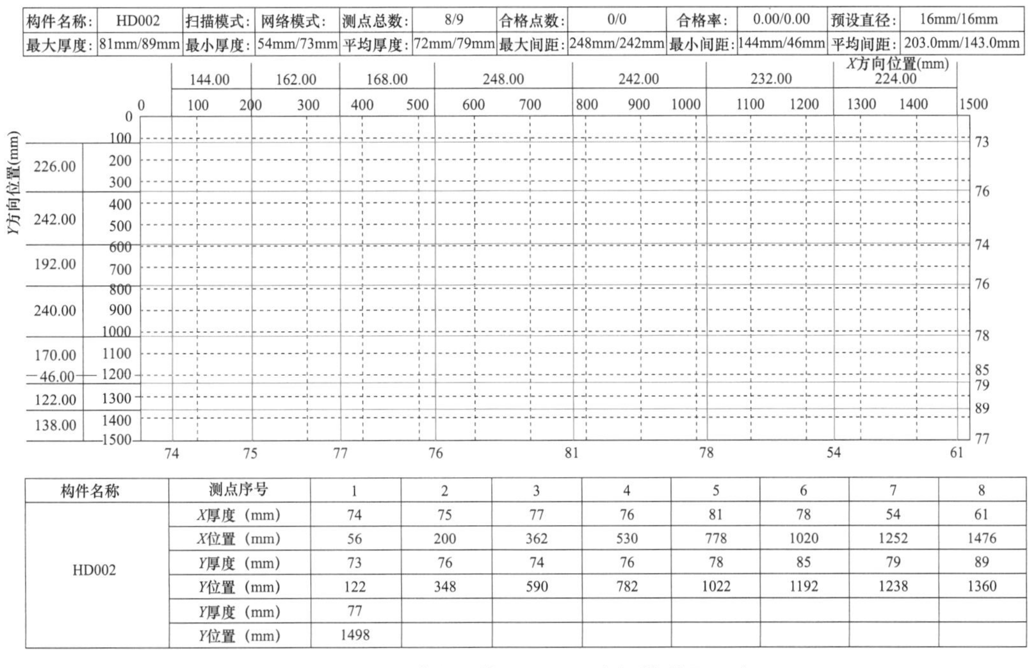

构件名称:	HD002	扫描模式:	网络模式:	测点总数:	8/9	合格点数:	0/0	合格率:	0.00/0.00	预设直径:	16mm/16mm
最大厚度:	81mm/89mm	最小厚度:	54mm/73mm	平均厚度:	72mm/79mm	最大间距:	248mm/242mm	最小间距:	144mm/46mm	平均间距:	203.0mm/143.0mm

构件名称	测点序号	1	2	3	4	5	6	7	8
HD002	X厚度（mm）	74	75	77	76	81	78	54	61
	X位置（mm）	56	200	362	530	778	1020	1252	1476
	Y厚度（mm）	73	76	74	76	78	85	79	89
	Y位置（mm）	122	348	590	782	1022	1192	1238	1360
	Y厚度（mm）	77							
	Y位置（mm）	1498							

图 2-9　电磁感应法检测混凝土中钢筋成果示意图

2. 雷达法

雷达法是通过发射天线向混凝土中发射高频电磁波，电磁波遇到钢筋将产生强烈的反射电磁波，根据反射电磁波的信号及图像特征确定钢筋的位置，根据反射双程走时和混凝土中的电磁波速度计算钢筋保护层厚度。雷达法检测混凝土钢筋保护层厚度可以达到数十厘米（见图2-10）。

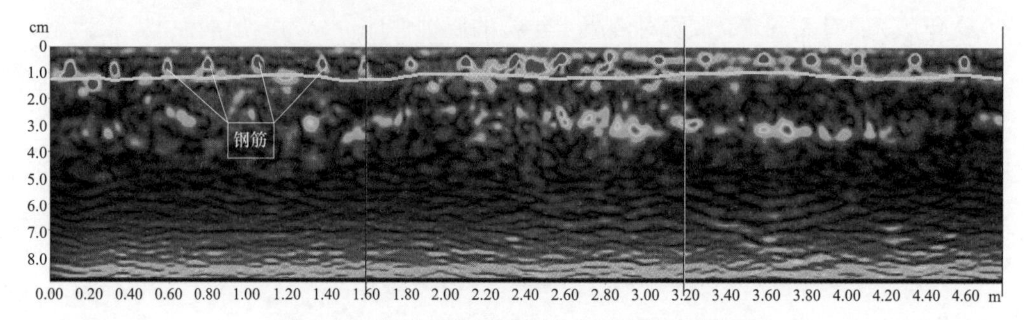

图2-10　雷达法检测混凝土中钢筋成果示意图

2.2.6　混凝土开裂声发射监测方法

大多数弹脆性材料（如金属、岩石、混凝土等）在外界应力作用下，其内部将产生局部应力集中，当能量积聚到某一临界值后，将导致微破裂的产生、发育与扩展，并伴随着应力波的快速释放和传播，出现声发射现象。混凝土开裂是微裂纹不断积累的结果，在应力集中过程中，混凝土内原生裂隙逐步扩展为微裂纹，直至出现混凝土裂缝，并发射声信号（见图2-11）。

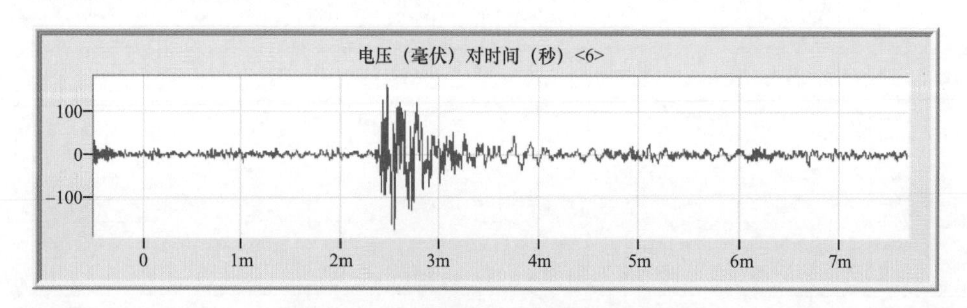

图2-11　典型混凝土声发射信号示意图

相关研究结果表明，混凝土在不同的应力条件下具有不同的声发射特征。在弹性变形阶段，声发射活动相对较少，声信号强度较低；进入塑性变形阶段，声发射事件逐渐增多，声发射率明显增大；随着微裂缝扩展直至混凝土开裂，声发射活动呈指数增加，声信号强度快速增大，在接近破坏时声发射活动和强度剧增，达到峰值（见图2-12）。

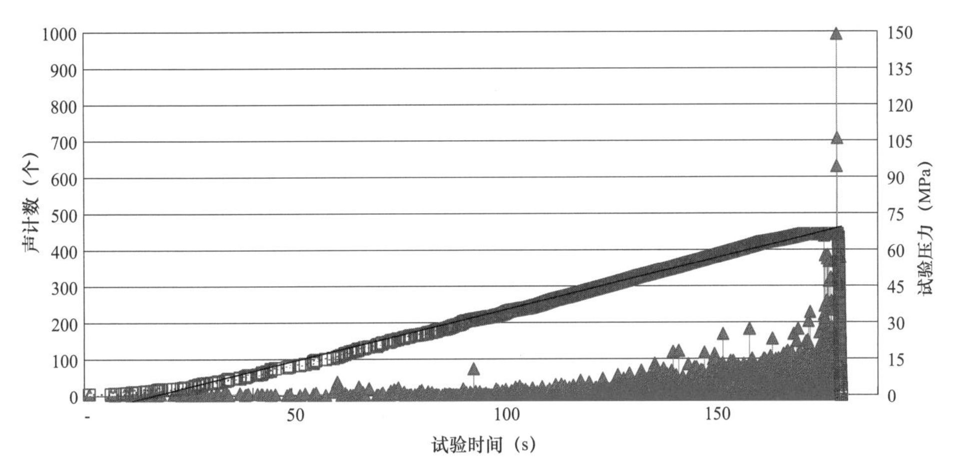

图 2－12　混凝土在不同应力条件下的声发射事件数变化示意图

利用多个声传感器监测混凝土应力集中、微破裂和开裂产生的声发射信号，通过反演计算可以确定混凝土开裂的位置及发生的时刻。相对传统的裂缝检测方法，声发射监测具有如下特点：

（1）可在裂缝发生前，对混凝土开裂部位进行预测预警。

（2）可在第一时间发现混凝土开裂及其位置。

（3）可判断混凝土裂缝的扩展情况，预测裂缝发展趋势。

2.3　土石坝隐患检查检测方法

2.3.1　不密实土石体检测方法

土石坝中堆石体经分层碾压而成，堆石体的密度是评价堆石坝质量的重要指标之一。坝体表层可采用挖坑法和核子密度法检测堆石体的密度，其中挖坑法又分为灌砂法和灌水法。对于坝体内部，可利用瑞雷波法、高密度电法等间接方法探测不密实堆石体。

1. *灌砂法*

灌砂法是利用粒径 0.30～0.60mm 或 0.25～0.50mm 清洁干净的均匀砂，从一定高度自由下落到试坑内，按其单位重不变的原理来测量试坑的容积，并结合土石的含水量来推算干密度。灌砂法适用于现场检测细粒土、砂类土和砾类土的密实度。

2. 灌水法

灌水法是利用纯净水测量试坑的容积，并结合土石的含水量来推算干密度。灌水法适用于现场测定粗粒土和砾类土的密实度。

3. 核子密度法

核子密度法是利用γ射线的康普顿散射原理检测物体的密度。当土石体密度越大，则发生康普顿散射的γ射线越多，穿透被检测材料的γ射线越少；反之，则相反。现场检测时，将密度检测管插入堆石坝体内，通过测量自表面穿透的γ射线数量，根据经标定的γ射线数量与堆石体密度的关系，可以间接测定堆石体的密度。

4. 瑞雷波法

基于瑞雷波在层状介质中的传播理论和频散特性，通过测试堆石体的瑞雷波频散曲线计算不同深度土石体的瑞雷波速度，根据经标定的瑞雷波速度与密实度的关系，可以推算一定深度范围内的堆石体密度。瑞雷波检测法分为瞬态法和稳态法，通常使用瞬态检测法。

5. 高密度电法

高密度电法是以岩土导电性差异为基础，采用高密度阵列式电极进行不同电极组合的视电阻率测量，通过对不同电极组合的视电阻率测量数据进行正反演分析，获得二维电阻率断面图。由于坝体中不密实土石体的电阻率与密实土石体之间存在差异，通过分析二维电阻率断面图中电阻率及分布形态特征，可圈定不密实土石体的位置及范围。

2.3.2 高渗透性土体检测方法

大坝渗漏是土石坝最常见、最典型的隐患，高渗透性土石体是引起坝体渗漏的主要因素之一。土石体的渗透性试验分为室内土样渗透试验和现场原位试验，现场原位试验分为钻孔注水试验和试坑渗水试验。

1. 室内土样渗透试验

土样渗透性试验主要有变水头法和常水头法，其中变水头渗透试验适用于细粒土，常水头渗透试验适用于粗粒土。变水头渗透试验是水从一根直立的带有刻度的玻璃管和U形管自下而上流经土样，将玻璃管充水至需要高度后，记录起始水头差随时间的变化，利用达西定律计算土样的渗透系数。常水头试验法是在整个试验过程中保持水头不变，记录单位时间内通过土样的稳定渗出流量，计算土样的渗透系数。

2. 钻孔注水试验

钻孔注水试验分为常水头注水试验和降水头注水试验，其中常水头注水试验适用于渗透性较大的粗粒土，降水头注水试验适用于渗透性较小、地下水位以下的细粒土。钻孔常水头注水试验是钻孔每钻进一定深度，利用栓塞止水形成试验段（一般为 5m），然后向试验段内注入清水，测量稳定流量和水位，绘制注入流量与时间关系曲线，计算试验孔段土层的渗透系数。钻孔降水头注水试验是钻孔每钻进一定深度，利用栓塞止水形成试验段（一般为 5m），然后向试验段内注入清水，使管中水位至套管顶部作为初始水头，通过记录原始地下水位和套管内水位随时间下降变化，绘制水头比对数坐标与时间的关系曲线，两者关系曲线应为直线，由此可计算试验孔段土层的渗透系数。

3. 试坑法渗透试验

试坑法渗透试验是在表土中挖一个试坑，坑底应位于潜水面之上一定高度，坑底铺一层反滤粗砂或砾石，通过向试坑内注水使得试坑中的水位始终高出坑底一定高度，记录单位时间内稳定渗水量，由此计算土层的渗透系数。试坑法渗透试验可采用单环法或双环法，其中单环法适用于渗透性较大的粗粒土，双环法试验适用于渗透性较小的细粒土。

2.3.3　面板脱空检测方法

混凝土面板堆石坝的坝体由于分期施工或在库水重复荷载作用下，产生沉降和变形，可能会使混凝土面板与垫层之间出现空隙，造成面板脱空。混凝土面板脱空后，将失去堆石体的支撑，严重的会导致面板变形过大甚至开裂。混凝土面板脱空可采用地质雷达法、冲击回波法和红外热成像法进行检测，检测效果因工程而异。

1. 地质雷达法

混凝土面板脱空后，面板与堆石体之间存在空隙或充水，混凝土与空气或水之间的介电常数差异远大于混凝土与土石体之间的差异，雷达反射波信号的幅值、频率和相位将有所不同。根据雷达反射波信号的这些差异性，可以判定混凝土面板脱空的位置及范围，但无法准确判定脱空的高度。当混凝土面板中的钢筋过于密集时，可能会对电磁波造成屏蔽或衰减，影响探测效果。

2. 冲击回波法

冲击回波法亦称单点反射波法，是利用弹性波的垂直反射原理，在混凝土面板表面激发的弹性波传播到面板底面时，将产生反射波。由于混凝土与空气或水之间的波阻抗差异远大于混凝土与土石体之间的差异，反射波信号的幅值将有所不同，根据反射波信号幅值的差异性，可判定混凝土面板脱空的位置及范围，但无法判定脱空的高度。当混凝土面板较厚时，在表面激发的弹性波和底部反射波因扩散衰减将影响探测效果。

3. 红外热成像法

在白天阳光照射下，混凝土面板逐渐吸收热量，当面板与堆石体紧密接触时，面板吸收的热量将快速传导到底部堆石体中，面板升温相对较慢；而当面板与堆石体脱空时，面板吸收的热量不易向堆石体中传导，面板升温相对较快。而在夜间则相反，未脱空区面板底部积蓄的热量容易传导至面板表面，面板温度相对较高；而脱空区面板底部积蓄的热量不易传导至面板表面，面板温度相对较低。因此，当混凝土面板有阳光照射时，无论白天或夜晚，脱空区的混凝土面板温度与未脱空区会有差异，在适当的时段利用红外热成像仪测量混凝土面板的热辐射强度，可以判定混凝土面板脱空的位置及范围。

2.4 水电站大坝渗漏探测方法

2.4.1 渗漏入口探查方法

大坝渗漏十分常见，大坝渗漏主要由坝体不密实、开裂、结合不良、止水失效或防渗结构破损等引起。大坝渗漏隐患恶化会导致大坝险情或事故，大坝渗漏探测应查明渗漏入口和渗漏通道，特殊情况下还需探查渗漏出口。探查大坝渗漏入口的方法主要有目视检查法、示踪法、连通试验法、流场法和伪随机流场法等。

1. 目视检查法

目视检查法是由检查人员直接目视观察或通过查看影像资料、声呐图像分析判断渗漏入口，必要时结合监测资料、人工探摸、喷墨试验综合判定。

2. 示踪法

示踪法是根据渗漏水与上游水源的物理化学性能相似性和相关性分析判断渗漏水的来源。根据示踪剂的来源不同，示踪法分为天然示踪法和人工示踪法。天然示踪法主要有温度示踪法、电导率示踪法和溶氧值示踪法，根据水库下游渗漏水的水温、电导率或溶解氧浓度与在水库库区各部位及垂直方向上的实测水温、电导率或溶解氧浓度相比较，以相似性原则分析渗漏水的来源位置。人工示踪法主要有染色示踪法、盐类示踪法和同位素示踪法等，是在水库特定位置或钻孔中投放示踪剂，在大坝下游各渗漏水点或其他部位检测示踪剂及浓度，分析上游水库与渗漏水的来源关系。由于示踪剂稀释的速度与地下水渗透流速有关，可据此分析计算渗流速度。

3. 流场法

利用高精度流速仪测量静水条件下坝前或库区各部位的流速，通过数值模拟和反演分析计算坝前库水的流场，根据坝前库水流场分布形态特征及流速判定渗漏入口的部位。

4. 伪随机流场法

伪随机流场法是已知渗漏出口，在上游库水相对静水条件下对渗漏出口的水流进行供电，使得大坝上下游水体之间形成人工电场，通过测量坝前及库区电流场的分布，根据“伪随机电流场”与渗漏水流场之间的相关性，分析电流场和异常水流场的时空分布形态，确定渗漏入口的位置。伪随机流场法适用于探测较宽阔水域、相对集中渗漏的入口位置（见图 2－13）。

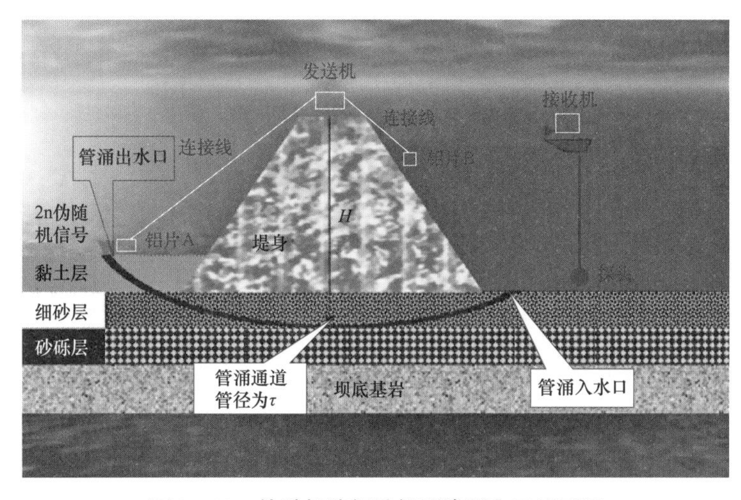

图 2－13　伪随机流场法探测渗漏入口原理图

5. 连通试验法

当混凝土中存在集中渗漏水且渗漏通道较为简单时，可利用渗漏水通道的逆向性，在渗漏出口安装引水管，高压注入染料水（如高锰酸钾溶液）或其他颜色示踪剂，维持一定压力直至上游有染料水渗出，观察到的渗出部位即为渗漏入口（见图 2－14）。

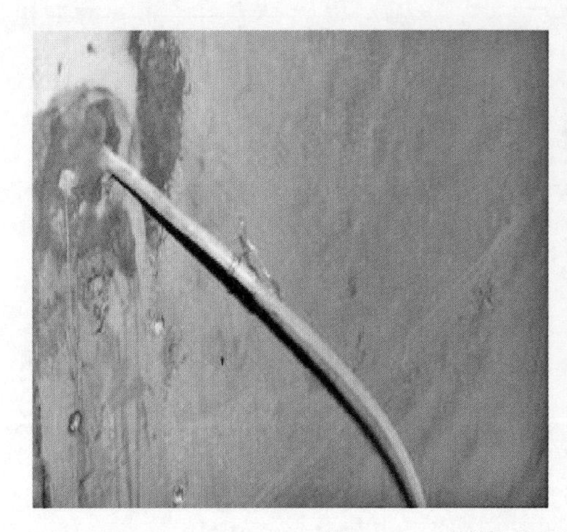

图 2-14　连通试验法探查渗漏入口示意图

2.4.2　渗漏通道探测技术

大坝出现渗漏，查明渗漏通道是成功治理渗漏水的关键。探测大坝渗漏通道的方法主要有监测资料分析法、物探法和钻探法。监测资料分析是基础，物探法是普查手段，钻探法用于详查验证或借助钻孔作进一步的探测验证。

1. 监测资料分析法

通过分析大坝渗流、渗压、渗漏量等监测资料及与上游库水位、环境量之间的关系，结合大坝设计、施工、运行管理记录进行综合分析，判断大坝渗漏的位置及通道。必要时，采用数值模拟进行仿真分析。

2. 物探法

在大坝渗漏通道中，渗漏区介质的物理性质通常有别于周边正常介质，而且渗漏水会进一步影响渗漏通道中介质的物理特性。物探法是利用渗漏水通道内介质与周围介质的物性差异，达到探测渗漏通道的目的。从理论上分析，电法、电磁波法、地震波法等以及细分出来的高密度电法、瞬变电磁法、充电法、自然电位法、地质雷达法、地震反射波法等都可以探测渗漏通道，但每种方法均有适用性和局限性，对于深埋、复杂的渗漏通道，更要因地制宜地选择物探方法。常用的渗漏通道探测方法主要有高密度电法、充电法、自然电位法、地质雷达法、瞬变电磁法、磁电阻率法等。当具备孔中探测条件时，可选用弹性波 CT 法、电磁波 CT 法、电阻率 CT 法及钻孔电视摄像、压（注）水试验等方法。

（1）高密度电法。当大坝存在渗漏通道，渗漏通道中的介质通常具有低电阻率

（水位以下）或高电阻率（水位以上）特性，采用高密度电法探测获得的二维电阻率断面图，可以反映渗漏通道中的低电阻率或高电阻率特征，根据其分布形态可判断渗漏通道的位置及延伸情况（见图 2－15）。

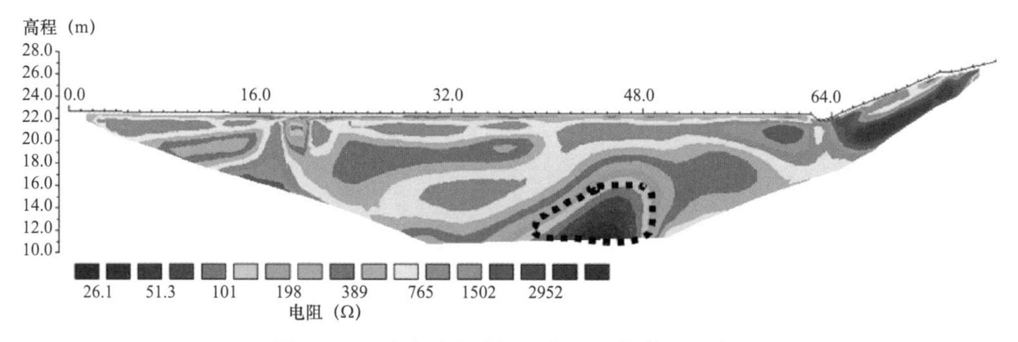

图 2－15　高密度电法探测渗漏通道成果示意图

（2）充电法。因库水通常具有良导电性，充电法是人工向渗出水点供电提高电势，使渗漏通道形成充电效应，通过探测充电后场区电位变化和电场分布，分析推断渗漏水通道的位置和走向。在钻孔中对渗漏水点进行充电，还可以测定渗漏水的流向及流速（见图 2－16）。

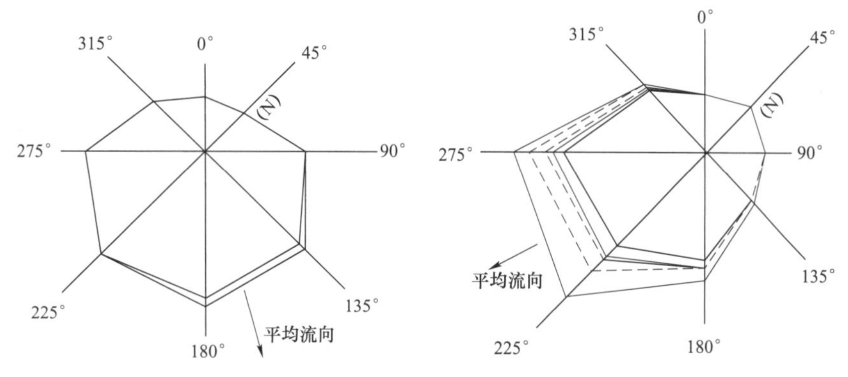

图 2－16　钻孔充电法探测渗漏水流向及流速示意图

（3）自然电位法。土石坝形成渗漏通道后，在渗漏水的渗透作用、扩散作用及岩土颗粒吸附作用下，在渗漏通道中会积聚电荷产生电位差并在其周围岩土层中形成自然电场。通过探测与分析自然电场的分布形态特征，可以判断渗漏通道的位置及走向（见图 2－17）。自然电位法适用于探测土石坝或土层中渗漏通道，但自然电位一般较弱，容易受现场杂散电流干扰，有效探测深度受到制约。

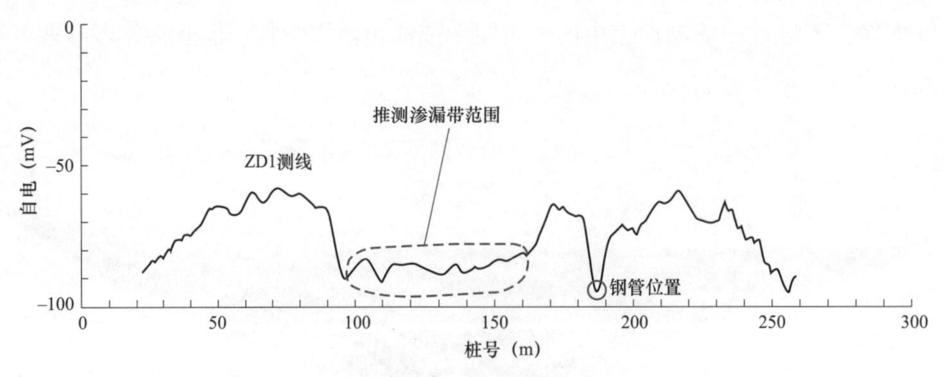

图 2-17　自然电位法探测渗漏通道成果示意图

（4）地质雷达法。采用地质雷达法探测渗漏通道是基于渗漏通道中介质与其周边介质的电性差异，特别是介电常数差异。当电磁波遇到渗漏通道时将产生反射电磁波，通过分析反射电磁波信号的强度、相位、频率、旅行时间及同相轴的形态，可大致判定渗漏通道的位置及范围。地质雷达在灰岩、大理岩等岩体中探测岩溶、富水构造等效果较好（见图 2-18），但由于高频电磁波在土石体中衰减较快，对土石坝中的渗漏通道或覆盖层下的渗漏通道探测深度十分有限。

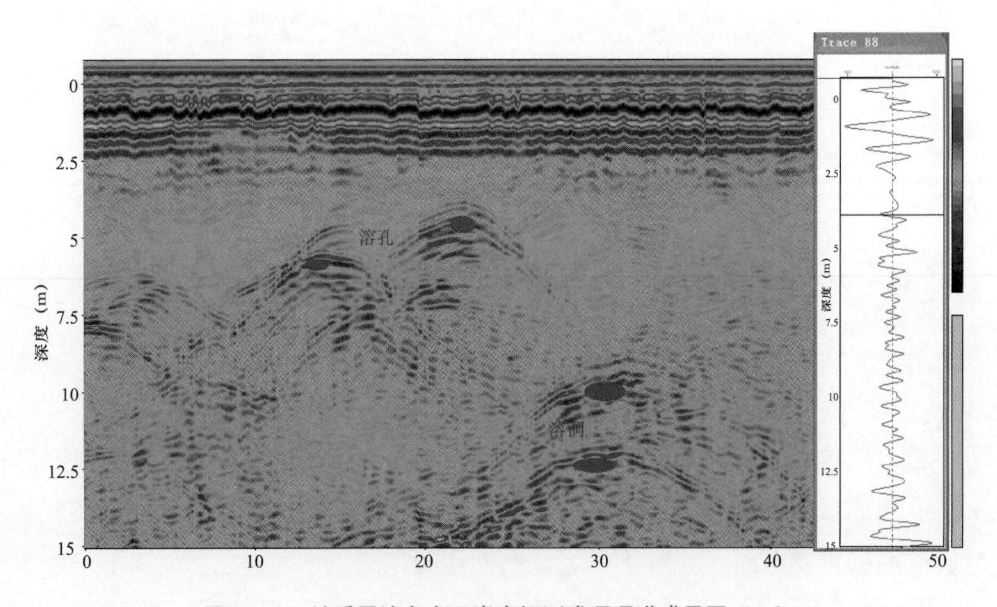

图 2-18　地质雷达在大理岩中探测渗漏通道成果图（一）

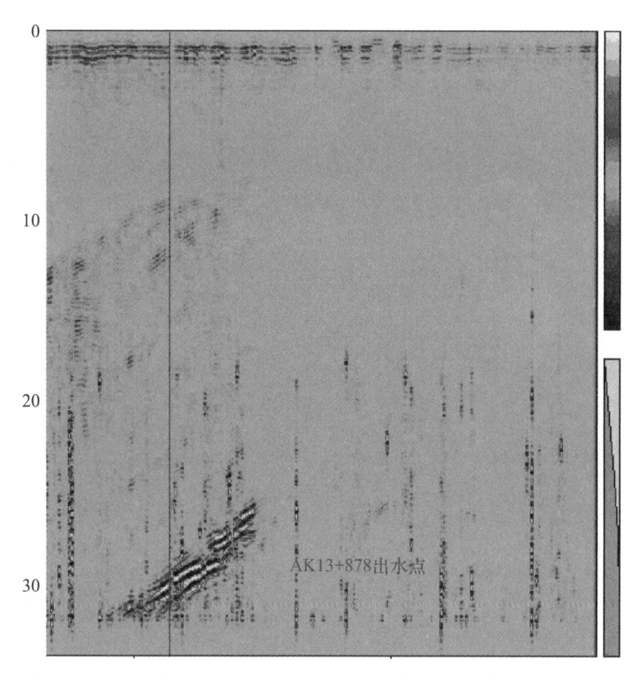

图 2-18　地质雷达在大理岩中探测渗漏通道成果图（二）

（5）瞬变电磁法。瞬变电磁法是利用阶跃波或其他脉冲电流激励一次脉冲电磁场，在一次脉冲电磁场间歇期间观测由地下介质产生的二次感应电磁场，通过分析二次感应电磁场随时间变化的衰减特性，探测地下的地电结构或目标体。由于渗漏通道中介质与其周边介质存在电性差异，通常富水的渗漏通道具有低电阻率特性，故利用瞬变电磁法可探测富水的渗漏通道。但瞬变电磁法探测具有体积效应，故难以探测分辨深部、细小的渗漏通道。

（6）磁电阻率法。磁电阻率法是在渗漏通道两端供电形成交变电流回路，通过测量与分析渗漏通道中交变电流引起的电磁场及分布，推断渗漏水通道的位置和走向。由于流经渗漏通道的交变电流通常较弱，且容易受到通电导线和现场杂散电流的干扰，其探测效果受到影响。

（7）大地电磁测深法。大地电磁测深法是基于高频电磁波向地下穿透深度小、低频电磁波穿透深度大的原理，通过在地面观测天然场源或人工场源的电磁脉动信号，并经数据处理和分析获得不同深度的电性层分布。大地电磁测深法有音频大地电磁测深法和可控源音频大地电磁测深法，主要用于探测深埋的、较大规模的坝基或坝肩渗漏通道。

（8）弹性波 CT 法。弹性波 CT 法探测渗漏通道是基于渗漏通道中介质与周边介质的弹性波速度差异，通过对目标区域进行弹性波透射法检测，获取大量交叉射线的弹性波初至时间，依据每条射线的激发点坐标、接收点坐标和弹性波初至时间，遵循费马原理及惠更斯原理追踪最小走时、最短路径的射线，采用拉东变换反演拟合重构断面单元的弹性波速度，重构断面波速模型。根据断面各单元波速及低波速区分布特征，判断渗漏通道的位置及延伸方向（见图 2－19）。

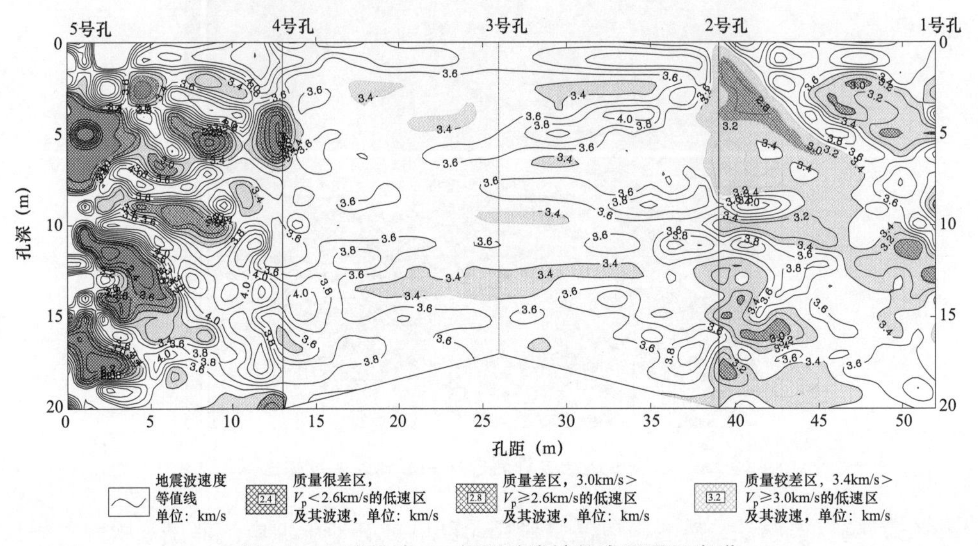

图 2－19　弹性波 CT 探测防渗墙的渗漏通示意道

（9）电磁波 CT 法。电磁波在有耗介质中传播时，电磁波被地层介质所吸收而发生能量衰减，通常富水的渗漏通道具有更强的衰减特性。电磁波 CT 法探测渗漏通道是基于渗漏通道中介质与周边介质的电磁波吸收衰减特性差异，通过观测透射电磁波能量的吸收衰减量并进行反演计算，重构断面内介质的电磁吸收系数分布模型。根据断面内介质的电磁吸收系数及分布特征，判断渗漏通道的位置及延伸方向。

（10）电阻率 CT 法。通常富水的渗漏通道呈低电阻率特性。电阻率 CT 法探测渗漏通道是基于渗漏通道中介质与周边介质的电性差异，通过对目标区域的跨孔电阻率测试，获取大量孔间电阻率测试数据并进行反演计算，重构断面内介质的电阻率分布模型。根据断面电阻率及低电阻率分布特征，判断渗漏通道的位置及延伸方向。

（11）钻孔电视摄像。钻孔电视摄像是利用光学成像与图像处理技术，采集孔壁全景视频图像并进行处理形成钻孔孔壁展示图或虚拟芯样图，通过观察孔壁展示图和虚拟芯样图，分析渗漏迹象并判定渗漏通道位置（见图 2－20）。钻孔电视摄像一般与钻探配合使用，以解决钻孔芯样不连续、不完整问题。

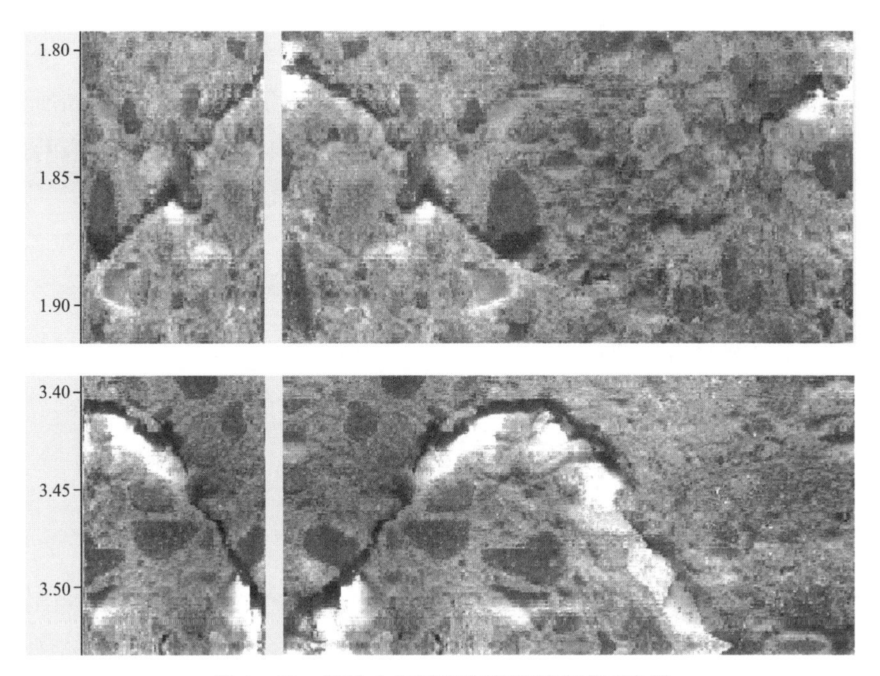

图 2－20　钻孔电视摄像观察渗漏通道示意图

3. 钻探法

利用物探方法探测渗漏通道大多是间接方法，存在局限性和多解性可能，物探方法及结果一般起到普查和异常指引作用，通常需要钻探作进一步的确认和验证。而且，某些物探方法，如孔间 CT、钻孔电视摄像等也需要借助钻孔才能实施。因此，钻探和物探是相辅相成、取长补短的关系。

2.5　水下检查方法

2.5.1　目视检查方法

目视检查是检查人员潜入水下对水下水工建筑物进行检查，或潜水员携带摄像、照相及照明设备拍摄水下影像，供检查人员察看分析，识别和判断水下水工建筑物性状及缺陷隐患。目视检查适用于水深较小、能见度较好的水域，必要时辅以探摸、敲凿、喷墨或取样等手段。

2.5.2　潜航器摄像检查方法

当潜水员无法到达或因安全原因不能进入目标检查区，必须借助水下潜航器并携带摄像、照相等设备进行检查。通过控制水下潜航器到达检查目标区，操控潜航器进行摄像、照相，获得水下影像资料供检查人员察看分析，识别和判断所检查区域水工建筑物性状及缺陷隐患。在能见度较差时，还可以携带二维前视声呐进行声呐图像检查。必要时，也可操控潜航器进行喷墨或取样。

2.5.3 声呐图像检查方法

声呐图像检查方法是通过观察由声呐回波信号经计算处理得到的二维或三维图像，识别和判断水下水工建筑物性状及缺陷隐患的方法。声呐图像检查一般包括二维前视声呐检查、多波束声呐检查和侧扫声呐检查。

1. 二维前视声呐检查

二维前视声呐属于主动声纳，通常由潜水员或水下潜航器携带并在能见度较低水域使用，通过对前方不间断声呐扫描并实时处理形成灰度图或伪彩色图（见图 2－21），通过观察灰度图或伪彩色图识别和判断所检查区域水工建筑物性状及缺陷隐患。

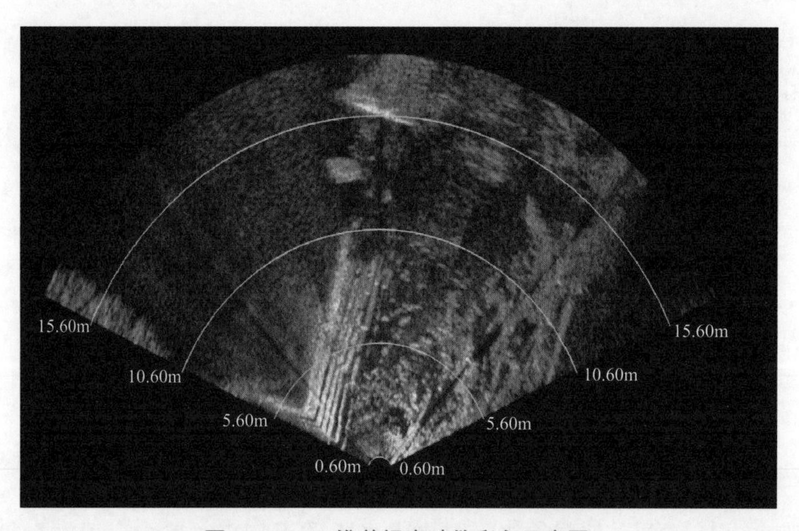

图 2－21　二维前视声呐伪彩色示意图

2. 多波束声呐检查

多波束声呐包括多波束测深系统和三维实时成像声呐系统，是通过发射换能器阵列以扇形方式向水下发射超宽声波束，利用接收换能器阵列接收窄波束回波信号，形成水下照射脚印，经计算处理形成水下三维地形图或三维实时声呐图像（见图 2－22）。通过分析三维地形图或三维实时声呐图像，判断所检查区域水工建筑物性状及缺陷隐患。多波束声呐通常安装在船只或无人船的旁侧进行拖曳，可根据现场条件和要求选择走航式检查或定点式检查，在宽阔水域、较大范围的水工结构宜采用多波束测深系统进行走航式检查，对局部或复杂结构的水工结构宜采用三维实时成像声呐系统进行定点式检查。

图 2-22　多波束声呐成像原理图

3. 侧扫声呐检查

侧扫声呐是利用水下表面物质背散射特征的差异来分析水下地形、地貌和目标物，识别水底沉积物类型及分布形态特征。侧扫声呐的拖曳体在走航时向两侧下方发射扇形波束的声脉冲，并接收背散射信号对水底进行成像，形成单侧条带扫测宽度达数十米到数百米图像（见图 2-23）。

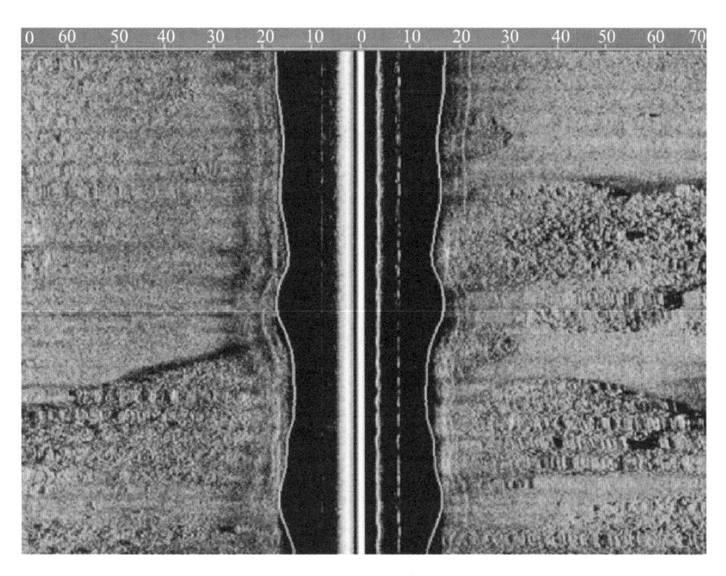

图 2-23　侧扫声呐成像图

4. 浅地层剖面探测

浅地层剖面探测是一种基于声学原理的连续走航式探测水下浅部地层结构和构造的方法，利用换能器向水底发射不同频率（一般在 100Hz～10kHz 之间）的声波脉冲信号，当声波在传播过程中遇到声阻抗界面时将产生回波信号，在走航过程中逐点记录声波回波信号，形成反映地层声学特征的声学剖面（见图 2－24）。利用浅地层剖面探测坝前或水库淤积时，根据声学剖面可分析淤积物的结构及厚度；若有历史数据进行比对，还可分析近期淤积厚度及淤积速度。浅地层剖面适宜探测坝前或库区细粒土淤积物，在淤黏质土中穿透深度达到 20～30m，但难以穿透粗粒土淤积物。

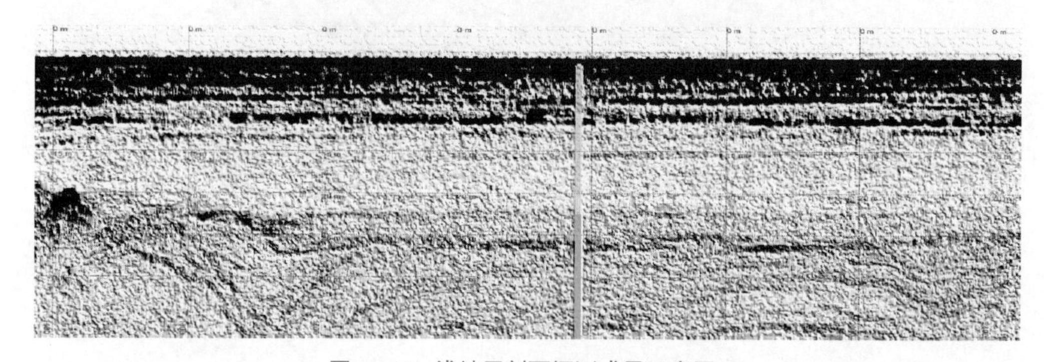

图 2－24　浅地层剖面探测成果示意图

5. 地震剖面探测

地震剖面探测法原理与浅地层剖面法类似，利用人工激发的地震波比声波频率低、能量强，具有更大的穿透能力，穿透深度可达数十米至数百米，但探测分辨率不如浅地层剖面。地震剖面一般分为单道地震剖面和多道地震剖面，适用于探测坝前或库区粗粒土淤积物，根据地震剖面可分析淤积物的结构及厚度（见图 2－25）；若有历史数据进行比对，还可分析近期淤积厚度及淤积速度。

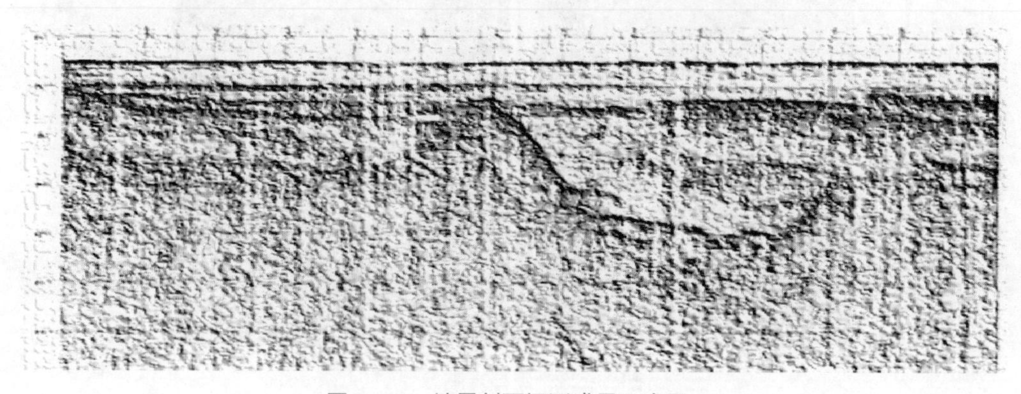

图 2－25　地震剖面探测成果示意图

2.6 隐患监测方法

2.6.1 监测项目

安全监测是大坝安全运行管理工作的“耳目”和重要组成部分。大坝的事故或破坏都不是偶然发生的，一般都会经历从量变到质变的发展过程。大坝在荷载作用和温度、湿度等环境量变化情况下，在变形、渗流、应力等方面均会有一定的响应，因此，对其进行全面监测，能及时掌握大坝运行性态变化，当发生问题时及时采取措施，可将事故消灭在萌芽状态，确保大坝安全运行。

水电站大坝安全监测按照类别主要分为巡视检查、环境量、变形、渗流、应力应变及温度等，专项监测包括泄水建筑物水力学监测、坝体地震动反应监测、近坝区边坡稳定监测等。不同监测类别包含多种监测项目，如混凝土坝变形包括变形监测控制网、坝体位移、坝肩位移等。根据大坝建筑物级别和工程实际需要选定监测项目，DL/T 5178《混凝土坝安全监测技术规范》和 DL/T 5259《土石坝安全监测技术规范》进行了详细规定，见表 2－2 和表 2－3。

表 2－2　　混凝土坝安全监测项目分类和选择表

序号	监测类别	监测项目	重力坝级别			拱坝级别		
			1	2	3	1	2	3
一	巡视检查	坝体、坝基、坝肩及近坝库岸	●	●	●	●	●	●
二	变形	1. 坝体位移	●	●	●	●	●	●
		2. 坝肩位移	○	○	○	●	●	●
		3. 倾斜	●	○	○	●	○	○
		4. 接缝变形	●	●	○	●	●	●
		5. 裂缝变形	●	●	●	●	●	●
		6. 坝基位移	●	●	○	●	●	●
		7. 近坝岸坡位移	●	○	○	●	●	○
三	渗流	1. 渗流量	●	●	●	●	●	●
		2. 扬压力或坝基渗透压力	●	●	●	●	●	●
		3. 坝体渗透压力	○	○	○	○	○	○
		4. 绕坝渗流（地下水位）	●	●	○	●	●	●
		5. 水质分析	○	○	○	○	○	○

续表

序号	监测类别	监测项目	重力坝级别			拱坝级别		
			1	2	3	1	2	3
四	应力、应变及温度	1. 坝体应力、应变	●	○	○	●	○	○
		2. 坝基应力、应变	○	○	○	●	○	○
		3. 混凝土温度	●	○	○	●	●	●
		4. 坝基温度	○	○	○	●	●	●
五	环境量	1. 上、下游水位	●	●	●	●	●	●
		2. 气温	●	●	●	●	●	●
		3. 降水量	●	●	●	●	●	●
		4. 库水温	●	○	○	●	○	○
		5. 坝前淤积	○	○	○	○	○	○
		6. 下游冲刷	○	○	○	○	○	○
		7. 冰冻	○	○	○	○	○	○

注：1. 有“●”者为必设项目；有“○”者为可选项目，可根据需要选设。

2. 坝高70m以下的1级重力坝，坝体应力应变监测为可选项。

3. 裂缝监测，在出现裂缝时监测。

4. 闸坝可按重力坝执行。

5. 上、下游水位监测可与水情自动测报系统相结合。

表 2-3　　土石坝安全监测项目分类和选择表

序号	监测类别	大坝类型、级别 / 监测项目	面板堆石坝			心墙堆石坝			均质坝		
			1级	2级	3级	1级	2级	3级	1级	2级	3级
一	变形	1. 坝体表面垂直位移	●	●	●	●	●	●	●	●	●
		2. 坝体表面水平位移	●	●	●	●	●	●	●	●	●
		3. 堆石体内部垂直位移	●	●	○	●	●	○	○	○	○
		4. 堆石体内部水平位移	●	○	○	●	○	○	○	○	○
		5. 接缝变形	●	●	○	○	○	○	/	/	/
		6. 坝基变形	○	○	○	○	○	○	○	○	○
		7. 坝体防渗体变形	●	○	○	●	○	○	/	/	/
		8. 坝基防渗墙变形	○	○	○	○	○	○	○	○	○
		9. 界面位移	●	○	○	●	●	○	○	/	/
二	渗流	1. 渗流量	●	●	●	●	●	●	●	●	●
		2. 坝体渗透压力	●	○	○	●	○	○	●	●	●
		3. 坝基渗透压力	●	●	●	●	●	○	●	●	○

续表

序号	监测类别	大坝类型、级别 / 监测项目	面板堆石坝			心墙堆石坝			均质坝		
			1级	2级	3级	1级	2级	3级	1级	2级	3级
二	渗流	4. 防渗体渗透压力	●	●	○	●	●	●	/	/	/
		5. 绕坝渗流（地下水位）	●	●	○	●	●	○	●	●	○
		6. 水质分析	○	○	○	○	○	○	○	○	○
三	压力（应力）	1. 孔隙水压力	/	/	/	○	○	○	●	○	○
		2. 坝体压应力	○	○	/	○	○	/	○	○	/
		3. 坝基压应力	○	○	○	○	○	○	○	○	○
		4. 界面压应力	●	○	○	●	○	○	○	/	/
		5. 坝体防渗体应力、应变及温度	●	○	○	●	○	○	/	/	/
		6. 坝基防渗墙应力、应变及温度	○	○	○	○	○	○	○	○	○
四	环境量	1. 上、下游水位	●	●	●	●	●	●	●	●	●
		2. 气温	●	●	●	●	●	●	●	●	●
		3. 降水量	●	●	●	●	●	●	●	●	●
		4. 库水温	○	○	/	○	○	/	○	○	/
		5. 坝前淤积	○	○	○	○	○	○	○	○	○
		6. 下游冲刷	○	○	○	○	○	○	○	○	○
		7. 冰压力	○	/	/	/	/	/	/	/	/

注：1. 有“●”者为应测项目；有“○”者为可选项目，可根据需要选设；有“/”者为可不设项目。

2. 坝高70m以下的1级、2级坝的内部垂直位移、内部水平位移、坝体防渗体应力、应变、温度计库水温监测项目为可选项。

3. 对应测项目，如有因工程实际情况难以实施者，应由设计单位提出专门的研究论证报告，并报项目审查单位批准后缓设或免设。

2.6.2 监测方法与仪器设备

安全监测的方法主要有巡视检查和仪器监测两种。巡视检查主要通过人工巡检或视频监控手段发现水工建筑物的沉降、开裂、渗漏等异常现象；仪器监测主要利用埋设在水工建筑物内的仪器设备或安装的固定测点监测相应的效应量及环境量。在工程设计阶段，应根据监测类别和监测项目的不同，结合工程地质条件和结构特点，选择合适的监测仪器设备。目前应用较为广泛的监测仪器设备统计见表2-4。

表 2-4　　大坝安全监测主要监测方法及仪器设备

序号	监测类别	监测项目	主要监测方法	主要监测仪器设备
一	变形	1. 水平位移与挠度	（1）大地测量法：交会法、极坐标法、导线法 （2）基准线法：垂线法、引张线法、视准线法、激光准直法 （3）全球卫星导航系统测量法：GNSS （4）测斜仪法	（1）经纬仪、全站仪 （2）垂线坐标仪、引张线仪、引张线式水平位移计、波带板激光准直仪 （3）GNSS 接收机 （4）测斜仪
		2. 垂直位移及倾斜	（1）垂直位移监测：几何水准法、三角高程法、静力水准法、竖直传高法、双金属标法、激光准直法、全球卫星导航系统测量法、水管式沉降仪 （2）倾斜监测：倾斜仪、倾角仪	（1）水准仪、全站仪、静力水准仪、竖直传高仪、双金属标仪、波带板激光准直仪、GNSS 接收机、水管式沉降仪 （2）测斜仪、倾角仪
		3. 深部变形	/	（1）轴向变形：多点变位计、滑动测微计、铟钢丝位移计、伸缩仪、土体位移计 （2）垂直于轴向变形：测斜仪、垂线仪
		4. 接缝、裂缝变形及脱空	/	测缝计、位错计、脱空仪
二	渗流	1. 渗流量	容积法、量水堰法、流速仪法、流量计法	量筒、量杯、量水堰计、流速仪、流量计
		2. 扬压力	/	测压管、渗压计、电测水位计
		3. 渗流压力	/	测压管、渗压计、电测水位计
		4. 绕坝渗流（地下水位）	/	测压管、绕坝渗流孔、渗压计、电测水位计
		5. 水质分析	水质对比分析法、化学分析法	水温计、pH 计、电导率计、透明度计、自动水质监测仪
三	应力、应变及温度	1. 结构内部应力应变	/	应变计（组）、无应力计、应变片、钢筋计、钢板计、混凝土压应力计、土压力计
		2. 支护工程应力应变	/	锚杆应力计、预应力锚索（杆）测力计、应变计（组）、无应力计、应变片、钢筋计、钢板计、混凝土压应力计、土压力计
		3. 温度	/	温度计、分布式光纤系统
四	环境量	上下游水位、降水量、气温、水温、风速、波浪、冰冻、冰压力	/	水尺、水位计、标准气象站、压力传感器、温度计、地温计、测波标杆（尺）、测深仪、全站仪、水下摄像机

续表

序号	监测类别	监测项目	主要监测方法	主要监测仪器设备
五	地震反应	强震动	/	强震仪
六	水力学	流态及水面线、动水压力、底流速、掺气浓度、空穴监听、掺气空腔负压、通气孔（井）风速、泄洪水舌轨迹、过流不平整度及空蚀调查、闸门膨胀式水封、泄洪振动、工作闸门振动、下游雾化	/	测压管、毕托管、水尺、精密压力表、水听器、雨量计、风速仪、底流速仪、振动传感器、变送器、电荷放大器、摄像机、照相机、望远镜

引张线等常用监测仪器设备工作原理概述如下。

1. 引张线

引张线是利用在两个固定的基准点之间拉紧的一根线体作为基准线，对设置在大坝的各个观测点进行垂直偏离于此基准线的变化量的测定，从而求得各观测点水平位移量的一种方法，其结构布置如图2－26所示。

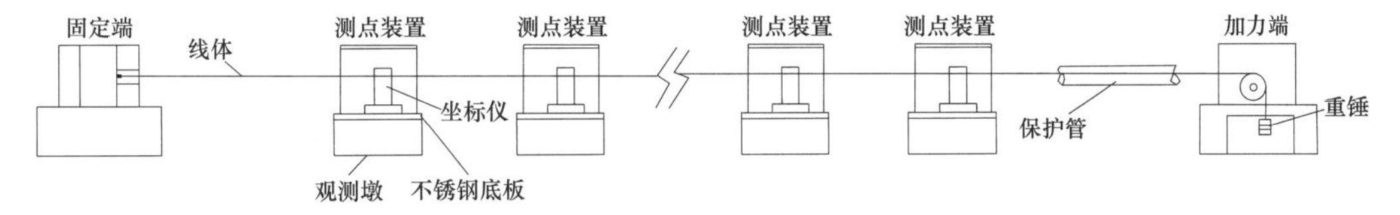

图2－26　引张线结构示意图（侧视图）

引张线测线两端分别固定于大坝两端的固定端及加力端上，通过悬挂一定重量的重锤，使得线体能够张紧，成为一条悬链线。一般固定端及加力端布置在稳定部位，若固定端及加力端不在稳定部位，则通过其他手段测得固定端及加力端的实际位移，并换算出基准线在各测点处的实际位置。加力端及固定端的位移，通常采用倒垂线进行校测，也可采用三角网校测。

2. 垂线

垂线系统是观测水电站大坝水平位移与挠度的一种简便有效的测量手段，也可用于坝基岩体的相对位移、边坡岩土体的水平位移监测。垂线系统通常由垂线、悬挂（或固定）装置、吊锤（或浮桶）、观测墩、测读装置（垂线坐标仪、光学坐标仪、垂线瞄准器）等组成。

常用的垂线类型有正垂线和倒垂线。正垂线由一根悬挂点处于上部的垂线和若干个安装在建筑物上处于垂线下部的测读站组成，垂线下部悬挂一个重锤使其处于拉紧状态，重锤置于阻尼箱内，以抑制垂线的摆动。倒垂线的固定端灌注在整个垂线系统的下部，垂线由上面的浮筒拉紧，如果锚固安装在基础内的固定点上，测站的测量值是沿垂线测点的绝对位移量。正、倒垂线结构型式如图 2－27 所示。

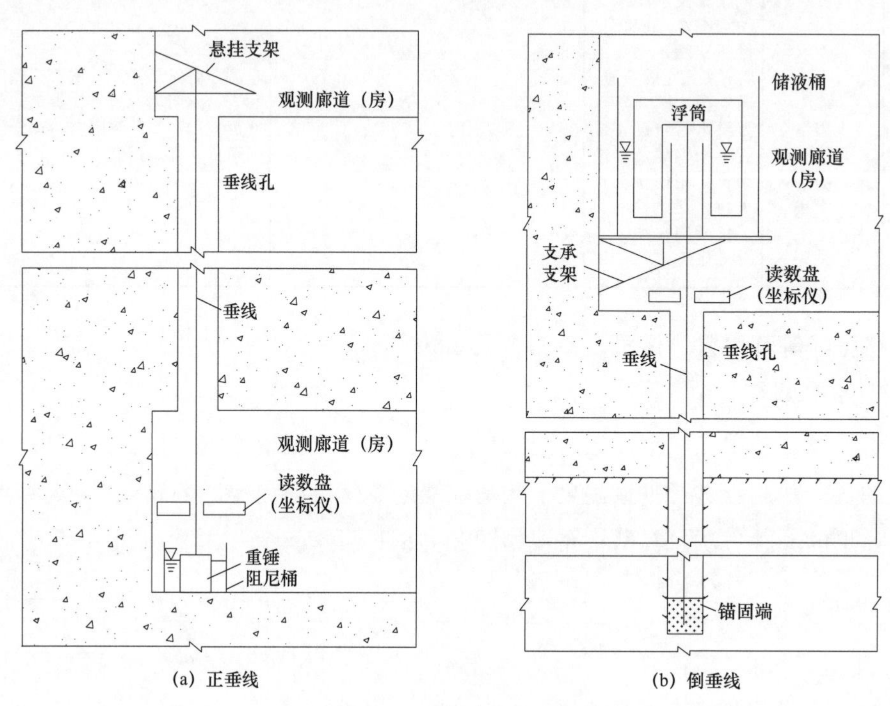

图 2－27　垂线结构示意图

倒垂线观测系统垂线下端固定在基岩深处的孔底锚块上，上端与浮筒相连，在浮力作用下，钢丝铅直方向被拉紧并保持不动。在各观测点设观测墩，安置仪器进行观测，即得到各测点相对于基岩深处的绝对挠度值，如图 2－28 中所示的 S_0、S_1、S_2 等。这就是倒垂线的多点观测法。

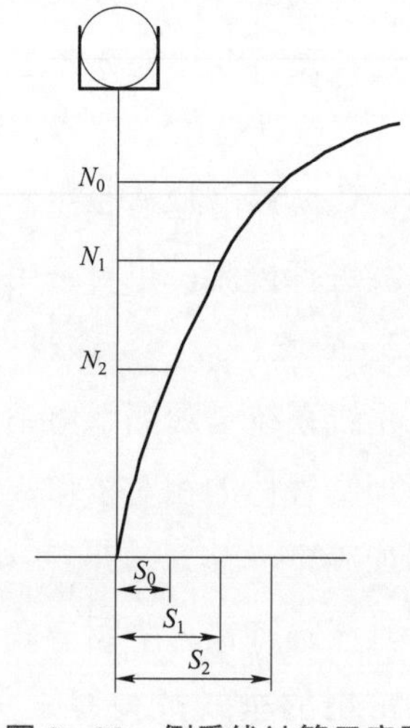

图 2－28　倒垂线计算示意图

正垂线观测一般采用一点支承多点观测法。利用一根正垂线观测各测点的相对位移值的方法如图 2－29 所示，测读仪安装在不同的高程处（测点设计高程）。S_0 为垂线最低点与悬挂点之间的相对位移，S 为任一点 N 与悬挂点之间的相对位移，S_N 为任一点 N 处的挠度，$S_N=S_0-S$。

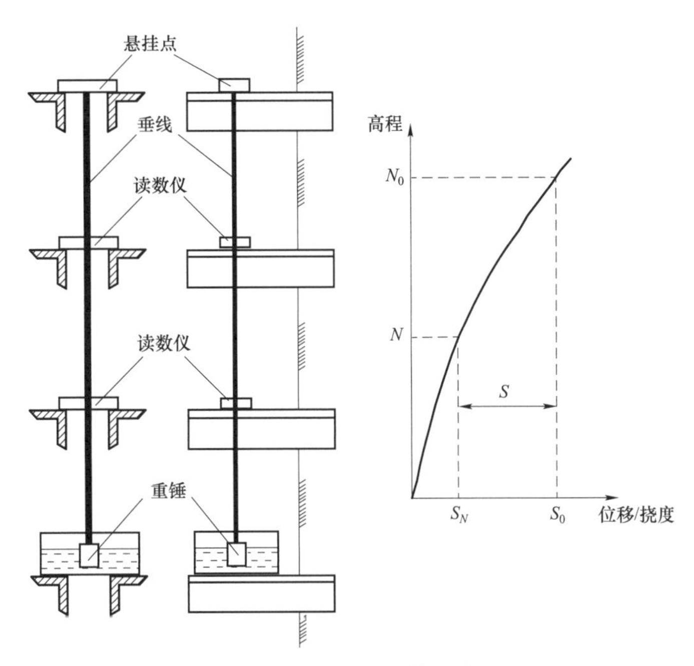

图 2-29　正垂线计算示意图

多条正、倒垂线可以组成垂线组，通过衔接高程处测点的位移量叠加可得不同高程的绝对水平位移。

3. 测斜孔

测斜孔通过测斜仪轴线与铅垂线之间的夹角变化量，进而计算出孔内不同高程处的水平位移。通过对测斜孔的逐段测量可以获得钻孔在整个深度范围内的水平位移，主要适用于土石坝坝体、心墙、边坡（滑坡）岩土体、围岩等的深部水平位移监测。

测斜仪分为活动测斜仪与固定测斜仪两种类型。固定测斜仪埋设于已知滑动面的部位，而活动测斜仪则沿钻孔各个深度从下至上滑动观测，以寻找可疑的滑面并观测位移的变化。

4. 引张线式水平位移计

引张线式水平位移计主要布置在土石坝，观测坝体内部水平位移。引张线式水平位移计系统由大量程位移传感器（人工测读时采用位移标尺）、锚固装置、铟钢丝、保护管、伸缩节及配重等组成，其结构如图 2-30 所示。

坝体内部水平方向的变形会带动锚固板发生位移，锚固板的位移则通过紧绷的钢丝传递给位移传感器或位移标尺，从传感器或标尺上读取到的位移量就是坝体内部各测点的位移。引张线式水平位移计测得的位移值是坝体内各测点与观测房内测读装置之间的相对位移，与大坝表面水平位移观测值叠加即可计算得到坝体内部各测点处的绝对位移值。

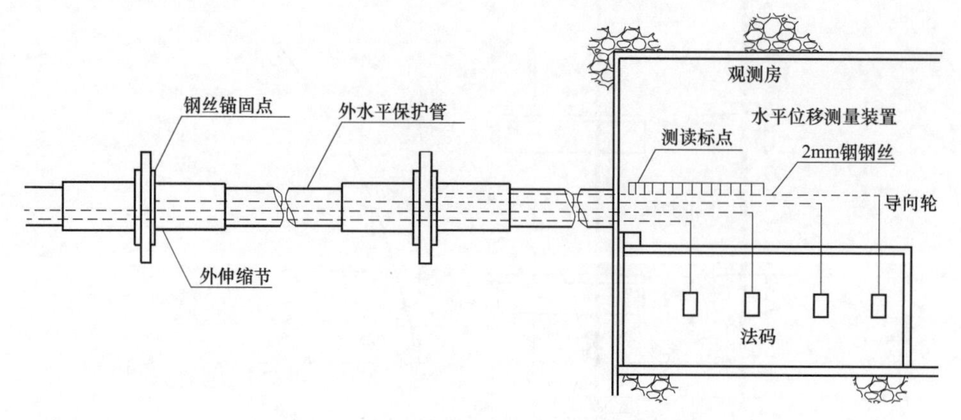

图2-30　引张线式水平位移计系统结构图

5. 静力水准

静力水准系统是依据静止的液体表面（水平面）来测定两点或者多点之间的高差，优点在于能比较直观的反映出各测点之间的相对沉降量，主要用于混凝土坝的垂直位移监测。

静力水准系统由主体容器、液体、传感器、浮子、连通管、通气管等部分组成，如图2-31所示。主体容器内装一定高度的液体，连通管用于连接其他静力水准仪测点，并将各个测点连成一个连通的液体通道，使各测点静力水准仪主体容器内的液面始终为同一水平面。传感器通常安装在主体容器顶部，浮子则置于主体容器内，浮子随液面升降而升降，浮子将感应到液面高度变化传递给传感器。

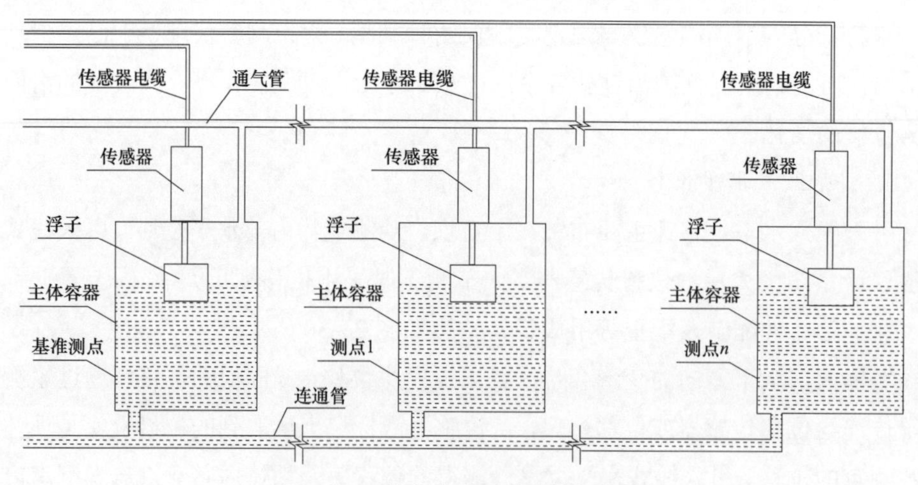

图2-31　静力水准系统结构示意图

对于多测点静力水准系统，每个测头均需加接三通接头，使各测点之间的水管连通，各测点容器上部与大气相同，且基本位于同一高程处。多测点静力水准系统中一般选择一个稳定的不动点作为基准点，测出其他测点相对于不动点的沉降量，基准点一般采用双金属管标定期校核。

6. 水管式沉降仪

水管式沉降仪主要安装埋设在土石坝内部，利用液体在连通管两端口保持同一水平面原理，用来监测平面上不同部位垂直位移变化的仪器。

水管式沉降仪主要由沉降测头、管路系统（包括进水管、通气管、排水管和保护管）、供水系统（包括水箱）、量测系统（包括量测管、测尺和供水分配器）等部分组成，如图 2－32 所示。水管式沉降测读装置的观测台设置在与测点同高程的下游坡面上的观测房内。观测房地面高程低于沉降测量高程线 1.4～1.6m。观测房需设有垂直位移标点，可由几何水准法进行观测。

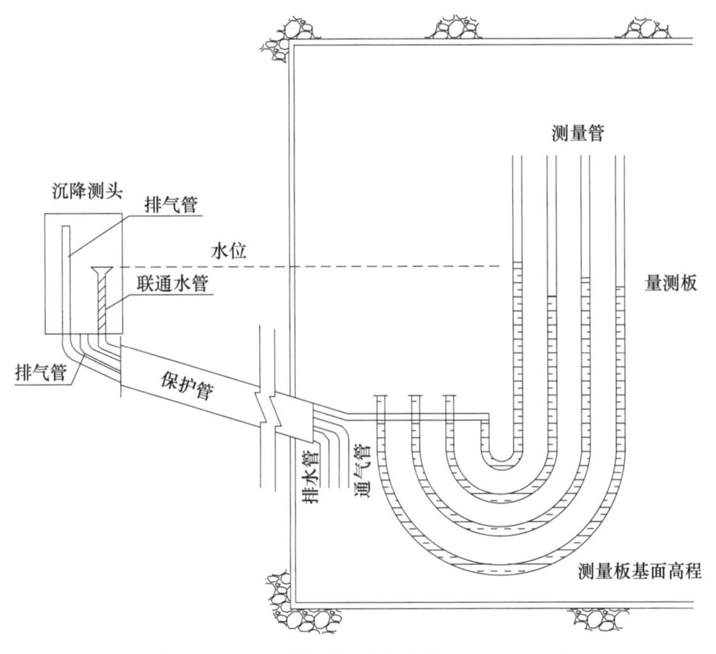

图 2－32　水管式沉降仪装置构造示意图

7. 测压管（地下水位孔）

测压管（地下水位孔）通过读取管内水头压力以监测建筑物基础扬压力、渗透压力或地下水位，管（孔）内一般埋设渗压计。测压管由透水管段和导管组成。透水管段可用导管管材加工制作，一般长 1.5～3.0m，外部包扎足以防止土颗粒进入的无纺土工织物，管底封闭，不留沉淀管段，也可采用与导管等直径的多孔聚乙烯过滤管或透水石管作透水管段，如图 2－33 所示。

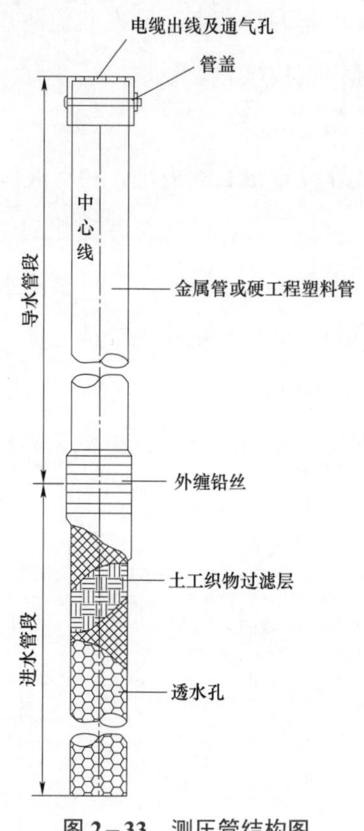

图 2－33　测压管结构图

8. 量水堰

量水堰适用于各类大坝的渗流量监测，当通过量水堰堰槽的流量增加时，堰板前方的壅水高度将会增加，壅水高度与流量之间存在一定的函数关系，因此，只要测出量水堰堰板前方的壅水高度就可以求出渗流量。壅水高度可以采用水尺或水位测针进行人工测读，也可以采用具有自动化测量功能的量水堰计（亦称渗流量仪）进行观测。渗流量监测设施应根据其大小和汇集条件进行设计，常见的量水堰形式有直角三角形堰（适用流量范围 1～70L/s）、梯形堰（适用流量范围 10～300L/s）、矩形堰（适用流量范围大于 50L/s）。

9. 钢弦式传感器

钢弦式传感器由受力弹性外壳（或膜片）、钢弦、坚固夹头、激振线圈振荡器和接收线圈等组成。钢弦常用高弹性弹簧钢、马氏不锈钢或钨钢制成，它与传感器受力部件连接固定，利用钢弦的自振频率与钢弦所受到的外加张力关系式测得各种物理量。钢弦式传感器所测定的参数主要是钢弦的自振频率，常用钢弦频率计测定。

以连续激振型为例介绍钢弦式传感器的工作原理，如图 2-34 所示。

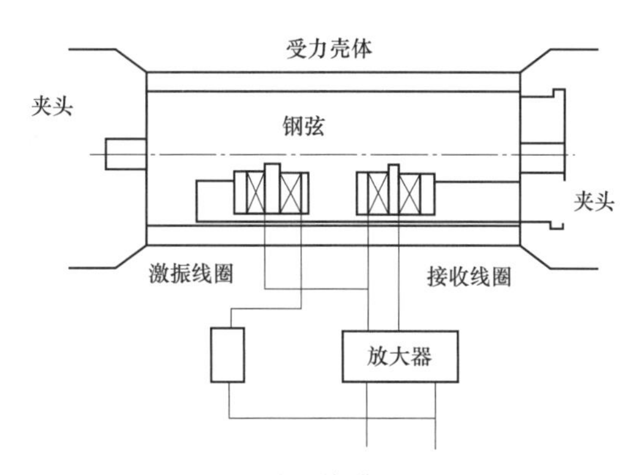

图 2-34　钢弦式传感器工作原理图

10. 差动电阻式传感器

差动电阻式传感器利用仪器内部张紧的弹性钢丝作为传感元件，将仪器感受到的物理量变化转变为模拟量，广泛应用于混凝土、钢筋、钢板的应力应变监测。

差阻式传感器利用以下两个基本原理：① 钢丝受到拉力作用而产生弹性变形，其变形与电阻变化之间为线性关系。② 当钢丝受不太大的温度改变时，钢丝电阻随其温度变化之间的近似关系为线性。

上述两个基本原理，把经过预拉、长度相等的两根钢丝用特定方式固定在两根方形断面的铁杆上，钢丝电阻分别 R_1 和 R_2，因为钢丝设计长度相等，R_1 和 R_2 近似相等，如图 2-35 所示。

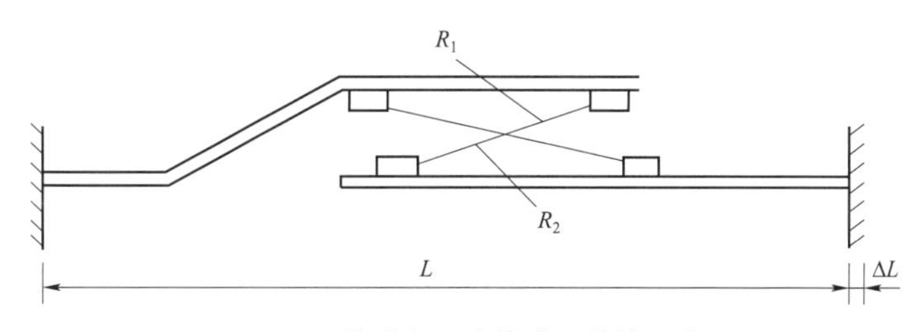

图 2-35　差动电阻式传感器结构示意图

当仪器受到外界的拉压产生变形时，两根钢丝的电阻产生差动的变化：一根钢丝受拉，其电阻增加；另一根钢丝受压，其电阻减少。两根钢丝的串联电阻 R_1+R_2 不变而电阻比 R_1/R_2 发生变化。测量两根钢丝电阻的比值，就可以求得仪器的变形或应力。当温度改变时，引起两根钢丝的电阻变化是同方向的，温度升高时，两根钢丝的电阻都减少。测定两根钢丝的串联电阻 R_1+R_2，就可求得仪器测点位置的温度。

2.6.3 隐患监测辨识方法与案例

安全监测在水电站大坝运行安全管理与隐患识别中发挥着重要作用。水电站大坝在水压力、温度和自重等荷载作用下必然会发生变形、渗流等性态的变化，因此，监测坝体、坝基的变形量的变化和分布规律，同时监测渗流引起的坝体与坝基渗流量、扬压力、坝肩绕渗水位等特征参数，就可以通过监测资料分析和现场检查宏观地评估大坝工作性态是否正常，是否存在隐患。

1. 基于原位监测的大坝隐患辨识方法

原位监测资料及其分析成果是水电站大坝运行安全评价的定量依据，基于此辨识大坝性态转异及潜在隐患的方法主要有上下限值法、趋势分析法、数学模型法等。

（1）上、下限值法。基于工程结构和地质条件特点，基于拉依达准则及工程类比等方法拟定各监测效应量的上、下限值，当实测数据明显超出限值范围时，融合与工程相关的各类信息综合分析大坝可能存在的隐患。

（2）趋势分析法。通过分析监测效应量的变化速率及趋势是否偏大或时效分量过程线发生突变，融合与工程相关的各类信息综合分析大坝可能存在的隐患。

（3）数学模型法。基于力学和数学原理建立合适的大坝安全监控模型，包括统计模型、混合模型及各类正、反分析模型等。当实测数据明显异于模型计算的拟合值时，融合与工程相关的各类信息综合分析大坝可能存在的隐患。

2. 隐患监测辨识案例

在坝工史上有众多通过监测手段成功识别大坝隐患并通过及时采取措施避免溃坝等严重事故发生的案例，典型案例分析如下。

【例 2-1】湖南 BY 面板堆石坝渗控体系隐患监测识别。湖南 BY 水电站拦河坝为混凝土面板堆石坝，最大坝高 120m，坝顶高程 550m，坝顶长度 198.8m。1998 年 12 月蓄水时大坝渗流量约为 20L/s，其后 10 年内在 20～110L/s 之间变化。2008 年 5 月后由 110L/s 逐渐增加至 900L/s，于 2012 年 9 月达最大值约 1250L/s（对应大坝上游水位低于正常蓄水位 540m 约 18m），远大于我国类似面板堆石坝的渗流量，大坝渗流性态明显异常。大坝渗流量与库水位相关过程线如图 2－36 所示。

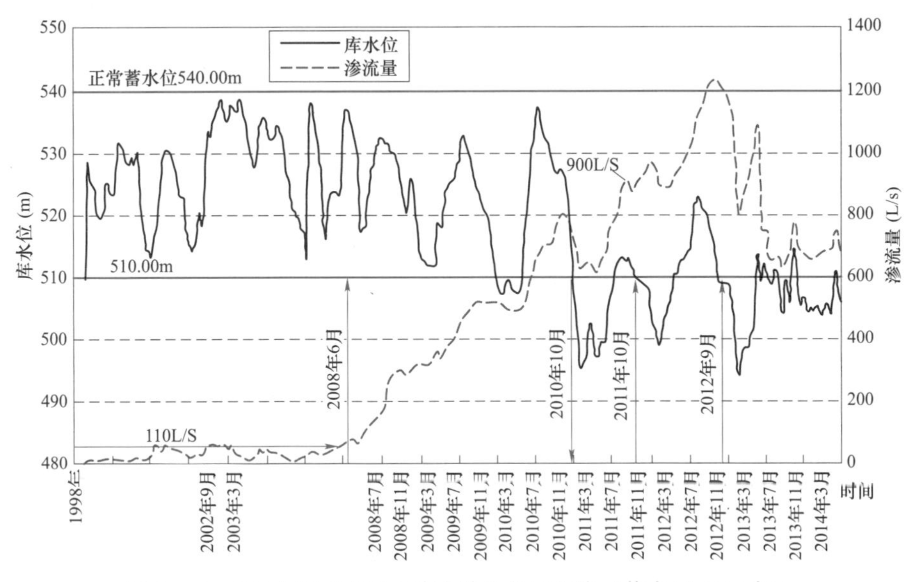

图 2－36　BY 大坝渗流量与库水位相关过程线（蓄水至 2014 年）

2014 年，结合监测成果以及水下摄像检查、水下声呐检测、水下导管示踪、帷幕灌浆检查孔压水试验等成果综合判断，大坝渗漏主要集中在左岸铺盖顶高程 475m 以下面板及趾板附近。大坝于 2014 年年底进行了水库放空加固处理，放空现场检查时发现左岸 L4～L7 面板高程 473m 以下最大塌陷深度为 245cm，面积约 $250m^2$；左岸 L5～L6 面板高程 490m 附近最大塌陷深度为 76cm，面积约 $50m^2$。处理后大坝渗流量降至约 60L/s 以内（正常蓄水位附近）。2014 年 12 月水库放空现场检查面板照片如图 2－37 和图 2－38 所示。

图 2－37　BY 大坝左岸 L4～L7 面板高程 473m 以下塌陷区检查照片（2014 年 12 月）

图 2-38　BY 大坝左岸 L5～L6 面板高程 490m 附近塌陷区检查照片（2014 年 12 月）

【例 2-2】青海 GBX 面板堆石坝周边缝渗漏隐患监测识别。青海 GBX 水电站拦河坝为混凝土面板堆石坝，最大坝高 132.2m，坝顶高程 2010.00m，坝顶长 429.0m。在蓄水初期，大坝渗流量约为 7L/s，但在 2011 年 4 月由 7L/s 突增至 19～21L/s，同时，3 号面板周边缝沉降测值达 77mm，开合度达 31mm，剪切量达 17mm，表明面板周边可能存在破损且为主要渗漏通道。之后，结合水下检查确认了大坝右岸周边面板混凝土存在破损，经加固处理后大坝渗流量减小至约 5L/s。

【例 2-3】浙江 HNZ 支墩坝基础渗流渗压隐患监测识别。浙江 HNZ 水电站拦河坝为混凝土重力式梯形支墩坝，最大坝高 129m，坝顶高程 242.00m，坝顶全长 440m。1983 年 4 月 21 日，当库水位超过 220.00m 时，12 号坝段灌浆廊道渗流量突然大幅度增加，与 1982 年相近库水位时的数据对比增大约 6 倍；随着库水位的继续升高，渗流量以更大幅度增加，当库水位首次达到正常蓄水位 230.00m 时，该坝段渗流量超过 $50m^3/d$，其中一个排水孔单孔渗流量达 $32.83m^3/d$，在此期间帷幕后的扬压力测孔水位也逐渐上升，部分测孔扬压力系数超过设计采用值。帷幕前后测孔间的现场连通放水试验成果证实 12 号坝段坝基接触面帷幕已被拉开，因此，采用水溶性聚氨酯钻孔灌浆技术，对 12 号坝段帷幕损坏部位进行补强灌浆后，大坝渗流性态恢复正常。

【例 2-4】安徽 MS 连拱坝变形和渗流隐患识别。安徽 MS 水电站拦河坝为连拱坝，坝顶高程 140.17m，最大坝高 88.24m，坝顶长 443.50m，由 15 个垛、16 个拱组成。1962 年 10～11 月，通过垂线坐标仪观测到 13 号垛的变形发生异常，11 月 9 日向左岸位移达 42.06mm，向下游位移达 14.53mm。同时巡视检查发现，该垛附近坝基有大量漏水。右岸 14～16 号垛基也出现大量渗漏水，最大渗流量达 70L/s，其中位于 14 号垛基的一个未封堵固结灌浆孔产生喷水，射程达 11m。监测成果表明，14 号、15 号垛基向上抬动，最大上升值达 14.1mm，随着库水位下降又转变为下沉趋势；13 号垛顶在上、下游方向和左、右方向强烈摆动，2 天之内上、下游方向摆动幅度 10mm，3 天之内左、右方向摆动幅度达 58.14mm。同时，巡视检查成果表明，右侧坝顶、坝垛及拱台陆续出现几十条裂缝，其中 15 号垛裂缝最为严重，最长达 28m，缝宽 66mm；坝基和岸坡节理张开，防渗帷幕遭到破坏。综上所述，监测数据和巡视检查成果均表明，大坝当时已处于危险状态，于是放空水库，采取预应力锚索、灌浆等加固措施，避免了大坝运行事故的发生。

第3章

水电站大坝工程隐患主要治理技术

3.1 水下缺陷治理技术

水电站大坝经过长期运行后，其水工建筑物可能存在各类缺陷或隐患，影响大坝安全稳定运行。水电工程很多缺陷隐患往往位于水下，存在隐患检测不易，处理难度大的特点。随着我国大量水电站建成投运，大坝运行安全受到广泛的关注，为全面排查治理水电站大坝安全隐患，考虑发电效益及放空难度大等因素，很多时候需要进行水下技术手段开展工程隐患治理。

部分水电站水下缺陷可以在电站枯水期不影响经济效益（或者影响较小）的前提下通过降低水位甚至放空进行旱地工程隐患治理。然而这种处理方式有较大局限性，对不具备放空条件或放空难度较大的水电站，特别是高坝、大库水电站的水下缺陷，采用水下工程技术措施治理隐患是一种高效、经济的处理手段。

1. 主要水下工程隐患

水电站水下工程隐患主要包括渗漏（结构缝、裂缝渗漏）、水下混凝土冲蚀（过流面过流建筑物混凝土冲蚀、基础淘蚀）、水下金属结构及相关附属物侵蚀（冲蚀、化学腐蚀）等。

2. 水下修复施工装备

水下修复装备主要包括水下焊接机、水下气割枪、水下切割机、水下角磨机、水下液压工具、水下液压动力源、水下气压动力源、水下风镐、水下风钻、水下摄像机、潜水电话、水下防爆防水照明灯具、水下声学探伤设备、ROV 水下观察/作业型机器人等。

3. 水下修复材料

水下修复材料主要分为三大类：水下防渗、水下加固和水下表面防护材料。

（1）水下防渗材料：结构缝（裂缝）水下表面 SR 体系防渗处理，结构缝（裂缝）水下化学灌浆（聚氨酯类、环氧类）等，主要用于水下混凝土缝的前端渗漏治理。

（2）水下加固材料：水下不分散混凝土、水下聚合物混凝土（砂浆）等，主要用于水下过流建筑物（消力池、海漫、尾坎等部位）缺陷的修复。

（3）水下表面防护材料：水下环氧涂层或水下覆膜整体防渗。

3.1.1　水下混凝土渗漏治理技术

水下混凝土渗漏治理技术主要分为结构缝渗漏治理技术与裂缝渗漏治理技术。

1. 结构缝渗漏水下治理

通过潜水员水下骑缝钻孔，埋设配套灌浆管，采用水下不分散、固化快、与混凝土水下黏结力强的水下快速密封剂对缝面进行临时封闭，孔内灌注水溶性聚氨酯化学灌浆材料，封堵渗漏通道解决止水自身存在的缺陷以及止水与混凝土之间缺陷导致的渗漏问题。为保证其耐久性，通常在结构缝表面水下增设一道表面柔性接缝止水。具体做法如下：

（1）水下检查。潜水员在水下通过视频观测、喷墨示踪、声学图像扫描等手段对结构缝进行检查，确定结构缝渗漏范围。

（2）骑缝切槽。对渗漏范围内的结构缝沿缝两侧切割骑缝 U 形槽，槽内混凝土用液压镐凿除，用水下高压水枪将横缝两侧混凝土表面清理干净，裸露新鲜混凝土面。

（3）基面处理。对缝面存在错台、不平整等部位，采用水下气动打磨机打磨平整，孔洞等缺陷用水下快速密封剂修补找平。

（4）埋管封缝。水下钻骑缝灌浆孔埋设灌浆管，采用水下快速密封剂临时封闭缝面。

（5）钻设止浆孔。在需处理的结构缝上下两端设置骑缝止浆孔，进行止浆孔灌浆。

（6）串通性检查。关闭灌浆各管路进行封缝可靠性检查，检查结构缝面及灌浆孔封闭的可靠性。

（7）灌浆。灌浆采用纯压式灌浆，注入水溶性聚氨酯化学浆液，为防止聚氨酯遇水迅速反应固化，在灌注聚氨酯前先灌注一定量的隔水材料。灌浆顺序采用自下而上、由低高程向高高程逐步进行，灌浆过程中视封堵情况适时添加固化剂，直至灌浆结束。

（8）安装防渗模块。待浆液凝固后，拆除孔口灌浆管，清除临时封缝材料，涂刷水下环氧涂料。将按照水下结构缝形状在岸上预制的水下防渗模块，由潜水员安装至结构缝表面，安装完成后采用水下涂料对防渗水下防渗模块两边、模块搭接部位及各螺栓孔部位进行封边处理。

2. 混凝土裂缝渗漏水下治理

潜水员水下对混凝土裂缝骑缝开槽，在裂缝两侧钻穿缝斜孔，孔内进行水下化学灌浆，缝槽填充水下快速密封剂，利用水溶性聚氨酯化学灌浆材料固结体遇水膨胀的性能，解决混凝土裂缝导致的渗漏问题。为保证其耐久性，可以在裂缝表面涂刷水下环氧涂料或粘贴柔性防渗膜进行表面防护。具体做法如下：

潜水员沿裂缝切“V”形槽，在裂缝两侧交替布置布置穿缝灌浆孔，并采用水下快速密封剂对槽底进行临时封缝。检查各灌浆孔串通性及缝面封闭可靠性。灌注水溶性聚氨酯化学灌浆材料，灌浆顺序自下至上或从缝一端至另一端。待浆液固化后，割除灌浆嘴及排气管，清除缝槽内临时封缝材料，槽内嵌填水下环氧砂浆，固化后对缝面进行打磨，表面涂刷水下环氧涂料进行表面防护。

3.1.2 水下混凝土冲蚀修复技术

通过潜水员水下清除软弱面层，进行锚筋安设，根据冲蚀缺陷深度制作安装钢筋网，立面和斜面缺陷部位安装模板，针对大体积水下冲坑采用回填水下不分散混凝土，对后期有较高抗冲磨要求的工程，浇筑完成后在混凝土表面覆盖一层水下环氧、聚酯类高分子防冲层；对于小体积冲坑修复，回填抗冲耐磨性能优异的水下高强度环氧混凝土（砂浆），并恢复至原有过流面体型。具体做法如下：

潜水员对水下冲蚀缺陷进行标识及测量，并对冲蚀缺陷进行放样。用液压圆盘锯沿放样边界切割混凝土，气动风镐向切割内部逐渐破凿，清除大块废料后，将结合面进行凿毛处理。采用高压水枪冲扫冲坑，露出新鲜混凝土面。对已出露的钢筋进行除锈，达到无锈痕、无锈斑。为了增强被浇筑冲坑内新老混凝土的结合强度，在修复区域内布设锚固筋，对冲蚀深度较大的部位架设抗冲、抗裂、限裂钢筋网。侧墙、立面上的冲坑，修补需架设模板，模板采用组合式钢模板制作拼接而成。浇筑前详细测量待浇筑冲坑体积，采用导管法或吊罐法进行水下浇筑。

3.1.3 水工建筑物水下加固技术

潜水员水下清淤、钻设锚杆、布设钢筋网及钢模板安装，采用施工浮排作为水上施工平台，在平台上搭设水下混凝土灌注架，采用混凝土泵送车将水下不分散混凝土输送至浇筑平台集料斗，通过导管输送混凝土进行水下灌注加固。具体做法如下：

搭建水上作业平台，平台可以采用驳船或浮排，对作业平台进行承载力验算。潜水员对需加固区域进行检查、复核。采用大功率水下排沙泵配合高压水枪进行水下清淤，对大粒径杂物，采用人工清理。对于缺陷内表面光滑的基面，进行凿毛处理，露出新鲜的毛基面。采用水下气动钻设锚筋孔，成孔后进行清孔，清孔完成后孔内注入水下专用锚固剂，将锚筋植入孔内（作业过程进行全程高清录像）。根据基面处理完成后的结构尺寸岸上进行钢筋制作，潜水员水下进行钢筋网安装。钢筋网安装完成后，进行岸上钢模板加工制作，由潜水员进行水下组合安装，组合安装采用水下焊接或螺栓连接，并对水下钢模板进行加固。模板底部的间隙，采用钢板及沙袋等进行封堵。浇筑前需对入仓前混凝土坍落扩散度进行测定，满足设计要求方可进行浇筑施工。浇筑过程中需有效控制浇筑面的高度，保证在浇筑过程中始终处于均匀上升状态，且始终保持导管埋入混凝土深不小于 300mm。浇筑过程潜水员在水下全程跟踪浇筑，及时查看导管状态，避免堵管、埋管过深或漏浆情况出现。有水流扰动情况下，浇筑完成后在混凝土表面覆盖一层防冲层进行混凝土养护，达到设计拆模强度后，按照模板安装和加固的逆序进行拆模（即先装的后拆，后装的先拆），同时注意新浇混凝土面的保护，完成后对水下加固部位进行全面的水下录像。

3.1.4　典型案例

1. JH 水电站大坝 12～13 号坝段结构横缝渗漏水下处理

（1）工程概况。JH 水电站以发电为主，兼顾航运，并具有防洪、旅游等综合利用效益，主厂房布置 5 台单机容量 350MW 的混流式水轮发电机组，总装机容量 1750MW。水库总库容 11.4 亿 m^3，正常蓄水位 602.00m，具有周调节性能。电站枢纽由混凝土重力坝、坝后式厂房、航运过坝工程等主要建筑物构成。碾压混凝土重力坝最大坝高 108m，坝顶总长 704.5m。大坝共分为 26 个坝段。

（2）工程隐患及水下处理技术方案。JH 水电站建成蓄水后，12～13 号坝段结构横缝在坝后溢流面及高程 570m 廊道内出现渗漏水，当时 12～13 号坝段结构横缝溢流面采用渗漏通道末端封堵处理，廊道内采用渗漏引排处理，处理后表观渗漏情况得到了改善，但隐患始终未被消除。为彻底消除渗漏水对大坝安全造成的隐患，保证大坝安全运行，采用水下处理技术对该结构横缝渗漏进行根治处理。自 566.50m

（正常蓄水位 602.00m）以上至溢流面顶新建止水体系，止水体系由缝内化学灌浆和缝面柔性防渗止水模块构成，缝内化学灌浆选用 LW/HW 水溶性聚氨酯灌浆材料，填充横缝上游面与横缝止水之间的横缝缝腔及水平缝缝面，缝面柔性防渗止水模块选用 SR 塑性止水材料与 SR 防渗保护盖片，在上游横缝表面形成一道表面柔性止水。

（3）质量检查。结构横缝处理完成后，现场抽取布置 4 个检查孔，检查孔采用钻孔取芯对灌浆处理效果进行检查，4 个检查孔交缝处聚氨酯固结体均填充饱满，检查合格率达到 100%。

（4）处理效果。大坝 12～13 号坝段结构横缝水下处理后，该横缝在高程 570m 廊道的渗漏由处理前的 5.36L/s，下降至处理后的 0.00L/s，第一基础排水廊道坝体排水孔渗漏完全消失，反弧段过流面渗漏完全消失，处理效果明显。

2. YT 水电站溢洪道海漫混凝土水下修复工程

（1）工程概况。YT 水电站以发电为主，兼顾灌溉、养殖等综合利用效益，电站总装机容量 75MW。水库正常蓄水位 465.00m，总库容 1.224 亿 m^3，为周调节水库。工程由混凝土面板堆石坝、左岸溢洪道、右岸发电引水系统和地面厂房等建筑物组成。混凝土面板堆石坝最大坝高 75.5m，坝顶高程 472.50m，坝轴线长 179.5m。溢洪道紧靠左坝肩布置，最大下泄流量 9410m^3/s，采用底流消能。

（2）工程隐患及水下处理。2023 年 5 月对溢洪道消力池底板及海漫进行了水下检查。发现海漫混凝土底板存在 6 处冲蚀缺陷，海漫混凝土基础 4 处掏蚀缺陷。为消除溢洪道安全隐患，对 Q1～Q6 海漫混凝土冲蚀缺陷及 Q7～Q10 海鳗混凝土基础掏蚀缺陷进行了修复处理。

海漫混凝土冲坑处理：水下标识与测量、水下切割与凿除、基面处理、钻设锚筋、布设钢筋网、水下模板安装、水下环氧混凝土（砂浆）浇筑。环氧混凝土（砂浆）浇筑方量约 2m^3。

海漫混凝土基础掏蚀处理：水面施工平台搭设、水下清淤、基面处理、钻设锚筋、布设钢筋网、模板制作安装、浇筑水下混凝土。水下不分散混凝土浇筑方量约 650m^3。

（3）处理效果。通过对 YT 水电站溢洪道海漫混凝土水下修复施工，修复了海漫混凝土缺陷，提高了溢洪道海漫混凝土的耐久性，消除了溢洪道泄洪水工建筑物的安全隐患，保证了溢洪道长期安全稳定运行。

3.2　大坝渗漏治理技术

3.2.1　大坝渗漏治理技术背景

渗漏问题属水电站大坝较为常见的缺陷隐患，由于大坝采用的结构形式不同、地质条件的差异，渗漏缺陷的性状也不尽相同，采用的渗漏治理的方法也不同，选择合适的渗漏治理技术尤为关键。

1. 大坝渗漏种类及危害

（1）大坝渗漏种类。大坝渗漏类型主要有三种：坝体渗漏、坝基渗漏、绕坝渗漏。

（2）大坝渗漏危害。

1）土石坝：破坏防渗与排水设施，造成坝基、坝体和结构渗流破坏，降低坝坡稳定性，影响大坝使用寿命。

2）混凝土坝：渗漏导致扬压力升高，降低坝体稳定性，两岸高地下水影响坝基、泄洪消能设施和岸坡稳定，可能对坝基和水工结构造成水化学侵害。

3）过大的渗漏损失降低工程效益。

2. 常见大坝渗漏治理采用的方法

（1）坝体渗漏：土石坝可以采用迎水面填筑黏土斜墙，在背水坡培厚加固，挖回填或泥浆灌缝；面板坝可通过对接缝进行化学灌浆，更换表面接缝止水，对混凝土裂缝进行化学灌浆；混凝土坝可采用坝体钻孔灌注化学浆材，对迎水面接缝、裂缝可增设表面接缝止水等工程措施。

（2）坝基渗漏：渗漏治理措施主要采用上游水平铺盖、垂直混凝土防渗墙、帷幕灌浆及化学灌浆等；降低扬压力或渗流梯度通常采用增设排水孔、排水廊道、减压井等。

（3）绕坝渗漏：主要采用岸坡贴坡防渗法，适当放缓山体边坡，在上游侧或上游面加做黏性土或土工膜覆面；也可在坝端山体上游抛土，增长渗径。当山体单薄，岩石破碎，岸坡节理裂隙发育时，可采用水泥灌浆或水泥化学复合灌浆等。

3. 大坝渗漏治理主要材料

大坝渗漏治理材料主要有两大类：表面封闭类材料和灌浆类材料。表面封闭类材料有防渗盖片、水泥基类涂料、聚氨酯类涂料、环氧类涂料等，主要用于混凝土缝的上游面渗漏治理及混凝土的表面防护。灌浆类材料包括水泥类浆材、化学类浆材（化学浆材主要有水玻璃灌浆材料、丙烯酸盐灌浆材料、聚氨酯灌浆材料和环氧灌浆材料等），可用于各种坝型的渗漏治理。

3.2.2 结构缝渗漏治理技术

通过对结构缝止水间骑缝钻孔，进行化学灌浆，利用水溶性聚氨酯化学灌浆材料遇水膨胀的性能，解决止水自身存在的缺陷以及止水与混凝土之间缺陷导致的渗漏问题，在修复原止水体系的同时，加强了结构缝的止水体系。具体做法如下：

对渗漏部位进行临时封闭，骑缝钻孔埋设测压管，测定渗漏水压力，判断止水漏水部位；钻设骑缝止浆孔，在不破坏原止水的同时孔深尽量接近止水。止浆孔内灌填水溶性聚氨酯化学浆液。钻设骑缝灌浆孔，钻孔至二道止水之间，钻孔确保不得将止水穿透。埋设灌浆管，孔口设置回浆管，并安装控制阀门。封孔材料达到设计强度后，进行压水检查试验，通过试验确定灌浆压力，检查结构缝面及灌浆孔封闭的可靠性。灌浆选用大流量灌浆泵，采用纯压式灌浆，注入水溶性聚氨酯化学浆液，为防止聚氨酯遇水迅速反应固化，在灌注聚氨酯前先灌注一定量的隔水材料，浆液固化后，拆除孔口灌浆管，修复混凝土面。

3.2.3 混凝土裂缝渗漏治理技术

对混凝土裂缝骑缝开槽，在裂缝两侧钻穿缝斜孔，孔内进行化学灌浆，缝槽填充环氧砂浆，缝面采用弹性涂料进行封闭处理，利用 LW/HW 水溶性聚氨酯化学灌浆材料遇水膨胀的性能，解决了混凝土裂缝导致的渗漏问题，采用表面封闭提高裂缝耐久性。具体做法如下：

沿裂缝切“V”形槽，在裂缝两侧交替布置穿缝灌浆孔，并骑缝钻设排气孔，成孔后用高压风进行清孔，埋设灌浆管及排气管，并对槽底进行临时封缝。检查各灌浆孔、排气孔串通性及缝面封闭可靠性。灌注水溶性聚氨酯化学灌浆材料，灌浆顺序自下至上或从缝一端至另一端，在设计压力下，单缝最后一个孔持续 5min 不进浆即可结束灌浆。待浆液固化后，割除灌浆嘴及排气管，清除缝槽内临时封缝材料，涂刷环氧基液，在缝槽内嵌填弹性环氧砂浆，表面采用弹性环氧涂料进行封闭处理。

3.2.4　基础及边坡渗漏治理技术

1. 处理方案的选择

控制坝基渗漏有多种方法，为减少坝基渗漏量，可以采用上游水平铺盖、垂直混凝土防渗墙、帷幕灌浆及堵塞溶洞等措施；但因大坝建成蓄水后，大部分处理措施因各种原因将无法实施，因此，基础帷幕灌浆处理方案在坝基渗漏及边坡渗漏治理中较常用。

2. 帷幕灌浆技术

首先用地质钻机在需要处理的地层钻一排帷幕孔，然后用高压将水泥浆灌注到被处理地层的缝隙内，水泥浆凝固后，帷幕孔内凝固的水泥柱体和周围被水泥浆凝结到一起的地层共同形成一道密实的帷幕，从而起到防止水流从地层内渗透的作用。具体做法如下：

采用回转式地质钻机钻孔，钻进时必须严格控制孔深 20m 以内的偏差，应每 5m 测量一次孔斜，20m 以下应每 10～15m 测斜一次，孔深误差不大于 20cm。钻孔过程中，对异常情况，应在钻孔班报上详细记录。钻孔完成先后先进行裂隙冲洗，再进行灌浆前单点法简易压水试验，压水试验压力为灌浆压力的 80%，该值若大于 1.0MPa，则采用 1.0MPa。

灌浆应按分序加密的原则进行，帷幕灌浆采用孔口封闭，孔内循环，自上而下的分段灌浆法。帷幕灌浆段长度宜采用 5m，特殊情况下可适当缩减或加长，但不得大于 8m，因故超过 8m 时，需对该段采取补救措施。帷幕灌浆浆液浓度应遵循由稀到浓，逐级改变的原则。在设计规定的压力下，屏浆 30min，屏浆期间平均注入率不大于 1.0L/min 时，可结束灌浆。全孔灌浆结束后，采用全孔存压式灌浆法封孔，封孔水灰比为 0.5:1 的浓浆。

3.2.5　土石坝坝体渗漏治理技术

1. 混凝土防渗墙技术

混凝土防渗墙施工之前，先进行混凝土导向墙灌浆。泥浆搅拌采用高速旋转制浆机，在成槽过程中，利用泵吸反循环原理将泥浆泵入槽中。混凝土防渗墙的成槽方式根据边界条件不同成槽方式也不尽相同，主要有射水法、抓斗开挖槽孔法、冲击钻或回转钻槽孔法、锯槽法、深层搅拌桩成墙法、旋挖成槽法等。常规成槽主要采用抓斗开挖槽孔法完成，在抓土时，要对着导墙的中心，以先两端后中间的方式进行抓取。在开挖成槽时，要注意观察和控制槽壁的垂直度、变形度以及泥浆液面的高度，同时要控制抓取速度，以免造成槽壁崩塌。成槽后，进行全面的检测和验收，通过后才能进行清孔换浆。

防渗墙浇筑质量控制要点：① 选择符合设计要求和国家标准的水泥品种，骨料应具有良好的级配和质量，选择合适的外加剂，严格按照规定的掺量使用；通过试验确定合理的混凝土配合比，保证混凝土性能；对进场材料进行抽样检测；对混凝土的性能进行实施监测，及时调整施工工艺；对施工人员进行培训，提高其质量意识和操作技能。② 混凝土浇筑时，根据槽段的长度和混凝土的扩展范围，导管的安装一般在 2～3m 的间隔布置一条导管，槽孔两端导管距孔端距离宜为 1.0～1.5m，导管底部埋入混凝土深度控在 1m 以上，导管底部出口距槽底应控制在 15～25cm。③ 在混凝土浇筑过程中，严格按照浇筑的先后次序进行，并有效控制浇筑面的高度，保证在浇筑过程中始终处于均匀上升状态。整个浇筑过程应连续进行，确保槽孔内混凝土面上升速度超过 2m/h。浇筑过程中及时查看导管状态，避免堵管、埋管、泥浆掺混或漏浆情况出现。

各槽段墙体连接方式有钻凿接头孔法和接头管法两种。前者是在混凝土浇筑完成后应用冲击钻冲凿两端形成接头孔，施工难度及控制要求均较为理想；后者则是在混凝土浇筑前预先在槽孔两端设置管径略小于槽孔的接头管，待混凝土初凝后拔掉接头管形成槽孔，成孔速度快且不需要额外运用其他工程机械。特殊状况处理如下：① 防渗墙成槽作业中遭遇大块孤石或漂石，需在充分考量孔壁安全性的前提下采用冲击钻进行处理。② 用于护壁的泥浆在某一时间出现漏失量骤增、槽内浆液面明显下降时，立即采用浓泥浆配比并降低成槽速度。③ 成槽过程中出现塌孔，可先采用大比重泥浆临时处理，处理后再次出现塌孔情况，则将黏土、膨润土与纯碱按照一定的配比搅拌后填入槽内，还可视情况填入一定量的渣土，来平衡孔壁承受的土压力。

2. 化学灌浆技术

化学灌浆技术是将化学浆液注入岩土内部，使其在原位进行化学反应，以增强岩土的力学强度和水力学性质，增加岩土的完整性和结构的整体性，达到改善岩土的承载力和提高地层的密实性，起到防渗加固作用。

（1）化学灌浆优势。低黏度环氧灌浆材料黏度低，可灌性好，可灌入 0.2mm 以下的岩石裂隙和颗粒小于 1mm 的砂层，与混凝土、基岩等的黏接强度高，固结体抗压、抗拉强度高，能起到较好的防渗补强加固作用，且浆液具有亲水性，对潮湿基面浸润性好，凝固时间可在数小时至数十小时内调节，操作简便。该特性在实际工程中正好弥补采用水泥灌浆无法解决的渗漏问题。

（2）主要施工技术。灌浆孔采用回转式钻机钻孔，在满足设计要求的前提下，宜选用相对较小的钻孔孔径。化学灌浆孔钻孔控制同帷幕灌浆钻孔，钻孔完成后进行裂隙冲洗。冲洗完成后进行压水试验，采用“单点法”进行简易压水，压力为灌浆压力的 80%，该值若大于 1.0MPa，则采用 1.0MPa。

灌浆采用“自上而下，分段灌浆”法进行灌注，上段灌浆结束，并待凝 72h 后，才能扫孔钻入下一段，灌浆采用纯压式灌浆，灌浆结束后由回浆管灌注 0.6:1 水泥浆，并逐渐打开进浆管，用水泥浆将孔内化学浆材置换而出。

化学灌浆压力与该段水泥灌浆压力一致，化学灌浆应采用低压慢灌，灌浆过程中需结合注入率调节灌浆压力，灌浆压力按 0.1MPa/10min 的升压速度逐级升压。当灌浆压力达到设计灌浆压力，注入量小于 0.02L/min 持续灌注 2h 后，结束灌浆。

（3）特殊情况处理。

1）化学灌浆过程中发现冒浆、漏浆时，采用表面封堵、低压、浓浆、限流、限量、间歇、待凝等方法进行处理，若效果不明显，需停止灌浆，待浆液凝固后重新扫孔复灌。

2）化学灌浆过程中发生串浆时，如串浆孔具备灌浆条件，应一泵一孔同时进行灌浆。

3）化学灌浆必须连续进行，若因故中断，应在浆液胶凝以前恢复灌浆，否则应进行冲孔或扫孔复灌。

4）化学灌浆过程中，注入率突变时，及时采取有效措施处理。

3.2.6　典型案例

1. GYY 水电站 14 号坝段裂缝渗漏封堵处理

（1）工程概况。GYY 水电站以发电为主，兼有防洪、灌溉、旅游等综合利用功能，电站装机容量 3000MW。水库总库容 22.5 亿 m^3，正常蓄水位 1134.00m，属于周调节水库。工程枢纽主要由挡水建筑物、泄水建筑物和引水发电建筑物组成。挡水建筑物由左岸、河中碾压混凝土重力坝和右岸土质心墙堆石坝组成，为混合坝，坝顶总长 1158m。碾压混凝土重力坝部分坝顶长 838.035m，坝顶高程为 1139.00m，最大坝高为 159m；土质心墙堆石坝部分坝顶长 319.965m，坝顶高程为 1141.00m，最大坝高 75m。两坝型间的坝顶通过 5%的坡相连。

（2）大坝渗漏缺陷及封堵技术方案。2017 年 4 月 1 日凌晨，14 号坝段各廊道及坝后下游面突然出现不同程度裂缝，裂缝开度大并伴有大量渗漏水，漏水量约 $700m^3/h$，后续对渗漏裂缝进行了封堵处理。

1）裂缝堵水处理。采用在大坝上游排廊道钻穿缝深孔化学灌浆方案，钻孔穿缝部位距离大坝上游坝面 5m，缝面开度较大串通性较好，相邻孔穿缝部位垂直方向间距 4m，对各部位裂缝缝面进行临时封缝处理，对被裂缝贯穿的坝体排水孔进行预先封堵处理。裂缝渗漏封堵化学灌浆材料采用水溶性聚氨酯材料，因裂缝贯穿大坝上下游，水溶性聚氨酯为柔性材料整体强度较低，为保证处理后耐久性，渗漏封堵在保证封堵质量的同时，需严格控制聚氨酯扩散半径，为裂缝补强加固创造条件。

2）横缝灌浆处理。因裂缝迎水面顶端至高程 1082.70m 并穿入 14～15 号坝段横缝，一方面为防止堵水灌浆过程中，向横缝串水串浆，另一方面防止 14～15 号坝段横缝因库区水位抬高产生渗漏，在坝顶 14～15 号坝段横缝骑缝钻设一个止浆孔和一个灌浆孔，灌注水溶性聚氨酯材料。

（3）质量检查。裂缝处理完成后，布置 3 个检查孔，对检查孔进行孔壁成像检查，检查孔可见裂缝，且缝内化灌浆材填充饱满。对 3 个检查孔进行压水试验，压水试验采用单点法进行，试验压力 0.5MPa，试验结果透水率均小于 0.5Lu。

（4）处理效果。通过化学灌浆处理，该裂缝在廊道及坝后的渗漏已基本消除，处理前渗漏量最大的高程 1063m 廊道、高程 1021.5m 廊道渗漏已完全消失，渗漏量下降幅度为 100%；高程 1005m 廊道渗漏量下降幅度为 97.8%，在廊道上游侧底部仍然存在少量渗漏。总体渗漏量下降幅度达到 99.9%，处理效果显著。廊道处理前后对比如图 3-1 所示。

(a) 处理前廊道渗漏情况

图 3-1　廊道处理前后对比（一）

(b) 处理后廊道现状

图 3-1 廊道处理前后对比（二）

2. XYT 水库基础防渗处理

（1）工程概况。XYT 水库枢纽主要建筑物由大坝、溢洪道、输水隧洞组成。大坝为面板堆石坝，坝高 45.5m，坝顶宽 6m，轴线长 280.85m，坝顶高程 3126.50m。

（2）坝基渗漏原因分析。水库于 2020 年 5 月 20 日开始蓄水，随着水位上升，渗漏量随水位上升逐渐增大。2020 年 5 月 31 日，渗漏量初始值为 2.09L/s，水位蓄至 3120.40m 高程时渗漏量达到 49.19L/s，远远超出设计允许范围。根据坝基渗漏监测成果、前期勘察资料、相关观测资料及施工期地质成果，分析主要渗漏原因如下：

1）趾板基础岩体破碎，灌浆后检查透水率大，可能存在沿破碎岩体坝基渗漏。

2）帷幕灌浆底界未进入相对不透水层，可能存在通过中等透水层发生坝基渗漏。

3）左坝肩防渗底界、左岸趾板及河床基础防渗底界未深入相对不透水层，未形成封闭的防渗帷幕，可能存在通过中等透水层发生坝基渗漏。

4）受河床段及左岸发育断层 f1 及 f3 影响，节理发育，岩体破碎～较破碎，透水率 7.3～15Lu，属中等透水，可能存在沿断层及破碎带渗漏。

5）导流洞堵头部位未与防渗帷幕形成完全封闭的防渗系统，可能存在向堵头下游和左坝边坡渗漏。

6）面板表面接缝止水破损较多，可能存在接缝渗漏。

（3）防渗处理技术方案。对左坝肩、导流洞封堵段基础进行帷幕灌浆加强防渗处理，对两岸趾板基础采用增设混凝土铺盖加长渗径，趾板基础上部整体固结灌浆、补充帷幕灌浆相结合的防渗处理方案。考虑河床基础主体施工时对该部位进行了固结、帷幕灌浆处理，实施后基础透水率仍然较大，本次采用防渗墙结合墙下帷幕灌浆基础处理方案，即上部强风化基础采用混凝土防渗墙，下部采用帷幕灌浆防渗，帷幕灌浆轴线向两岸延伸后与原帷幕灌浆轴线相接。防渗墙施工结束后在趾板上游侧浇筑混凝土水平盖板，盖板与趾板间设三道止水。对面板接缝采用拆除现有表面接缝止水材料至死水位高程，对死水位以下部位新做 SR 表面接缝止水。

（4）质量检查。固结灌浆、帷幕灌浆处理完成后，分别对其进行了质量检查，各单元检查孔压水试验透水率均小于 5Lu，满足设计要求。防渗墙墙体检查孔注水试验透水率常规试段小于 1Lu，末段小于 5Lu，防渗墙接缝检查孔注水试验透水率常规试段小于 3Lu，末段小于 5Lu，防渗墙检查孔注水试验结果满足设计防渗要求。

（5）处理效果。通过对 XYT 水库基础防渗处理，坝后量水堰渗漏量有了大幅下降，库水蓄至 3120.40m 时，渗漏量为 15.48L/s，与处理前相比，下降幅度为 68.5%，处理后渗漏量满足设计要求，处理效果显著。

3.3 泄水建筑物抗冲磨修复技术

泄水建筑物是保证大坝枢纽安全、减少洪涝灾害的主要水工建筑物，是水电枢纽工程的重要组成部分。泄洪孔、溢洪道、导流洞等建筑物常年经受高水头和大功率的泄洪考验，据调查，现运行的泄水建筑物有 70%存在不同程度的冲磨、空蚀破坏问题，严重时会影响水工建筑物的使用寿命和运行安全。

泄水建筑物常见的破坏形式主要是冲磨破坏和空蚀破坏。冲磨破坏是一种机械破坏，根据介质不同，分为悬移质破坏和推移质破坏。空蚀破坏相对复杂，但冲磨破坏常常是空蚀破坏的诱因。

3.3.1 悬移质冲磨破坏特点及修复技术

1. 悬移质冲磨破坏特点

悬移质破坏多发生在含沙量较高的流域。悬移质是指在河流中呈悬浮状态移动的固体颗粒，通常为较细的泥沙。悬移质破坏是一个逐层磨削的过程，高速水流携带悬移质在流动过程中接触泄水建筑物过流面，以较小的角度（5°～15°）冲击流道表面，对边壁施加切削作用和冲击作用，从最初的表层水泥浆层均匀磨损剥离，进而淘刷粗骨料之间的砂浆，使粗骨料裸露出来。随着磨损程度加剧，骨料会被水流击中而脱落，过流面出现深度不一的磨损坑，在高速水流作用下形成各类漩涡，强度也随着时间和流速加大而加剧，从而形成恶性循环，这时破坏作用不是单纯的冲磨破坏，伴随漩涡出现，会产生空蚀破坏。

含悬移质高速水流对泄水建筑物过流面表面冲磨破坏作用大小与诸多因素相关。如泥沙的运动速度，水流含沙量、泥沙颗粒形状、硬度、受冲冲磨时长和混凝土抗冲磨强度等。

2. 悬移质冲磨破坏修复技术

混凝土材料受含悬移质泥沙的高速水流冲刷后，其外观特征是：磨损轻微者，混凝土失掉表面的水泥浆层，露出粗砂及小石，表面比较平整；磨损严重者，坚硬的骨料颗粒凸于混凝土表面，其棱角多被磨圆，混凝土表面极不平整。当粗骨料较软弱时（如石灰岩骨料），粗骨料突出较少，表面被磨成顺水流方向的沟槽或波纹，有时也可能被淘刷成坑洞。

相较于在前期浇筑阶段使用高强度抗冲磨混凝土，混凝土表面抗冲磨面层保护技术施工方便，便于运行期后期维护，在泄水建筑物抗冲耐磨保护及修复中得到广泛应用。

针对以悬移质为主的冲磨破坏修复，一般选择抗冲耐磨硬度较好的材料，其中环氧树脂材料使用较为广泛，主要有刚性环氧砂浆和环氧涂层两种。

（1）环氧砂浆保护层。牺牲型抗冲磨保护层，保护层通常可到 2～3cm，强度高，与混凝土的黏结力强，耐磨性能好。

（2）环氧涂层。环氧涂层具有良好的耐冲蚀磨损性能，涂敷工艺简单，成本低，能适应基材变形。

3.3.2　推移质冲磨破坏特点及修复技术

1. 推移质冲磨破坏特点

推移质是指在河流底部滚动、跃动、滑动或层移方式运动的大粒径固体物质，通常为块石和粗砂。推移质与悬移质破坏机理不同，破坏作用更明显：在高速水流下以滑动、滚动、跳动等形式在过流面上运动，建筑物表面不仅受到推移质泥沙滑动、滚动摩擦切削作用，还受到泥沙冲击破坏。跳动和滚动对过流面进行冲击撞砸，在撞击接触区会形成很高的局部应力，当应力超过混凝土允许应力时，就会发生局部破坏，表面材料脱落，随着掉落材料的范围不断增大，破坏也不断延伸扩大。

推移质冲磨破坏作用的大小取决于水流速度、流态、冲击角度，推移质的质量、粒径及其运动方式，同时对于建筑物整体来说，破坏程度还和表面材料的抗冲耐磨性能、过流时间等因素有关。

2. 推移质冲磨破坏修复技术

推移质破坏除了磨损混凝土表面外，以较大能量撞击混凝土表面，硬度较大的骨料露出，在混凝土表面形成凹凸不平冲沟或冲坑。不同于悬移质破坏速度相对较缓，推移质破坏主要是冲击式捶击破坏，破坏能量大，持续时间长，破坏速度非常惊人。

以推移质破坏为主的泄水建筑物过流面，为应对砂石反复跳跃冲击式破坏，采用目前常用的高强度纤维混凝土、硅粉混凝土、环氧砂浆等刚性材料，但纯刚性的材料无法较好地解决混凝土表面推移质磨损，从工程实践看，选择一些高韧性、抗冲击性能优异的材料，如弹性环氧、特种增韧环氧等，利用材料特性，吸收推移质的冲击能量，是一种解决推移质冲磨问题的有效方案。

推移质冲磨修复技术以形成复合结构的冲磨保护层为主，常规的形式有封闭底漆+弹性涂层、封闭底漆+弹性环氧砂浆、封闭底漆+弹性环氧砂浆+弹性涂层等。弹性环氧砂浆具有良好的抗冲击性能，与混凝土黏结性能强度高，弹性模量低，材料韧性好，可用于吸收推移质产生的冲击能量，而表层的弹性涂料可阻止推移质对下层高弹砂浆的磨损，也可以吸收泄洪时推移质对底部结构产生的一部分锤击能量，从而应对高速水流携带推移质对泄洪建筑物过流面冲蚀破坏。该结构体系黏结性能优良、弹性模量较低，具有抗冲磨强度高的特点，适合于流速超过 40m/s，水中携带较多推移质的抗冲磨保护。其施工操作便利，施工质量容易保证。

3.3.3 空蚀破坏特点及修复技术

1. 空蚀破坏特点

空蚀破坏相对复杂，过流面混凝土表面平整度和裂缝是造成混凝土空蚀破坏的主要因素之一。空蚀破坏主要发生在水流形态急剧变化区域。在水工泄水建筑物表面不平整或者存在障碍物的情况下，高速水流流态发生变化，可能发生涡流和与过流面分离现象，形成局部低压，水流的连续性会受到破坏，当压力下降到一定程度，在水流中形成大量的空穴。这些空穴溃灭时形成微射流，瞬间产生极大的冲击力，在混凝土表面形成类似爆炸的剥蚀破坏。

2. 空蚀破坏修复技术

空蚀破坏一般表现为在过流混凝土表面局部位置出现空蚀剥蚀坑，但其他部位完好，剥蚀坑深度从几厘米至几十厘米、甚至几米不等。

空蚀破坏一般伴随着冲磨破坏同时发生。针对空蚀破坏的特点及成因，主要从两方面进行处理。

（1）高速水流掺气。高速水流掺气是泄水建筑物混凝土表面减免空蚀的重要措施。水流在高速运动情况时，由底部紊流边界层发展到自由表面而开始掺气，形成自然掺气。掺气水流使水流的物理特性发生了一些变化，如在水流与固体边界之间强迫掺气，可减免空蚀，因而得到广泛应用。《水工建筑物抗冲磨防空蚀混凝土技术规范》（DL/T 5207—2021）规定，当水流空化数小于 0.3 或流速超过 30m/s 时，必须设置掺气减蚀设施。

（2）表面缺陷修复。常见的不同类型的混凝土冲蚀破坏缺陷，其修复措施如下。

1）麻面、气孔及过流面平整度处理。此类混凝土缺陷可采用表面涂刷抗冲磨材料修复，工艺如下。

a. 对基面进行打磨处理，磨除表面松散表皮直至密实混凝土面，表面磨光磨平。

b. 用高压水反复冲洗干净，基面晾干或烘干。

c. 涂刷高渗透性环氧基液，再用环氧胶泥或弹性环氧砂浆将混凝土基面上的孔洞填补密实待固化后可进行大面积涂刮。涂刮过程中，多次来回挤压和抹面，将基面气泡排出，保证孔内充填密，修补材料与混凝土面的黏结牢靠。修补后要求表面平整光滑。

2）过流面冲坑修复处理。过流面冲蚀坑采用“凿旧补新”的修补方法，根据冲蚀坑深度和大小选择修补材料：修补厚度不大于 5cm 时选用聚合物砂浆或环氧砂浆；修补厚度大于 5cm 选用高强度混凝土或高分子改性乳液砂浆/混凝土。具体施工工艺如下。

a. 用混凝土切割机切槽，划出需清理的破损混凝土范围，以便形成规则的边缘，修补区域轮廓线内角不宜小于 90°。凿除疏松混凝土，凿除厚度要均匀，避免出现薄弱断面。

b. 采用高压水清洗基面，将基面浮渣、灰尘以及油污冲洗干净。

c. 对于修补厚度大于 10cm 的冲蚀坑，还需要埋设插筋，提高修补材料与母体混凝土之间的整体性。

d. 待基面处理工作完成后，涂刷界面剂，然后分层回填修补材料并振捣密实。待修补材料固化后，对其表面进行打磨，使修补面与原混凝土高程、形体一致。

3）结构缝破损处理。溢流面结构缝有冲蚀坑的部位，按照冲蚀坑的方法进行修补，中间预留伸缩缝，主要工艺如下。

a. 根据缝面破碎情况，清除碎裂混凝土，保留原钢筋，并将碎渣及粉尘清理干净。

b. 切边。沿破碎带边缘进行矩形化放线，切割机切割深度控制在 4～5cm，并凿除破碎侧混凝土。

c. 回填。预留结构缝缝内设置 1～2cm 耐候胶板。缝两侧先后分区回填弹性环氧砂浆（混凝土）。先涂刷一道环氧封闭底漆，待表干后，由最深处开始逐层回填，每层厚度不得大于 5cm，依次回填，直至与原结构面齐平。

d. 填缝找平。修补材料固结后，除去耐候胶板，采用弹性涂料填充找平结构分缝，确保修复后的溢流面与原体型一致且平顺。

3.3.4 典型案例

1. 工程概况及存在问题

SK 水电站溢洪道汛期泄洪频繁，运行以来经历了 1998 年特大洪水，2005、2006、2010 年等多场大洪水考验。溢洪道经过多年运行，各孔溢流面混凝土均出现不同程度的冲蚀及磨损，局部骨料裸露。

2. 解决方案

2018 年采用封闭底胶＋HK－E003 弹性环氧砂浆＋HK－968 弹性环氧涂层的复合结构对溢流面进行抗冲磨保护修复，具体施工工艺如下。

（1）清理基面：用磨光机打磨、清除原 961 涂层，采用高压清洗机，冲洗混凝土基面，清除混凝土表面浮渣、风化层、青苔等杂物，完全露出新鲜混凝土。

（2）裂缝灌浆：对混凝土裂缝进行化学灌浆处理，表面采用 HK－968 弹性环氧涂料进行“两胶一布”的表面恢复。

（3）中涂层刮涂：对混凝土表面缺陷进行修补找平，涂刷底胶，整体刮涂 HK－E003 弹性环氧砂浆找平溢流面表面，确保溢洪道表面混凝土平顺。

（4）面层弹性涂料：待砂浆表干，涂刷底胶，满刮 HK－968 弹性环氧涂料，直至厚度达到 1.5mm，涂料完全覆盖混凝土基面，刮涂均匀、无遗漏。HK－968 弹性环氧涂料满刮施工结束后，常温下干燥养护即可。

3. 实施效果

2018 年后溢流面经历多次泄洪，整个溢流面环氧涂料保护涂层表面无破损、开裂、磨损及老化现象，边缘无起边，面层保护层与混凝土之间黏结稳定，抗冲磨保护效果良好。溢流面冲磨保护处理前后对比如图 3－2 所示。

(a) 处理前

(b) 泄洪后

图 3－2　溢流面冲磨保护处理前后对比图

3.4　混凝土防劣化治理技术

混凝土作为最为通用的工程材料，具有易成形、易维护，成本经济，抗水性、抗火性、抗循环载荷优良等特点，因而被广泛用作建筑材料。但从微观结构出发，其本身存在的 50μm 以上的孔以及贯穿的微细裂缝可容许水分、空气携带劣化因素自由进出；在建设或运行过程中，由于施工条件、运行条件的复杂变化，会出现裂缝、蜂窝麻面、气孔等缺陷，这些缺陷成为水、二氧化碳气体、酸雨以及氯离子进入混凝土的通道，对混凝土造成冻融、碳化等侵蚀，致使混凝土的性能随时间的延长不断劣化，生物附着分泌的酸性物质也会对混凝土造成侵蚀。服役环境的恶劣性以及温室效应、酸雨等气候条件的恶化，进一步加剧了混凝土的劣化进程，为了延长混凝土建筑物的使用年限，需要通过外防护技术来进一步提升混凝土结构的耐久性。

3.4.1　混凝土冻融破坏治理技术

混凝土的多孔结构和裂缝为水分的入侵提供了通道，冰的形成会引起 9%的体积膨胀，循环往复，表层混凝土出现疏松、开裂、脱落等现象，造成冻融破坏。水、入侵通道、低温是导致混凝土发生冻融破坏的三要素，冻融破坏的预防和治理主要采用防水防渗的原理。冻融破坏一般发生在存在较大的温差变化的地区，由于修补材料的线膨胀系数与原混凝土的线膨胀系数很难达到一致，通常采用渗透型或弹性涂层。对水位变化区和水流冲刷部位的防护，涂层还应具有抗冰拔力和抗冲磨的性能。

1. 渗透型涂层

渗透型涂层主要是利用氟、硅元素的低表面能，涂刷到混凝土表面后起到疏水的作用，使水能顺畅地从混凝土表面流走，从而防止水分渗入混凝土内部，如图 3－3 所示。这类涂层的抗剥离性一般，由于黏度低且无色，很难确保对混凝土的毛细孔进行了完全封闭，因此不适用于水长期浸泡、水力冲磨等有其他外力作用的部位。渗透型涂层的材质主要有氟碳类和有机硅类，其中氟碳类的处理效果更好，但其成膜更致密，混凝土中的湿气更容易引起气泡，施工时对混凝土基材干燥程度的要求更高；有机硅类更多地保留了混凝土原有的气孔结构，不存在起泡的问题。

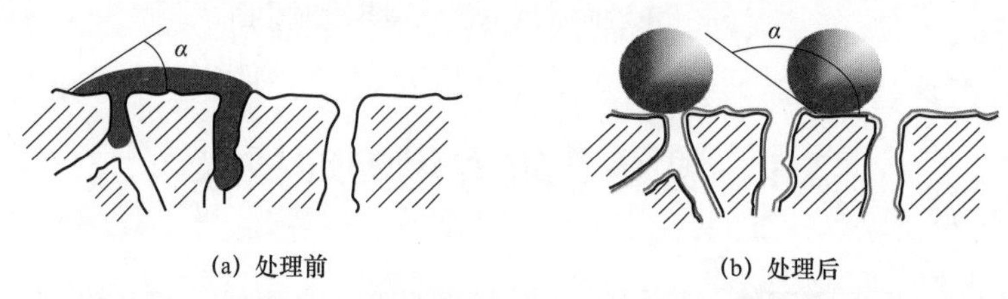

(a) 处理前　　(b) 处理后

图 3－3　渗透型涂层处理前后普通建筑材料吸水的微观示意图

（1）硅烷类渗透浸渍型涂料。硅烷类渗透浸渍型涂料具有优异的渗透性，能够渗入混凝土材料内部，与无机硅酸盐类基材通过化学反应生成稳定的网状硅树脂结构，保护基材的内部结构免受水损害。根据一次性施工厚度，可分为液体和膏体，有效成分含量通常大于 80%。涂刷后能有效减少氯离子渗透 90%以上，还具有优异的耐水性和耐碱性，吸水率比小于 7.5%，经 0.1M NaOH 溶液浸泡 24h，吸水率比小于 10%。

涂料的施工应在混凝土终凝并按照材料龄期养护后进行，以便不影响胶凝材料的硬化。施工方法包括基面清理、基面干燥、涂层施工、涂层养护等步骤。浸渍施工前需要清扫表面的浮尘和杂质，必要时可采用压缩空气或高压水射流进行清理。涂料施工必须在表面干燥的混凝土上，最佳的施工工艺是采用无气喷涂，可轻易控制涂层厚度；如果用于小面积的施工，则可以采用毛刷、羊毛辊或者铲刀作为施工工具。材料通常需要涂刷两遍，如遇下雨，应立即停止施工，并对已浸渍施工表面采取覆盖保护。

（2）氟碳类渗透成膜型涂料。氟碳类渗透型涂层具有极低的表面能，表面灰尘可通过雨水自洁，同时具有极好的疏水性（最大吸水率小于 5%），不会黏尘结垢，防污性好。氟碳类渗透型涂层根据作用不同可分为底涂、中涂和面涂。氟碳类渗透型涂层施工方法包括混凝土基层处理、基面找平、底涂施工、中涂施工、面涂施工、养护等步骤。混凝土基层处理要求把所有松散的表面、浮灰及已变色表面打磨掉，保护涂料施工前，混凝土基层的含水率应不大于 10wt%。底涂料施工要求使用前充分搅拌，用滚筒均匀用力进行涂刷，保证整体的均匀。底涂必须完全覆盖，无遗漏，否则在基材渗水的情况下，很容易造成涂膜破裂，从而导致涂膜耐久性下降。

2. 弹性涂层

（1）聚脲弹性涂层。聚脲是指分子结构中存在脲基“–NH–CO–NH–”结构的高分子材料，由于脲基的存在，分子间氢键作用增强，因此聚脲具有类似于硫化橡胶的高拉伸强度和高延伸率性能。根据聚脲分子中其他结构的不同，又分为全聚脲、半聚脲和天门冬氨酸酯聚脲等；根据施工方式的不同，分为手刮聚脲和喷涂聚脲；根据固化方式的不同，分为单组分聚脲和双组分聚脲。

（2）环氧改性聚氨酯弹性涂层。聚氨酯是指分子结构中存在氨基甲酸酯基“–NH–CO–O–”结构的高分子材料，氨基甲酸酯基的氢键作用没有脲基的氢键作用强，因此聚氨酯的拉伸强度普遍低于聚脲。环氧改性聚氨酯涂料通过采用环氧基团嫁接的方式，对传统聚氨酯材料进行了改性，平衡了拉伸强度、断裂伸长率和黏结强度三个性能的关系，在混凝土表面容易实现抗剥离的效果。

环氧改性聚氨酯涂层的施工工艺包括基面清理、材料配制、涂刷抗碱封闭底漆、涂刮弹性涂料、养护等步骤。清理基面要求用打磨机或抛丸机等将混凝土需涂刷部位打磨干净，除去浮尘，保持基面干燥。按要求比例配制涂料并充分混合后再进行涂刮。涂刷抗碱封闭底漆要求在基面形成一道连续的薄浆层，涂刮弹性涂料要求用漆刷涂刷或用刮刀刮涂，若有厚度要求，应表干后继续涂刷，表干前应注意采取防雨措施。

3.4.2　混凝土碳化侵蚀治理技术

空气中二氧化碳气体渗透到混凝土内，与其碱性物质起化学反应后生成碳酸盐和水，使混凝土碱度降低的过程称为混凝土碳化。碳化是混凝土所受到的一种化学侵蚀，其最直接的危害是引起混凝土内钢筋的锈蚀，发生膨胀，将混凝土保护层胀裂、剥落。碳化的程度和速度主要受二氧化碳浓度、湿度、混凝土的密实性以及水泥的品种、骨料的性质等因素影响。碳化的治理主要是阻隔二氧化碳气体进入混凝土内部，防护材料应能在混凝土表面形成致密的保护层。在承受水流冲刷的部位，应采用抗剥离防护涂层技术；其他部位可选用普通的乳液砂浆、环氧砂浆、环氧胶泥、聚脲、聚氨酯等防护涂层技术。其中，聚脲和聚氨酯涂层同混凝土冻融破坏治理技术章节，本节不再赘述。

1. *砂浆类*

（1）聚合物水泥砂浆。聚合物水泥砂浆由高分子乳液、普通硅酸盐水泥、砂等配制成，高分子乳液的加入提高了水泥砂浆的韧性、致密性、抗渗性、抗裂性以及与基材的黏结性，可采用喷涂或刮涂的工艺在混凝土表面形成完整、致密的防渗砂浆层，起到防止水分、二氧化碳入侵的作用。施工方法包括基面清理、材料配制、涂刷净浆、砂浆施工、养护等步骤。基面清理要求采用钢刷或角磨机清除混凝土表面浮尘和杂物，用高压水冲洗干净，保持基面潮湿且无浮水。有渗漏水的部位必须先封堵渗水或埋设灌浆管引流，再进行聚合物水泥砂浆施工。

（2）环氧树脂砂浆。环氧树脂砂浆是一种采用高强改性环氧树脂浆液作为胶结材料，以砂、粉料为基料制备的复合材料。常温下固化快，具有强度高、抗冲击、耐磨损、耐腐蚀、抗冻性好等优点，同时具有与新老混凝土及钢筋黏结良好、施工工艺简便等特点。环氧树脂砂浆可在混凝土表面形成致密的防护层，起到防止碳化侵蚀的作用。环氧砂浆的强度较高，可以达到110MPa以上，使用时应注意根据现场条件合理分层、分缝和养护，避免出现空鼓和开裂现象。施工方法包括基面准备、涂刷基液、材料配制、砂浆施工、养护等步骤。

2. *环氧胶泥*

环氧胶泥是一种由改性环氧树脂制备的有机高分子胶泥，可用于混凝土表面抗冲磨保护处理以及混凝土表面不平整、蜂窝麻面、气泡等缺陷的表面封闭处理。环氧胶泥在混凝土表面形成致密的防护层，起到抗冲耐磨、防止碳化侵蚀的作用。施工方法包括基面清理、材料配制、刮涂施工、养护等步骤。清理基面要求凿除表面松散层，清除表面油污、粉尘及砂粒。刮涂施工要求先将混凝土表面上的气孔、麻面、凹槽用胶泥填满，待表干后再批刮第二道环氧胶泥。

3.4.3 淡水壳菜污损侵蚀治理技术

淡水壳菜侵蚀属于生物侵蚀的一种，主要发生在我国的长江中下游及长江以南的地区。淡水壳菜主要代谢产物为乙酸、丙酸和丙三醇，乙酸和丙酸导致周围水的pH 值降低，对水泥水化产物有侵蚀分解作用，而丙三醇的醇羟基具有亲水性，可在一定程度上改变混凝土表面特性。淡水壳菜在格栅上大量滋生，会减少格栅过水能力；在建筑物表面附着，增大了输水建筑物的糙率，造成系统输水能力降低；堵塞水质监测用的取样管、水位计管以及泵组和发电机涡轮的冷却水管等，造成生产事故。目前控制和预防淡水壳菜的措施主要有物理方法、化学方法和生物防治等三种。化学方法容易造成水体污染，生物防治难以取得立竿见影的效果，因此，通常采用物理方法。物理方法主要包括离水干燥、用高盐度水或高温水浸泡喷淋、人工或机器直接刮除、紫外线照射、超声波处理、施加电流电压、调节水流速、涂料防附着等。

3.4.4 典型案例

1. HS 水库大坝防冻融破坏治理

HS 水库是以城市供水为主，兼顾灌溉的大型综合利用水利枢纽工程。拦河大坝为混凝土重力坝，最大坝高 51.60m，主坝坝顶全长 349.0m，其中左岸挡水坝段长 116.0m，右岸挡水坝段长 110.0m，溢流坝段长 69.0m，引水坝段长 16.0m，门库坝段长 38.0m。挡水坝段坝顶宽度为 8m，坝顶高程 138.20m，最低建基面高程 86.60m。为了最大程度地降低上游坝面内部混凝土对表面混凝土的约束，限制上游坝段裂缝的产生，吸取已建工程的经验教训，采用 HK－966 弹性涂料及其配套材料对上游坝面混凝土以及溢流面混凝土进行了防护整体涂装防护。HS 水库大坝上游面涂装照片如图 3－4 所示。施工工艺为基面处理—涂刷底漆—刮找平腻子—涂刷界面剂—涂刮 HK－966 涂层到要求厚度。水库大坝溢洪道混凝土过流面设有弧形闸门钢埋件，为使抗冲磨涂层在高速水流冲刷下运行可靠，对溢流面和闸门侧墙的起始边采取了开微细缝槽嵌填的处理方案。5 年后回访，除了溢流面有一处小的破损需要修补外，其余部分均完好。

2. TX 水库大坝溢流面抗冲磨防碳化侵蚀治理

TX 水库是一座以防洪、灌溉为主，结合发电、供水、养鱼、旅游等综合利用的大（2）型水利枢纽工程。水库坝址以上集雨面积为 176.0km^2，水库加固改造后总库容为 1.515 亿 m^3。水库正常蓄水位为 82.65m，设计洪水位（$p=1\%$）为 89.63m，校核洪水位（$p=0.01\%$）为 91.76m，发电死水位为 59.75m。该库工程始建于 1978 年，1985 年竣工。经过多年的运行，水库大坝溢流面存在多处裂缝，并有不同程度的碳化。经过研究，为保证大坝溢流面的安全稳定运行，需要对溢流面进行整体防劣化抗冲磨处理。2022 年，对溢流面的裂缝和伸缩缝进行灌浆处理后，采用 HK－E003 弹性环氧砂浆对局部孔洞及蜂窝麻面进行了修复，最后在表面涂刮 2mm 厚 HK－968 弹性环氧涂料。2023 年汛期泄洪后观察，涂层保持完好，实现了对溢流面的有效防护。TX 水库大坝溢流面抗冲磨防碳化侵蚀治理照片如图 3－5 所示。

图 3－4　HS 水库大坝上游面涂装照片

(a) 2022年处理前

图 3－5　TX 水库大坝溢流面抗冲磨防碳化侵蚀治理照片（一）

（b）2022 年施工完毕

（c）2023 年泄洪后

图 3－5　TX 水库大坝溢流面抗冲磨防碳化侵蚀治理照片（二）

3. GZ 蓄能电站生物侵蚀治理

GZ 蓄能电站的生物侵蚀以引水隧洞最为严重。物理方法中除涂料防附外，其余技术都属于淡水壳菜大量滋生后的杀灭手段，起事后治理效果；化学方法对于大容量的输水系统而言，成本较高，不具有实际意义，有害化学药剂的使用还将对电厂水库系统造成环境污染和生态破坏。涂料防附着方法作用直接、见效快，且能提高混凝土表面光滑度，便于实施刮除清理，还能起到保护混凝土结构的作用，综合比较属于相对合理、高效的、适用于工程中大规模应用的处理方法。

GZ 抽蓄工程对聚脲、硅烷、环氧树脂等 18 种混凝土防附涂料防止淡水壳菜附着的效果进行了附着试验研究。通过 9 个月的自然附着试验比较了各涂层材料的防附着性，最后得到排在第一梯队（附着密度在空白组的 15%以内）的材料有硅烷浸渍、氟碳树脂、SK－聚脲 1 和 SK－环氧 YEC，排在第二梯队（附着密度在空白组的 15%～30%）的材料有 SK－聚脲 2、改性硅酸盐和改性丙烯酸树脂。结合涂料的耐久性考虑，氟碳树脂和硅烷浸渍的耐久性相对较差，最后推荐采用弹性环氧涂层作为适用该工程的混凝土防附着材料。工程投入运行后，效果满足设计预期。

第4章

水电站大坝防洪安全隐患治理实践

4.1 概　述

水电站大坝防洪能力是有限的，大坝只能安全抵御其防洪标准以内量级的洪水，难以防御超标准的稀遇洪水。大坝防洪标准决定着其防洪安全能力。防洪安全是大坝运行安全最核心的要素之一，从国家能源局大坝安全监察中心历史上进行的五轮大坝安全定期检查情况可知，被评为病坝的有不少大坝存在防洪安全问题。对于水电站大坝，其防洪标准变化、设计洪水增大、水库调度原则改变、水库调洪库容减小、泄洪建筑物泄流能力不足等因素均可能造成水库调洪水位升高。水库设计和校核洪水位升高、大坝坝顶沉降等因素均可能造成大坝实际防洪能力不满足规范要求，大坝可能会面临潜在的防洪安全风险，汛期存在度汛安全隐患。

水电站大坝运行过程中，以下情况可能会对防洪安全产生影响，进而可能导致大坝防洪安全隐患。

1. 大坝防洪标准偏低

水电站大坝防洪标准主要依据《防洪标准》《水电工程等级划分及洪水标准》等规范，或上级主管部门关于防洪标准的批准文件确定。水电工程防洪标准包括枢纽建筑物的设计标准、校核标准和下游防护地区的防洪标准。我国部分水电站大坝防洪标准偏低有多方面原因。首先，我国在1964年之前没有统一的、适合我国国情的水电工程防洪标准，其后虽制定了有关标准，但部分工程采用历史洪水作为设计标准，加上设计时水文系列短缺以及“三边”工程影响等原因，导致部分大坝原设计采用的防洪标准偏低，如天桥、回龙山、大洪河、修文等水电站原设计防洪标准低于现行规范要求；其次，随着社会经济的发展，特别是水电站大坝下游重要设施的建设、城镇的发展带来水库的工程任务、规模发生变化，按现行规范所规定的防洪标准可能会提高，使得原设计防洪标准不满足现行规范要求；最后，部分梯级水电站存在上下游电站洪水调度或者洪水标准不协调的情况，如永定河上的珠窝、落坡岭两座大坝均以官厅峡谷区间洪水作为设计标准，当遇到重现期 50 年洪水时，要求官厅水库“滴水不放”，但这与官厅水库的洪水调度原则不配套，因而当遇到大洪水时，珠窝、落坡岭两座大坝的防洪安全缺乏保证。

2. 设计洪水变化

水电站大坝投运以后，随着运行期延长，水文系列增加，特别是运行期发生特大洪水或出现不利洪水过程等原因，均可能导致原设计洪水发生变化。佛子岭水电站的设计洪水就是由于水文系列的延长而多次变化的典型例子，特别是 1969 年 7 月佛子岭水库流域发生洪水，由于水库原设计防洪能力不够，再加上控制运行不当，最后因电源中断，溢洪道闸门未能全部开启而造成佛子岭大坝洪水漫过防浪墙顶。佛子岭水电站于 1956、1964、1966、1978 年以及 1992 年经过了多次设计洪水复核，水文系列延长引起大坝设计洪水成果的改变，使大坝的调洪水位超出了原设计水位，造成大坝防洪存在安全隐患，大坝运行单位最后根据设计洪水复核成果加高了大坝坝顶，并扩建溢洪道来消除防洪安全隐患。丰满水电站在大坝安全定期检查期间，在原设计成果基础上增加了相对不利的典型洪水过程，调洪复核表明水库校核工况调洪水位有所增加：丰满原设计采用的洪水典型为 1953 年和 1960 年型，均为单峰型；首次定检 1996 年复核时增加了 1995 年的前主后次双峰型洪水；2004 年白山、丰满水库防洪联合调度方案选择了 1953 年和 1960 年单峰型洪水过程线、1995 年的前主后次双峰型洪水过程线和 1991 年两峰相当后峰稍大双峰型洪水过程线作为典型；2010 年第三次定检复核时又增加了 2010 年洪水典型。河北张河湾抽水蓄能电站大坝首次定期检查时，由于 2016 年坝址区域发生特大暴雨，设计单位采用发生的特大暴雨开展上水库设计洪水复核，上水库校核洪水洪量增大近 1 倍，导致上水库校核洪水位抬高，进而对大坝防洪安全性造成一定影响。辽宁蒲石河抽水蓄能电站在竣工安全鉴定阶段考虑实测特大暴雨后，其上库坝设计暴雨成果较可行性研究阶段增加约 30%，校核洪水位较可行性研究阶段抬升 0.42m，在挡水坝段已完建且没有增加泄洪设施条件的情况下，为保证大坝防洪安全，进行了运行调度原则的优化。

3. 泄洪建筑物泄量不足

泄洪建筑物泄流曲线准确与否对大坝运行安全至关重要，对重要或泄流条件复杂的泄洪建筑物，需要进行水工模型试验确定其泄流曲线。水电站调洪计算时，除主要考虑泄洪建筑物泄量以外，在一定条件下可考虑水电站全部或部分机组参与泄洪，关于机组是否参与泄洪的原则，应根据现行《水电工程水利计算规范》的规定以及原设计条件综合确定。部分工程泄洪建筑物实际尺寸与设计存在偏差，导致设计泄流曲线与实际偏差较大；或下游行洪受阻导致泄洪设施泄流能力降低。如百龙滩大坝在乐滩水电站正常运行后，下游水位流量关系曲线发生变化，导致泄洪建筑物泄流能力有所降低。部分工程设计阶段调洪计算时机组全部参与泄洪，下泄能力增大导致调洪水位偏低，但调洪计算方法与设计规范不符，坝顶高程计算采用水位存在偏低的可能。

4. 水库调洪库容减小

随着水电站运行时间的增长，库区泥沙淤积逐渐增加，库容逐年减少，尤其是多泥沙河流上的水电站水库泥沙淤积更为严重。另有个别水库存在库区围垦、库尾拦湾养殖，或者水库运行过程中发生过较大规模的库岸滑坡等情况，将对库容产生一定影响。泥沙淤积或库区围垦会减小水库调洪库容，使水库的调蓄能力减退，有可能影响洪水调度，改变水库调洪水位，影响到大坝的安全运行。如青铜峡水电站水库自 1967 年 4 月蓄水运行至 1971 年，5 年内泥沙淤积使库容由原来的 6.06 亿 m^3 减少至 0.79 亿 m^3。1971 年以后，虽然采取“蓄清排浑”的运行方式，但至今水库的岸滩库容已基本淤满，目前总库容仅剩 0.25 亿 m^3。

5. 水库调度方案变化

部分工程投运后，水电站实际洪水调度方案、起调水位与原设计有所差异，导致设计洪水位有所变化，如安砂、上硐、回龙寨等水电站洪水调度方案均与原设计有所改变。此外，部分水电站汛期为了考虑下游地区的安全，未按批复的洪水调度方案运行，过多限制下泄流量，导致坝前水位被人为逼高，超出相应设计值。从减免下游淹没损失考虑，不按批复的调洪方案进行调度，一味地用减少下泄流量的办法与下游洪水错峰，虽然能够取得一定的效益，但从大坝安全角度来看存在相当大的风险，坝前水位被人为逼高后，若再来大洪水，就有可能引起漫坝等巨大灾难。1969 年 7 月，佛子岭水库在洪水期间漫坝的原因之一就是在洪水来临前片面追求灌溉效益，库水位超出汛限水位一米多，洪水来临时为了下游的局部利益，又延误了开闸泄洪时间。

6. 坝顶（防浪墙顶）高程不能满足防洪要求

大坝坝顶高程复核是判定大坝是否满足防洪标准的重要依据，对大坝进行除险加固时所采取的工程措施有很大的影响，大坝防洪安全是否满足要求一般最终都反映在大坝坝顶高程是否满足规范要求。浮石大坝首次定检时，根据洪水调节计算结果，设计复核重现期 300 年校核洪水位为 122.24m（比初步设计的校核洪水位高 0.92m），相应计算的坝顶高程为 124.54m。而浮石水电站实际坝顶高程为 123.30m，低于设计复核计算的坝顶高程 1.24m，不符合现行防洪安全规范，被评为病坝，后期通过增设防浪墙的措施，达到了其相应的防洪标准。

随着全球气候变化影响加剧，极端降雨、洪水事件频发，水电站大坝防洪安全面临严峻挑战，重视水库防洪安全，对保证大坝安全、促进国民经济高质量发展具有十分重要的意义。为了确保水电站大坝运行安全，保障其防洪安全，发挥其防洪作用，对于运行中的水库，需要根据新积累的水文资料和调度条件变化情况，复核大坝防洪能力，评价是否满足现行规范规定的防洪要求，若不能满足，则应提出临时的和长远的解决措施，使之达到规定的防洪要求。对于大坝防洪安全隐患，一般需要进行防洪安全专题研究，采用工程措施和非工程措施解决。非工程措施有降低汛限水位、上游水库梯级联调等；工程措施有加高坝顶（或防浪墙）高程、改扩建泄洪设施等。此外，也有个别大坝下游防洪安全风险很小，可经有关部门批准降低大坝防洪标准。

4.2 ZX 水电站大坝坝顶加高

4.2.1 工程简介

ZX 水电站工程以发电为主，兼顾防洪与航运等综合效益，设计装机容量 447.5MW，经扩机和增容改造，电站总装机容量 982.5MW。工程于 1958 年 7 月开工建设，1961 年 2 月下闸蓄水，1962 年 1 月第一台机组并网发电，1976 年工程竣工。扩机工程于 2005 年 2 月开工，2008 年 7 月机组并网发电。

ZX 水电站水库总库容 35.7 亿 m^3，为不完全年调节水库，原设计正常蓄水位 167.50m，死水位 140.40m，汛限水位为 161.50m（4 月 1 日～6 月 15 日），164.80m（6 月 16 日～7 月 15 日），167.50m（7 月 16 日～8 月 31 日），防洪高水位 170.00m，设计洪水位 171.19m（$P=0.5\%$），校核洪水位 172.71m（$P=0.1\%$）。

水库正常蓄水位于 1969 年、1972 年分别提高到 168.50m 和 169.50m，1993 年又改为 169.00m；扩机机组死水位为 152.00m；经防汛指挥机构批复的现行汛限水位为：165.00m（4 月 1 日～5 月 20 日），162.00～165.00m（5 月 21 日～7 月 15 日），165.00～167.50m（7 月 16 日～7 月 31 日），167.50～169.00m（8 月

1 日～9 月 30 日）。

电站枢纽由拦河大坝、引水建筑物、发电厂房及开关站、斜面升船机等组成，属一等大（1）型工程，大坝为 1 级建筑物。拦河大坝由溢流坝段的单支墩大头坝和非溢流坝段的宽缝重力坝组成，大坝原坝顶高程 174.00m，现坝顶高程 174.25m（扩机工程期间加高 0.25m），最大坝高 104.25m，坝顶全长 330m，溢流坝段布置带有简支胸墙的 9 个溢流孔，孔口尺寸为 12m×9m（宽×高），堰顶高程 153.00m，最大下泄流量 17030m³/s，采用差动式梯形鼻坎挑流消能。

溢流坝段布置在主河床，左岸为非溢流坝段，右岸为发电进水口坝段，斜面升船机及其下游引航道沿左岸岸边布置，扩机工程厂房布置在大坝右岸老厂房与开关站之间。电站枢纽平面布置如图 4－1 所示，大坝上游侧立视图如图 4－2 所示。

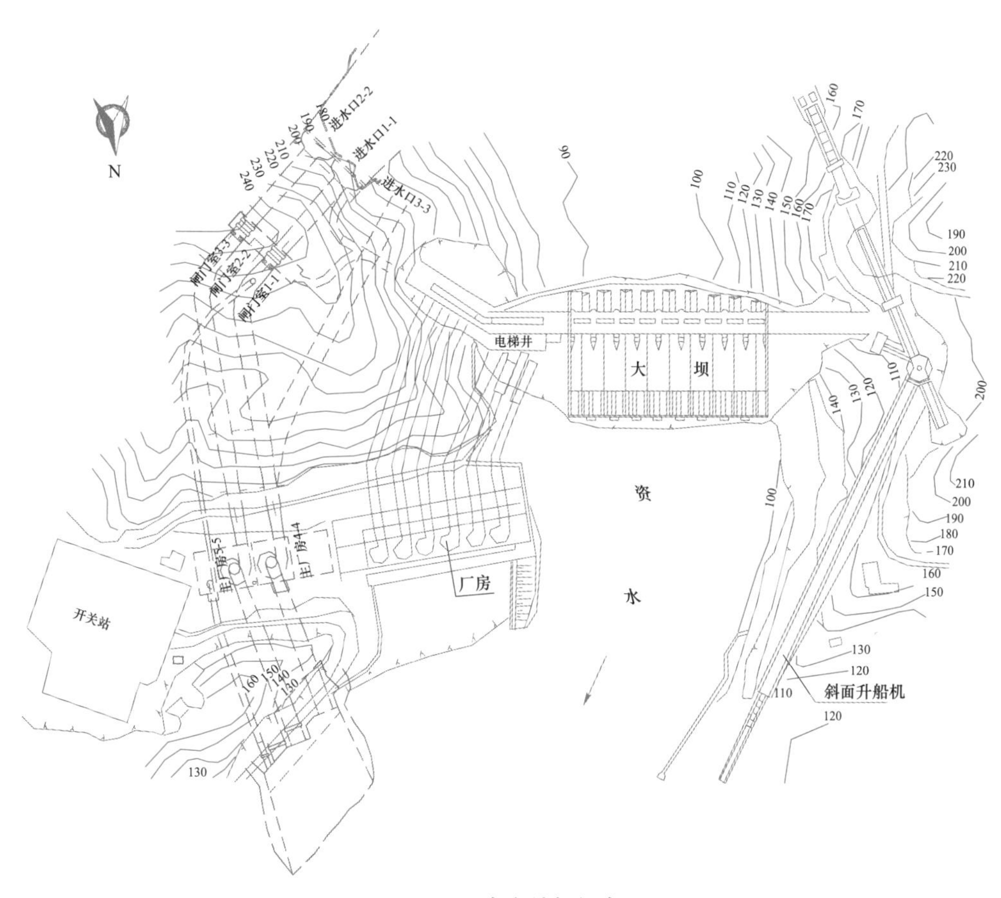

图 4－1　ZX 水电站枢纽布置图

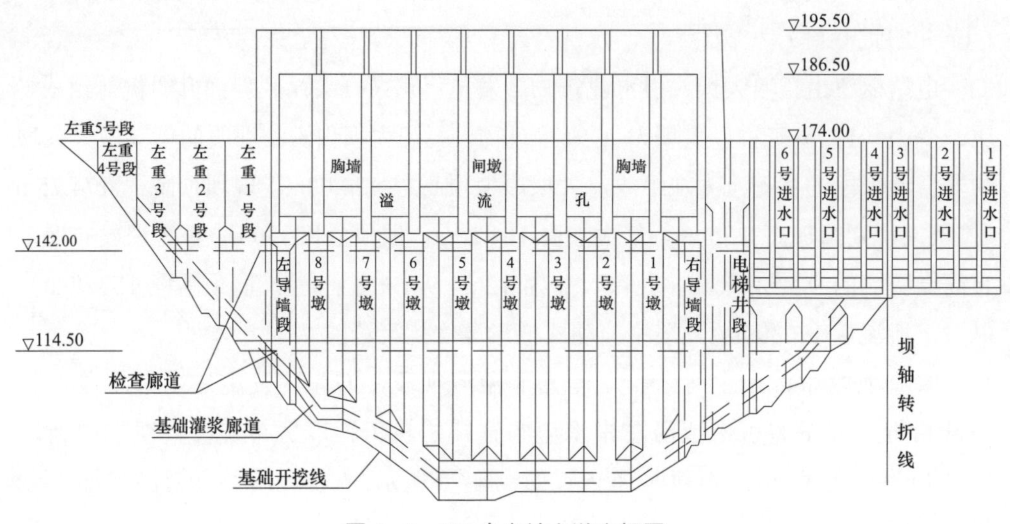

图 4-2　ZX 水电站上游立视图

4.2.2　防洪安全隐患

ZX 电站大坝原设计为一等大（1）型工程，主要建筑物为 1 级，设计洪水重现期为 1000 年，校核洪水重现期为 10000 年。初步设计审查时降为二等工程，设计洪水重现期为 200 年，校核洪水重现期为 1000 年一遇。1964 年设计单位对工程的设计洪水及大坝设计洪水标准进行了复核，由上级主管部门批复同意大坝设计洪水重现期 1000 年，校核洪水重现期 5000 年，明确右岸需要增建一条泄洪洞。1965 年 2 月，国家计委批示同意 ZX 大坝校核洪水标准按重现期 5000 年考虑，但同时确定泄洪洞缓建。其后，由于多种原因，泄洪洞一直未兴建，大坝实际防洪能力达不到批复要求。

ZX 水电站现总装机容量为 982.5MW，水库总库容 35.7 亿 m^3。根据《水电工程等级划分及洪水标准》，电站枢纽为一等工程，主要建筑物为 1 级建筑物，挡水、泄水等主要建筑物的设计洪水标准为 500～1000 年一遇，校核洪水标准为 2000～5000 年一遇。根据该工程实际情况及规范要求，ZX 大坝坝顶需高于重现期 2000～5000 年洪水对应水库洪水位，防浪墙顶需按规范考虑波高和相关超高确定。根据大坝安全监察中心前三次大坝安全定期检查结论可知，该工程自建设至今校核洪水标准虽未能满足批复的 5000 年一遇标准，但基本可满足 2000 一遇标准的规范下限要求。

ZX 水电站在大坝安全第四次定期检查时，由于 2016 年 7 月水库流域发生洪峰流量重现期接近 500 年的历史最大洪水，故开展了洪水和调洪复核工作，进一步复核了大坝实际防洪能力。复核计算的重现期 5000 年最高库水位 176.22m，重现期 2000 年最高库水位 174.85m，均高于大坝坝顶高程 174.25m，大坝现状防洪能力不满足批复的重现期 5000 年防洪标准要求，甚至达不到现行规范下限重现期 2000 年防洪标准的要求。

ZX 水电站工程建设于 20 世纪 50 年代，因历史原因，大坝校核洪水标准在设计建设初期考虑较低，虽然建设后期进行了复核提高，但因种种原因，仅提高了批复的洪水标准，但提高防洪标准需采取的增建泄洪洞的措施并未实施。随着运行期水文资料系列的延长、洪水调度方案变化等因素的影响，大坝目前防洪能力既不能满足上级批准的重现期 5000 年的防洪标准，也达不到现行规范防洪标准下限重现期 2000 年的要求，直接威胁大坝防洪安全。

根据大坝安全第四次定期检查意见提出的安全监管要求，必须采取必要的工程治理措施，消除 ZX 大坝防洪安全隐患，以保证大坝运行安全。大坝运行管理单位根据国家能源局大坝安全监察中心相关要求，按照《水电站大坝除险加固管理办法》有关程序开展了大坝防洪安全隐患治理工作，以确保大坝防洪能力能达到批准的防洪标准。

4.2.3　隐患治理方案研究

1. 现状防洪能力复核

（1）设计洪水复核。2016 年 7 月，ZX 水电站所在流域发生特大洪水，入库洪峰流量重现期接近 500 年一遇，为历史最大洪水。大坝安全第四次定期检查时将入库洪水峰量系列延长至 2016 年进行洪水复核，推荐采用的设计洪水成见表 4-1。

表 4-1　　ZX 水电站入库设计洪水成果表

P（%）	0.02	0.05	0.1	0.2	1	5	10
Q_m（m^3/s）	26000	23900	22300	20600	16800	12900	11200
W_{3d}（亿 m^3）	53.7	48.9	45.3	41.7	33.1	24.5	20.7
W_{5d}（亿 m^3）	73.0	66.5	61.6	56.6	45.0	33.3	28.1

（2）防洪能力复核。ZX 水电站汛期防洪运行控制水位为：4 月 1 日～5 月 20 日以 165.00m 控制，5 月 21 日～7 月 15 日控制在 162.00～165.00m，7 月 16～31 日限制在 165.00～167.50m，8 月 1 日～9 月 30 日限制在 167.50～169.00m。

洪水调节复核起调水位采用 162.00m。在设计防洪高水位 170.00m 以下时，按满足下游防洪要求进行洪水调度，即利用汛期预留的防洪库容为下游防洪拦洪错峰，使水库下泄流量与区间流量组合后，不超过防洪控制断面的安全控制泄量9700m^3/s。当水库调洪水位达到防洪高水位后，为确保大坝安全，转入大坝防洪调度，按来流量控制下泄，当因泄洪能力受限时，水库水位将自然升高。

洪水调节复核成果表明：1000 年一遇洪水调洪计算最高库水位为 173.74m，低于坝顶高程 0.51m，低于防浪墙顶高程 1.81m；2000 年一遇洪水调洪最高库水位为174.85m，超过坝顶高程 0.60m，但低于防浪墙顶高程 0.70m；5000 年一遇典型入库洪水的调洪最高库水位为 176.22m，超过现状坝顶高程 1.97m，超防浪墙顶高程0.67m。洪水调节复核成果见表 4－2。

表 4－2　　ZX 水电站洪水调节复核成果表

项目	频率（%）		
	0.1	0.05	0.02
入库流量（m^3/s）	22300	23900	26000
最高库水位（m）	173.74	174.85	176.22
最大下泄流量（m^3/s）	15850	16201	17010
坝顶高程（m）	174.25	174.25	174.25
防浪墙顶高程（m）	175.55	175.55	175.55

由洪水调节复核成果可知，大坝现状防洪能力达不到批复的重现期 5000 年防洪标准，同时不能满足现行规范下限重现期 2000 年防洪标准要求。

2. 治理方案选择

针对 ZX 大坝防洪安全隐患治理，有增大泄流能力、优化防洪调度方案、大坝坝顶加高三种治理方案。

（1）方案一：增大泄流能力。泄流能力增加是治理防洪安全隐患的有效措施，通过增大枢纽泄流能力，降低水库调洪水位，可使得大坝坝顶高程满足规范要求。针对 ZX 水电站工程，可采用对现有泄水建筑物进行改造或增建泄水建筑物的措施。

ZX 水电站枢纽泄水建筑物是布置在河床中部的 9 个带胸墙的孔口式溢流表孔，孔口尺寸 12m×9m（宽×高）。若采用泄洪表孔改造方案，须拆除表孔胸墙，将现有的孔口式表孔改造为开敞式，以增加泄流能力。为减少对原建筑物的影响，溢流表孔宽度宜维持不变，经计算分析，改造后的表孔孔口高度约为 15m，远大于现状的 9m，表孔闸门及配套启闭装置均需全部更换，闸门挡水高度明显增大将导致闸门槽尺寸、配筋不足，闸墩尺寸及配筋也可能不足。此外，大坝建设时采用的建筑材料、施工工艺、质量管理等均存在一定局限性，大坝混凝土结构质量可靠性相对较差，且大坝为宽缝重力坝和单支墩大头坝型式，结构单薄，对大坝结构进行大范围改造可能会对坝体结构造成损伤破坏，影响大坝的结构完整性，进而威胁大坝安全。采用对现有泄水建筑物进行改造的方案风险较大，可操作性较差。

1964 年，上级批复方案为增建泄洪洞，具体推荐将布置在大坝右岸的导流洞改建为泄洪洞以提高大坝的防洪标准。洪水调节计算成果表明，为满足重现期 5000 年防洪标准要求，若增建 170.00m 启用的泄洪洞，泄洪洞规模需在 3500～4000m^3/s。不同泄洪洞规模洪水调节成果表见表 4–3。

表 4–3　　不同泄洪洞规模洪水调节成果表

项目	泄洪洞规模（m^3/s）		
	3000	3500	4000
重现期 2000 年水位（m）	173.27	172.98	172.69
重现期 5000 年水位（m）	174.58	174.28	173.98
坝顶高程（m）	174.25	174.25	174.25
防浪墙顶高程（m）	175.55	175.55	175.55

（2）方案二：优化调度方案。通过降低水库运行水位，预留较大的防洪库容在一定程度上可提高大坝的防洪能力。洪水调节计算假定降低防洪高水位至 169.00m，下游防洪对象安全泄量按 9700m^3/s，水库控泄 6000m^3/s，按保持防洪库容不变和保持汛限水位不变两种方式分别进行调洪计算。保持防洪库容不变，2000 年和 5000 年一遇洪水调洪计算最高库水位分别为 174.64m、176.01m；保持汛限水位不变，2000 年和 5000 年一遇洪水调洪计算最高库水位分别为 174.68m、176.10m。优化调度方案洪水调节成果表见表 4–4。

表 4–4　　优化调度方案洪水调节成果表

项目	最高库水位（m）	
	防洪库容不变	汛限水位不变
2000 年一遇	174.64	174.68
5000 年一遇	176.01	176.10
坝顶高程	174.25	174.25
防浪墙顶高程	175.55	175.55

通过优化洪水调度，2000年和5000年一遇设计洪水调洪计算最高库水位仍然超174.25m的坝顶高程。

（3）方案三：大坝坝顶加高。加高挡水坝不仅可增大调洪库容，同时也因上游水位的升高，表孔的泄流能力相应增大，可提高挡水坝的防洪能力。经分析计算，为将该工程挡水坝防洪标准提高至满足相关规范要求，大坝坝顶需加高约3～4m，通过优化加高结构设计，使加高方案对现有建筑物的安全及工程的正常运行影响控制在较小范围内。总体而言，大坝加高结构规模较小，投资也相对较小。

（4）方案比选。2008年，ZX水电站扩机工程占用了原缓建泄洪洞的位置，原导流洞也在扩机建设中进行了封堵处理，故原缓建的泄洪洞方案已不具备实施条件。大坝左岸上游有小片居民区分布，下游布置了斜面升船机及其下游引航道，且下游河道在距离坝址约400m处即向右转弯约90°，故左岸无合适地形条件布置新增泄洪洞。若在右岸新增泄洪洞，则只能布置在扩机进水口的右侧，而右岸下游侧分布有发电厂房、开关站等建筑物，泄洪洞的出口难以布置。从地形上看，右岸山体分布有一条下切较深的大冲沟，导致泄洪洞的线路布置也存在较大困难。若确需新增泄洪洞，经初步估算，其长度超过1km，直径超过11m，工程投资较大，且隧洞施工对电站正常运行也会造成较大影响。

工程所处流域洪水特性为洪水历时较长、洪量大，降低汛限水位增加的调洪库容相对洪量而言占比较小，校核洪水位受降低汛限水位、增加调洪库容的影响不敏感，故采取降低汛限水位的措施难以解决大坝防洪能力不足的问题。

综合以上各种提高该工程大坝防洪能力措施的分析可知：提高工程泄洪能力存在诸多困难，且对工程正常运行的影响及投资均较大；优化调度运行对提高大坝防洪能力的效果有限，难以彻底解决问题；根据该工程枢纽现状特点，综合分析，采用加高大坝的措施来提高其防洪能力，是目前技术可行且经济合理的方案。

4.2.4 大坝坝顶加高

1. 坝顶加高方案研究

（1）坝顶高程。大坝坝顶高程应由正常运用和非常运用两种工况中的较大值确定，该工程由校核洪水工况确定坝顶高程。按5000年一遇洪水工况，坝顶高程应高于176.22m，防浪墙顶高程应高于177.755m。此外，为了方便坝顶巡视检查及保持坝顶美观协调，坝顶加高后人行道与防浪墙顶部的高差不宜大于1.2m。坝顶高程计算成果表见表4－5。

表 4-5　坝顶高程计算成果表

运行工况	坝前水位（m）	波浪中心线至计算水位高度 h_z（m）	安全超高 h_c（m）	波高 h_1%（m）	计算要求高程（m）
正常蓄水位	169.00	0.482	0.7	1.283	171.465
5000 年一遇洪水	176.22	0.262	0.5	0.773	177.755

（2）加高方案比选。ZX 电站大坝坝顶高程 174.00m，在 2005 年扩机建设时将坝顶高程加高至 174.25m，目前防浪墙顶高程为 175.55m。大坝需加高约 3.5m（至防浪墙顶），综合考虑大坝的具体情况，并参考国内外类似工程的加高经验，设计拟定了两种加高方案：方案一为在大坝坝顶上游侧一定范围内进行加高加固，如图 4-3 所示；方案二为将整个坝顶进行加高加固，如图 4-4 所示。

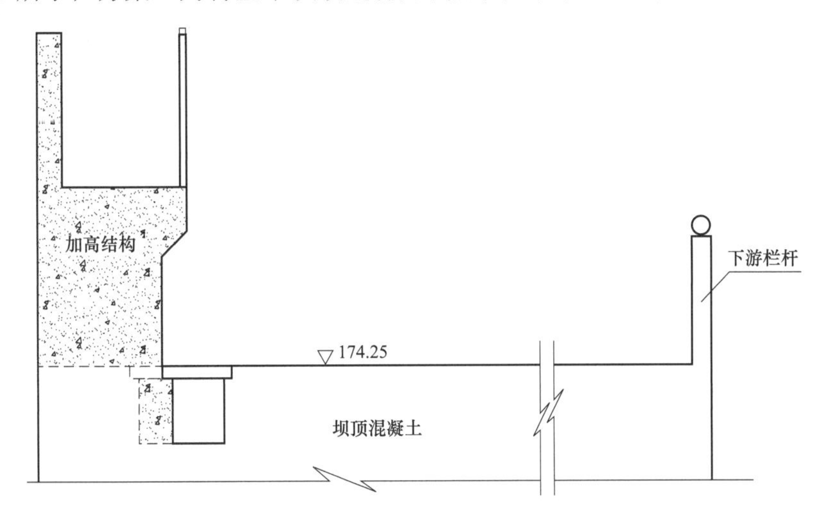

图 4-3　坝顶加高方案一示意图

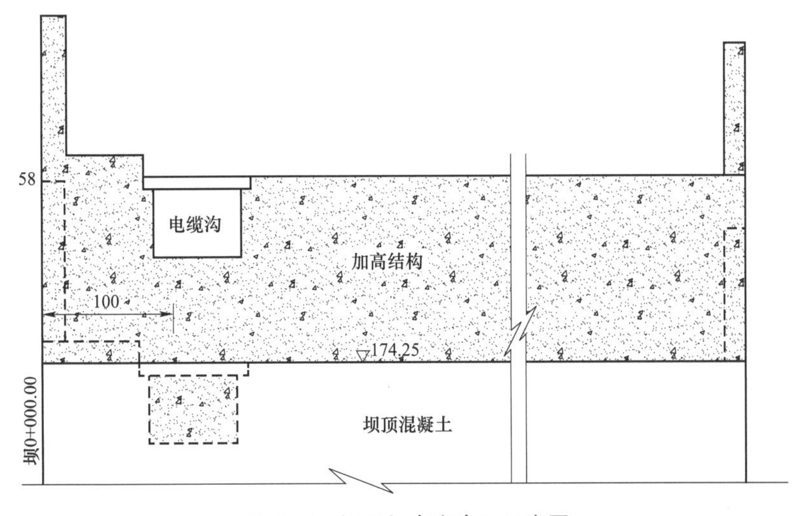

图 4-4　坝顶加高方案二示意图

大坝坝顶现有主要结构包括泄洪表孔及发电进水口顶部的启闭机房和排架，上、下游防浪墙，人行道，电缆沟，位移沉降监测点，照明系统，绞车房，值班房，气象观测装置，防护栏杆等。

方案一仅在现有坝顶上游侧的一定范围内进行加高改造，影响的主要结构或建筑物为上游防浪墙、上游位移监测点、人行道、电缆沟、上游照明系统、1～3 号进水口坝段顶部的梁板结构，其中仅 1～3 号进水口坝段顶部的梁板结构规模较大，改造稍复杂，其他结构均较易改造。该加高方案设计、施工均较简单，工期短，对工程的正常运行影响干扰小，造价较低。

方案二对挡水坝坝顶进行整体加高改造，现有坝顶所有结构均需改造或重建，主要包括坝顶值班房和绞车房、泄水表孔及发电进水口顶部的启闭机房和排架结构、泄水表孔顶部的交通桥等梁系结构、1～3 号进水口坝段顶部的梁板结构、泄水表孔及发电进水口的闸门槽及其埋件、右岸连接至扩机进水口的交通洞、坝顶监测系统、坝顶电气系统、防浪墙、电缆沟以及其他所有细部结构等。其中坝顶绞车房、值班房需拆除重建，坝顶启闭机房及排架需整体拆除重建，坝顶梁系需整体拆除重装或重制，各闸门槽及埋件需改建延长，右岸交通洞底部回填、断面减小，1～3 号进水口坝段顶部梁板结构重建，表孔闸墩整体加高。该加高方案设计、施工复杂，改造工程量大，施工工期长，对现有工程的正常运行影响干扰大，造价高。

综合对比两个加高方案，加高方案一在设计施工难度、工程影响、造价等方面均明显优于加高方案二，故选择加高方案一作为本次大坝加高改造的推荐加高方案。

2. 大坝结构安全复核

大坝坝加高后，校核洪水工况与原设计条件有明显改变，由于外部运行条件变化，ZX 坝体的稳定应力情况将有所改变。

（1）大坝整体稳定及应力复核。根据工程枢纽建筑物的组成及布置特点，选取了左非 1 号坝段、溢流坝 3 号支墩坝段、6 号发电进水口坝段作为典型坝段进行稳定应力计算。计算方法分别采用了材料力学法和有限元法。

从各典型坝段材料力学法的计算成果来看，各坝段在正常工况、设计洪水工况下稳定和应力均满足规范要求。对于 5000 年一遇洪水工况，大坝建基面稳定仍能满足规范要求，但左岸岸坡坝段坝踵处出现了拉应力，拉应力最大值 0.01MPa。

根据典型坝段的有限元计算结果可知：河床泄水坝段建基面在各工况下均未出现拉应力，坝基应力状态良好；岸坡坝段建基面在正常工况下未出现拉应力，在 5000 年一遇洪水工况下坝踵处出现局部拉应力，拉应力最大值 0.167MPa，拉应力分布在坝踵下游约 1.0m 范围内，未危及坝基防渗帷幕，且小于坝基宽度的 0.07 倍，满足规范要求。

从坝基扬压力监测资料来看，坝基渗透压力强度系数一般均小于设计计算采用值，坝基实际稳定应力状态好于设计状态，按实际扬压力监测值计算，则各工况下大坝坝基稳定及应力均能满足规范要求。

从抗震计算成果来看，各典型坝段在地震工况下建基面的稳定、应力均可满足规范要求。

综合以上计算成果可知，5000 年一遇洪水工况下大坝建基面稳定可满足规范要求，但部分岸坡坝段坝踵出现了拉应力，略超规范要求。

（2）闸墩、胸墙结构复核。ZX 水电站泄水坝段大坝横缝设置在孔口范围内，胸墙两端简支在闸墩上。因闸墩、胸墙均为不规则形状的大体积混凝土结构，无法按标准的混凝土构件进行复核计算，故采用三维有限元法计算其应力，并在此基础上进行配筋复核。溢流坝段胸墙及闸墩有限元计算模型示意图如图 4－5 所示。

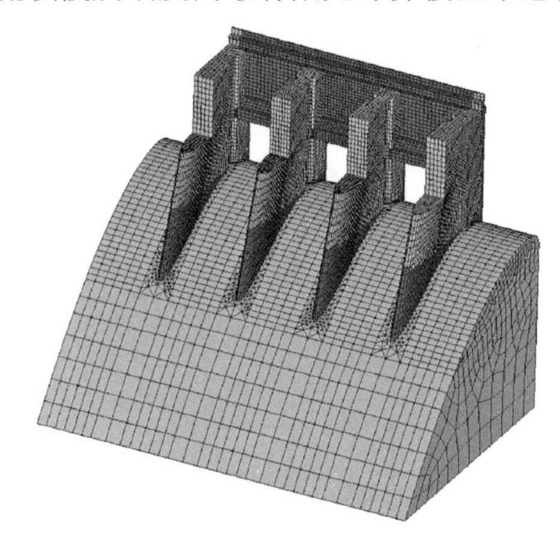

图 4－5　溢流坝段胸墙及闸墩有限元计算模型示意图

计算结果表明，表孔闸墩配筋满足要求；校核工况下胸墙配筋略有不足，相差约 3.3%。

（3）发电进水口坝段结构复核。校核洪水位上升对闸门槽孔口部位应力及配筋影响较为明显，进水口应力配筋复核仅对闸门槽孔口部位应力及配筋进行复核。因闸门井竖直向荷载主要为机电设备及混凝土自重荷载，竖直向应力以压应力为主，因此对闸门井孔口应力复核采用平面有限元法，仅分析水平向应力及配筋，不考虑垂直向应力作用。

计算结果表明，该工况下发电进水口门槽孔口配筋略有不足，相差在 3%以内。

3. 坝顶加高方案

根据 ZX 电站大坝坝顶现有结构的布置及特点，坝顶加高改造需根据各坝段结构特点分类考虑，主要包括非溢流坝段加高、泄水坝段加高、发电进水口坝段加高、其他结构改造、坝顶监测仪器改造等内容。

（1）左岸非溢流坝加高设计方案。左岸布置了 5 个非溢流坝段，其坝顶为实体混凝土结构，加高部分可直接落在坝顶，非溢流坝坝顶上游侧现有结构主要包括防浪墙、人行道、电缆沟。

大坝加高结构总高 3.51m，其中防浪墙高 1.2m，人行道高 2.31m。加高后防浪墙顶部高程为 177.76m，顶宽 0.2m，上、下游面均为竖直面。人行道加高后高程为 176.56m，宽 1.2m，人行道下游侧设 1.2m 高金属栏杆。加高结构体基础宽 1.4m，侵占原坝顶电缆沟 0.58m，电缆沟剩余宽度过小，已不能满足其设计功能要求，需进行必要的改造。改造后的电缆沟布置在加高结构的人行道下游侧，原电缆沟位置用混凝土进行封堵回填处理。

为了加强加高结构与原坝体混凝土结构的连接，在新、老混凝土结合面上进行凿毛处理，并在结合面上布置插筋，底部插筋采用Φ25，长 2.0m，间距 0.5m；防浪墙接触面的插筋设置 2 排，间距 1m，长 0.7m，其中伸入防浪墙 0.1m，外露 0.6m。加高结构采用二、三级配的 C20 混凝土。为了适应坝体变形，加高结构分缝与原大坝分缝一致，缝内设计铜止水，并与原止水可靠连接。加高结构具体如图 4－6 所示。

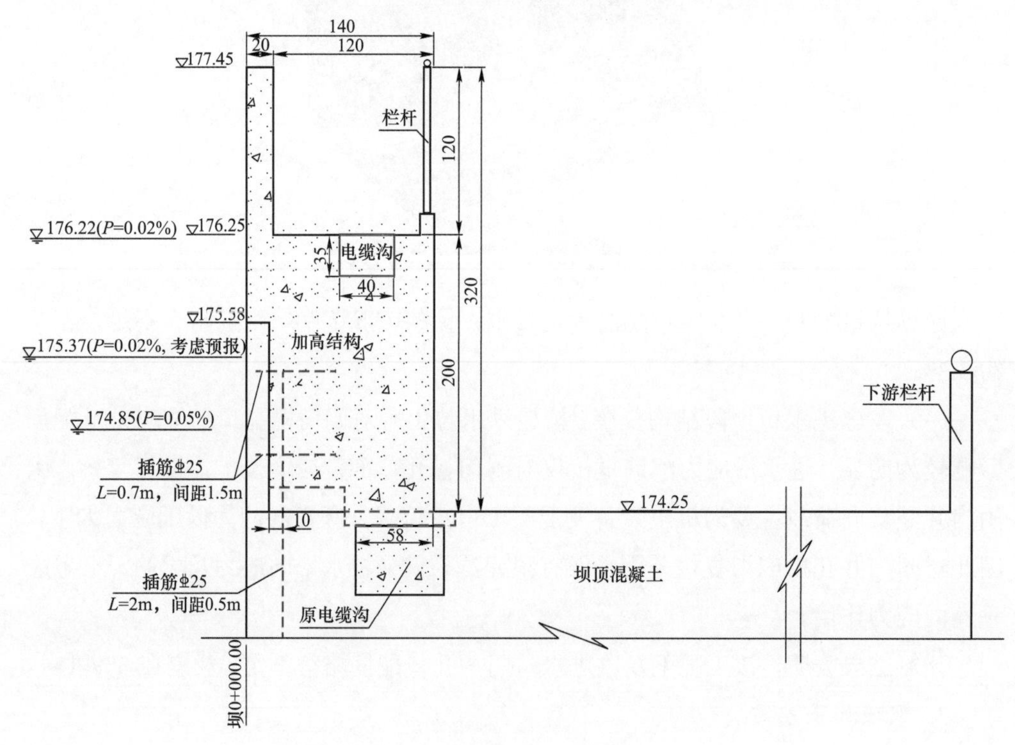

图 4－6　非溢流坝坝顶加高结构示意意图

（2）泄水坝段加高设计方案。泄水坝段加高结构落在了泄水孔口的胸墙顶部，胸墙高约 12m，宽 16m，厚 2m，两端简支在两侧闸墩上。胸墙为可靠的大体积钢筋混凝土结构，加高结构可直接在胸墙顶部修建，结构型式及尺寸与非溢流坝段加高体基本一致。加高结构分缝与现有胸墙部位的分缝相对应，缝内设铜止水，并与原缝内止水可靠连接。加高结构下游面距孔口爬梯口 0.6m，溢流坝坝顶加高后并不影响现有爬梯口的通道功能。泄水坝段坝顶加高结构示意图如图 4－7 所示。

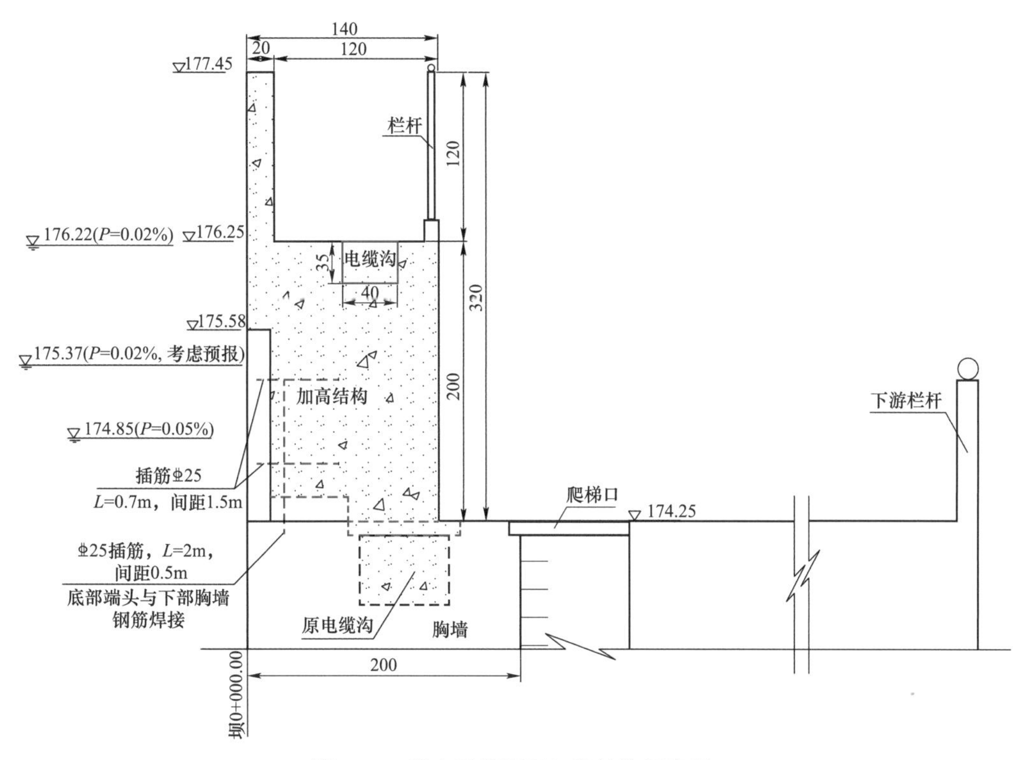

图 4－7　泄水坝段坝顶加高结构示意图

（3）进水口坝段加高设计方案。该工程原设计装机 6 台，其中 1～3 号进水口的结构型式与 4～6 号进水口的结构型式有所不同，1～3 号进水口坝顶上游侧 0＋000～0＋005 范围内为梁板结构，而 4～6 号进水口的坝顶该区域为实体混凝土结构。

进水口坝顶加高改造分为两种情况考虑：

4～6 号进水口的坝顶加高体建在实体混凝土结构上，其结构与左岸非溢流坝的加高结构基本一致。

1～3 号进水口坝顶上游侧梁板结构为简支结构，梁板结构的主梁高度为 1.2m，板的顶部高程为 174.00m，上部还有约 250mm 的路面铺装层。考虑到该部位的梁板结构拆除过程中可能会有混凝土块及碎渣掉入发电进水口，对水轮机组的安全运行造成较大影响，且拆除及复建施工难度均很大，故对保留这些梁板结构的改造方案进行了研究。经分析，采用加高结构布置在梁板结构上部的方案，为了减小新增结构对现有梁板结构的影响，在加高体底部设置钢筋混凝土地梁，来承担加高结构部分的荷载，以尽量减少新增荷载传递至原有梁板结构上。地梁两端支撑在两侧的实体混凝土墩上，上部的结构型式则与其他坝段的加高结构一致，以使坝顶整体协调、美观，但宽度略小。原1～3号发电进水口顶部加高结构示意图如图4－8所示。

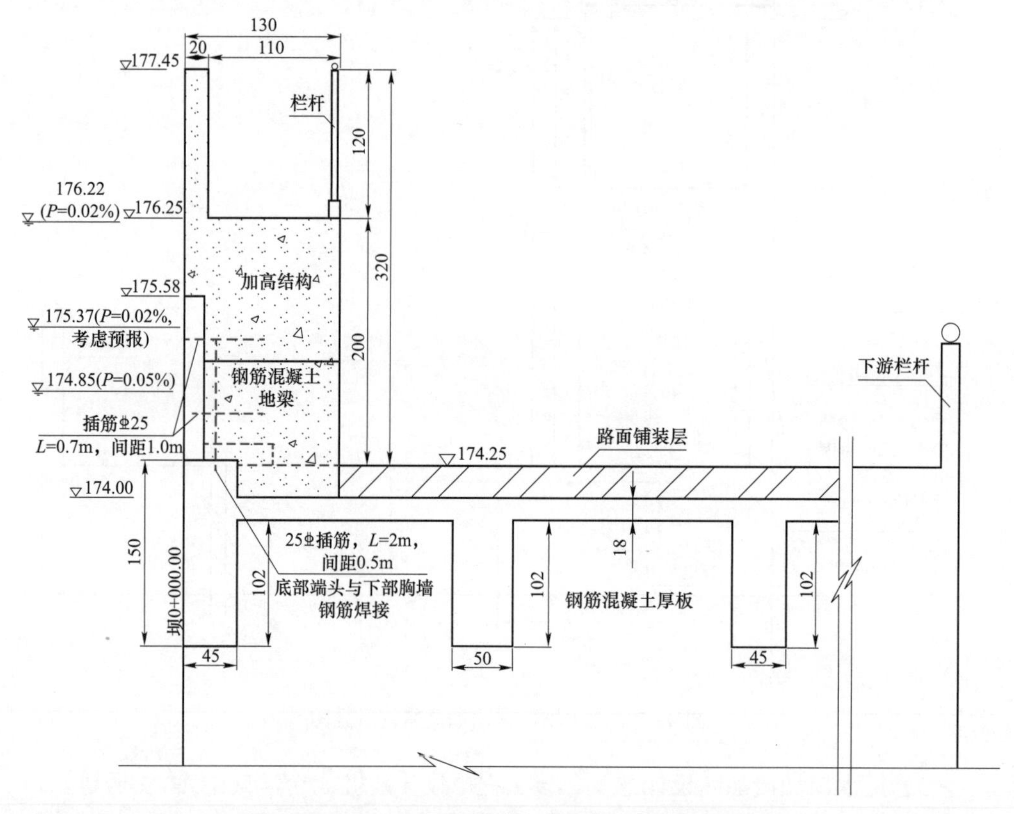

图4－8 原1～3号发电进水口顶部加高结构示意图

（4）其他部位加高改造。

1）左、右坝头。ZX大坝左坝头坝顶布置有绞车房及通向上游库区的通行便道，坝顶加高后应不影响其交通。根据绞车房、出行便道、坝顶的相对位置关系，该部位的加高结构布置原则为：加高结构沿电缆沟直线延伸至绞车房边墙后，沿着其边墙呈折线布置，然后在合适位置转向左岸山体相接，但在现有坝顶绞车房及出行便道的相应位置预留 5m 宽的通行路口，路口处设置平板钢闸门，闸门宽 5.0m，高3.51m，厚0.7m，钢闸门两侧设置混凝土支墩，支墩左右向宽1.0m，上下游向厚2m，高 3.51m，支墩内预埋闸门槽及相关埋件。平板钢闸门一般放置在周边的门库内，需要使用时再用汽车吊启闭。具体布置如图 4－9 所示。

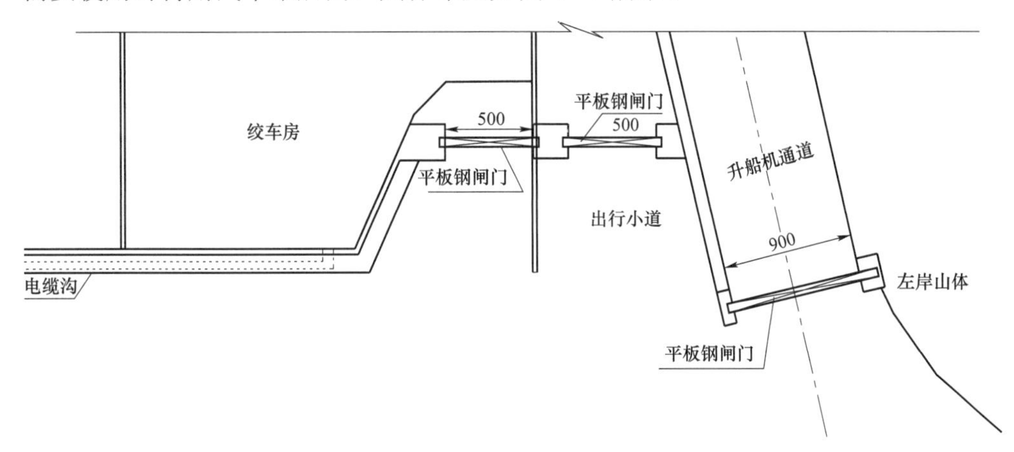

图 4－9　左坝头加高结构布置示意图

左坝头加高结构无需设置人行道，为了方便钢闸门门槽布置，其横截面采用矩形，具体如图 4－10 所示。

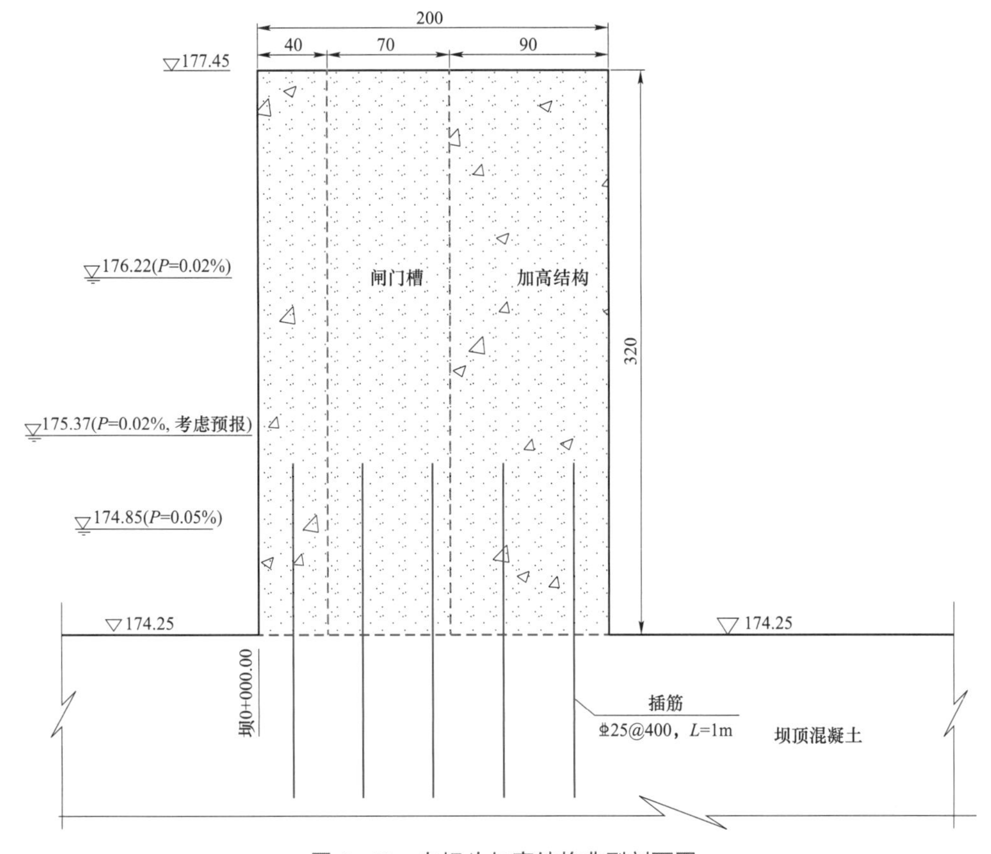

图 4－10　左坝头加高结构典型剖面图

右坝头处无建筑物布置，仅在上游侧有一条通向扩机进水口的便道，故加高结构可直接与右岸山体基岩相接，并设置台阶踏步通往出行便道即可。

2）通航建筑物。该工程通航建筑物为斜坡升船机，布置在枢纽左岸。加高结构应不影响升船机的正常使用，故在升船机相应位置预留 9.0m 宽的通道，通道处布置平板钢闸门，闸门高 3.51m，宽 9.0m，厚 1.2m。升船机部位加高结构布置示意图如图 4－11 所示。

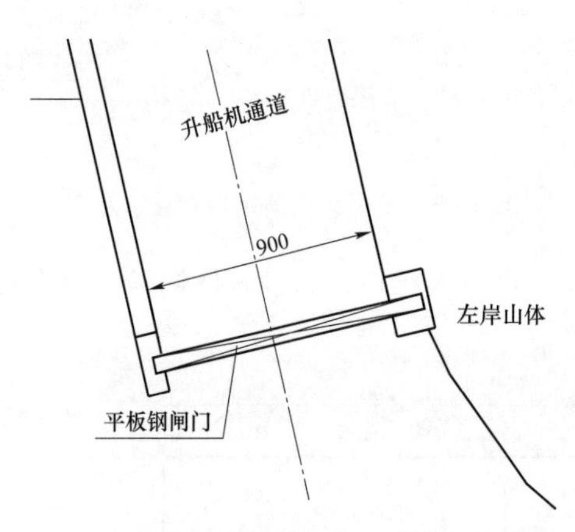

图 4－11　升船机部位加高结构布置示意图

4.2.5　结论

（1）ZX 水电站大坝 2000 年一遇洪水调洪最高库水位为 174.85m，超过坝顶高程 0.6m，但低于防浪墙顶高程 0.65m；5000 年一遇典型入库洪水调洪最高库水位为 176.22m，超过坝顶高程 1.97m，超防浪墙顶高程 0.72m。

（2）ZX 水电站大坝从建成至今均未能满足批复的 5000 年一遇的校核洪水标准要求，第四次大坝安全定期检查复核表明无法满足现行规范下限 2000 年一遇洪水的校核标准，防洪安全存在隐患。

（3）根据隐患治理要求，同时为减小对现有建筑物的影响，推荐采用在坝顶上游侧局部进行加高的方案提高大坝防洪能力。大坝加高方案各挡水坝段整体稳定均能满足现行规范相关要求，大坝建基面应力也基本可满足规范要求，坝顶加高对泄洪表孔胸墙和闸墩、进水口门槽的影响相对较大，从复核成果来看，结构仍基本是安全的。

（4）ZX 水电站大坝坝顶加高工程于 2021 年 1 月完工，大坝坝顶加高后高程为 176.56m，防浪墙高程 177.76m，满足 5000 年一遇校核标准要求。

4.3　MYJ 水电站大坝泄洪设施改建

4.3.1　工程简介

MYJ 水电站工程开发任务为发电，电站总装机容量 68MW。水库库容 3715 万 m^3，具有周调节性能，正常蓄水位 765.00m，死水位 755.00m，汛期运行水位 757.00m，设计洪水位 761.92m，校核洪水位 765.64m。工程于 2010 年 11 月开工，2013 年 11 月下闸蓄水，同年 12 月两台机组全部投产。

MYJ 水电站枢纽布置图如图 4－12 所示。电站枢纽建筑物由拦河坝，右岸溢洪道、左岸泄洪排沙洞及发电进水口等组成。工程为三等中型工程，大坝、泄水等主要建筑物为 3 级。大坝及泄水建筑物设计洪水重现期为 100 年，校核洪水重现期为 2000 年。拦河坝为混凝土面板堆石坝，坝顶高程 767.00m，最大坝高 79m。坝顶宽 8m，坝顶长 205.4m，坝顶上游侧设置高 2.2m 的防浪墙，防浪墙底部高程为 766.00m，防浪墙顶部高程为 768.20m，防浪墙底部与上游面板相接。

溢洪道布置于右岸坝肩，由引水渠、控制段、泄槽和挑坎组成。引水渠渠底高程为 747.00m，中心线长度约 100m，前端进水口宽度约 60m，末端接控制段处宽度为 24m。控制段宽 34m，长 33.66m，控制段包含 2 个表孔，采用 WES 实用堰，堰顶高程 751.00m，堰前引渠高程 747.00m，堰高 4m，每孔尺寸 10.5m × 14.0m（宽 × 高），每孔设置事故检修门和工作门。泄槽分左右两槽，之间由隔墙隔开，每槽宽 11.5m，左边泄槽长 162.5m，右边泄槽 186.2m，两个泄槽在 70m 左右坡度变陡。泄槽后接异型挑坎，采用挑流消能。溢洪道原设计最大下泄能力为 2333m^3/s。

泄洪排沙洞位于左岸，为导流洞改建，由进水口、竖井式事故检修门、圆形洞身段、出口渐变段、出口工作门和出口挑流消能工组成，洞身总长 318m。泄洪排沙洞进口底坎高程 696.50m，进口段后接 14m 长的城门洞段，城门洞段后为长 10m 的过渡洞段，过渡洞段后为长 39m 的事故检修闸门井段，事故闸门井后为 20m 长的方变圆过渡洞段，过渡段后为内径 11m 的圆形洞段，其后接圆变方洞段和矩形压坡洞段，出口压坡后设置 2 孔弧形工作闸门，闸门尺寸 3.5m × 5.0m（宽 × 高）。出口消能方式采用窄缝挑坎消能。泄洪排沙洞原设计最大下泄能力为 1192m^3/s。

发电进水口布置在左岸，距坝轴线约 130m，采用岸塔式布置。进水口底板高程为 742.20m。

MYJ 水电站大坝典型剖面图如图 4－13 所示。

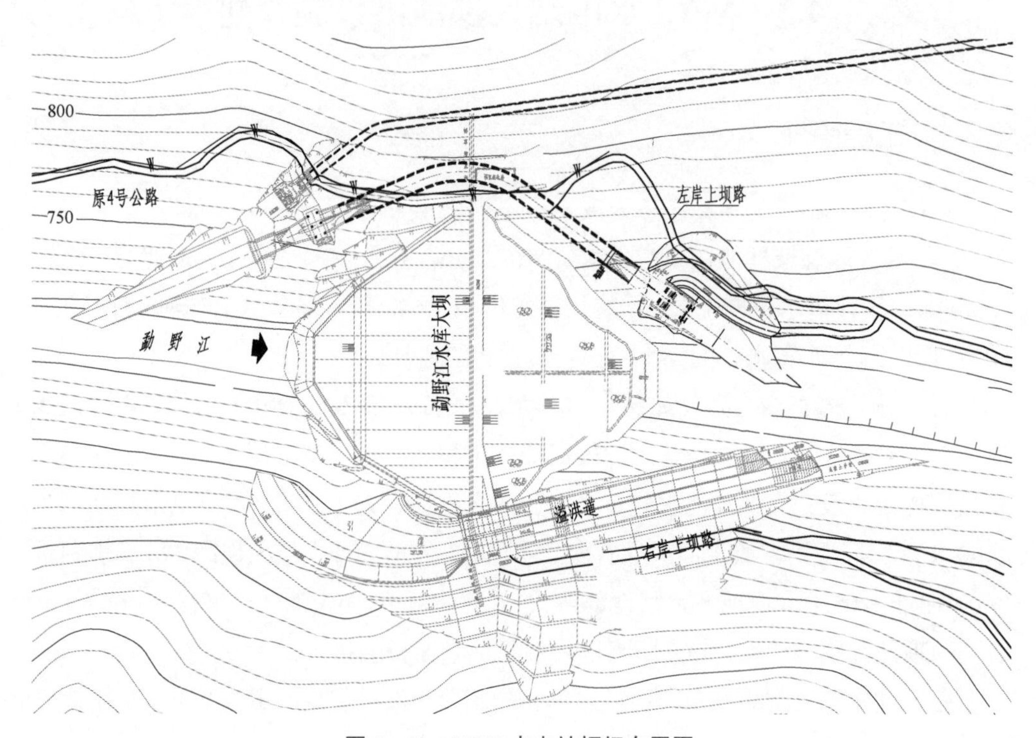

图 4－12　MYJ 水电站枢纽布置图

4.3.2　防洪安全隐患

MYJ 水电站可行性研究设计阶段，工程所处流域 QYQ 水文站仅有 2007 年 1～9 月共计 9 个月的水文测验资料，由于缺乏足够的水文资料，设计采用邻近相似流域水文站的水文资料推求设计洪水，坝址设计洪水由邻近流域水文站设计洪水按照水文比拟法进行分析计算。

MYJ 水电站工程竣工安全鉴定时，设计单位收集了 QYQ 水文站 2007 年建站以来的实测水文资料、MYJ 水电站还原的入库流量资料，根据 QYQ 水文站实测洪水资料及电站入库洪水资料对 MYJ 水电站的设计洪水成果进行了复核，经复核，设计洪水洪峰流量增大 31.7%，校核洪水洪峰流量增大 32.4%。由于设计洪水成果较可行性研究阶段成果增加较大，MYJ 水电站大坝现有的泄洪设施能力不能满足要求，仅能够满足 300 年一遇左右的洪水标准。

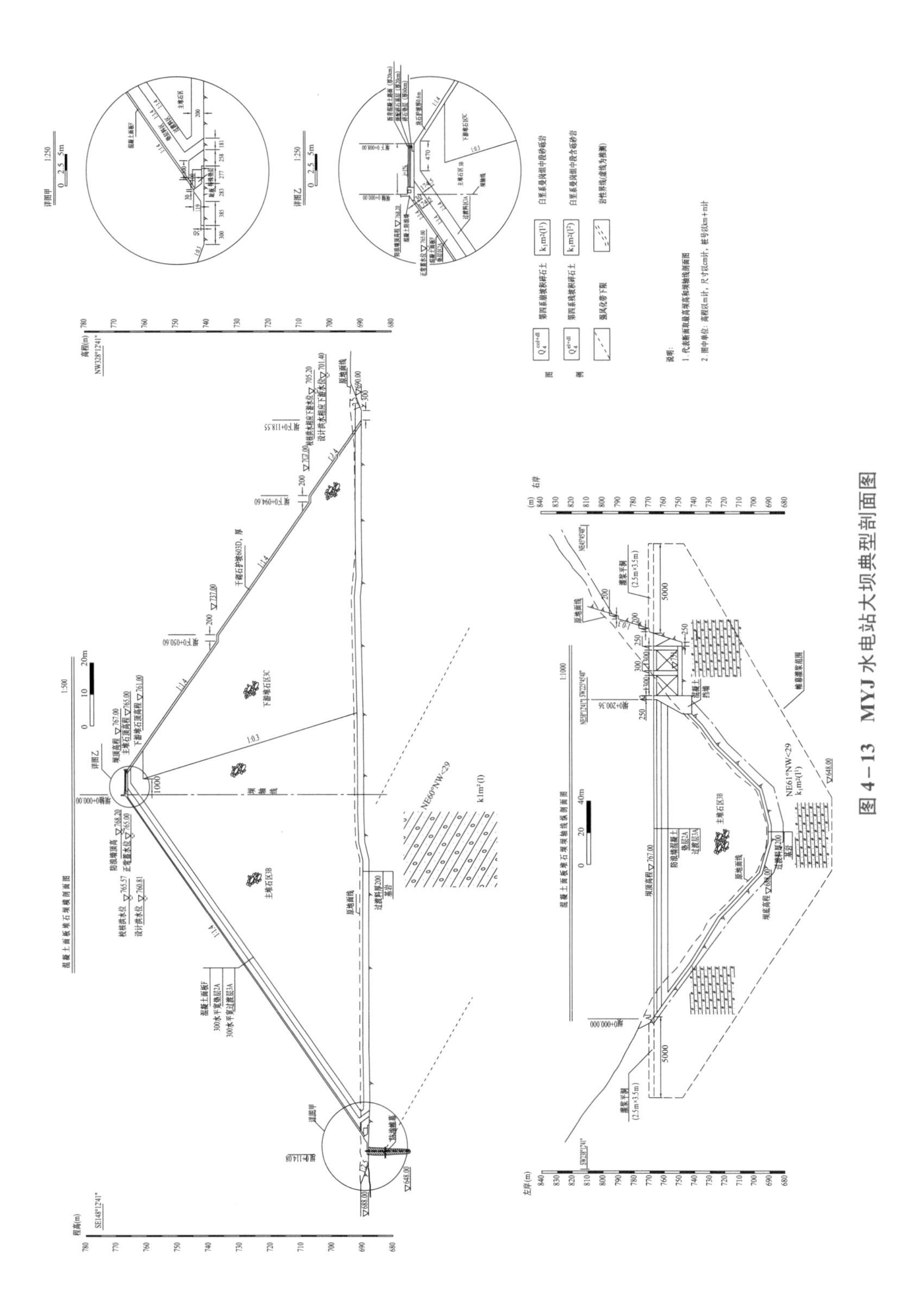

图 4－13　MYJ 水电站大坝典型剖面图

当洪水超过300年一遇时，现有泄水建筑物泄流能力不足，洪水漫坝及导致溃坝的风险将骤增。根据大坝运行管理要求，必须采取必要的工程治理措施，消除安全隐患，以保证大坝安全运行。大坝运行管理单位根据工程安全鉴定有关要求，开展了大坝防洪安全隐患的治理工作。

4.3.3 隐患治理方案研究

1. 现状防洪能力复核

（1）设计洪水复核。QYQ水文站仅有2007～2019年共计13年水文资料系列，MYJ水库入库流量资料仅有6年，资料系列长度不满足相关规范要求。

选取QYQ水文站多场洪水的最大24h洪量，分析其与上游流域最大24h面降水量的相关关系，相关关系较为良好。据此相关关系推算1979～2006年最大24h洪量。继而分别根据水文站最大24h洪量与洪峰流量、最大3日洪量的相关关系，插补延长水文站1979～2006年洪峰流量、最大3日洪量。水文站资料系列插补延长后有1979～2019年共计41年洪水资料系列。

利用插补延长后的QYQ水文站1979～2019年洪水系列，将经验频率排序中数值明显偏大的1987、1994、2003、2014年洪水作为特大值处理，结合水文站历史洪水成果，采用P－Ⅲ型曲线适线计算水文站设计洪水。MYJ坝址设计洪水根据水文站设计洪水成果按照面积比加24h暴雨修正计算，成果见表4－6。

表4－6　　MYJ水电站坝址设计洪水成果表

地点	阶段	项目	单位	重现期（年）											备注
				2000	1000	500	350	300	200	100	50	20	10	5	
坝址	复核	Q_m	m^3/s	5190	4680	4170	3910	3790	3490	2990	2500	1870	1420	1000	采用
		W_{24h}	亿m^3	2.77	2.5	2.24	2.10	2.05	1.89	1.63	1.37	1.04	0.803	0.577	
		W_{3d}	亿m^3	4.77	4.33	3.88	3.66	3.57	3.32	2.89	2.46	1.91	1.51	1.11	
	可行性研究	Q_m	m^3/s	3920	3540	3150	2950	2870	2640	2270	1900	1440	1110	802	
		W_{1d}	亿m^3	1.89	1.70	1.51	1.42	1.38	1.27	1.09	0.915	0.691	0.531	0.385	
		W_{3d}	亿m^3	3.41	3.11	2.80	2.64	2.58	2.40	2.10	1.80	1.42	1.14	0.875	

（2）防洪能力复核。MYJ 水电站可行性研究设计时，水库正常蓄水位 765.00m，汛期运行水位 757.00m，设计洪水位 761.92m（Q=2270m^3/s），校核洪水位 765.64m（Q=3920m^3/s）。

由于竣工安全鉴定设计洪水成果改变，设计开展了防洪能力复核，调洪复核成果见表 4－7。遭遇 100 年一遇设计洪水时，设计洪水位为 762.53m；遭遇 200 年一遇洪水时，水库最高洪水位为 764.49m；遭遇 300 年一遇洪水时，水库最高洪水位 765.73m，已高于校核洪水位；当遭遇 2000 年一遇洪水时，水库水位将超过坝顶高程。洪水成果复核表明，大坝仅能够满足 300 年一遇左右的洪水标准。

表 4－7　MYJ 水电站治理前调洪成果表

项目	重现期（年）			
	100	200	300	2000
入库洪峰流量（m^3/s）	2990	3490	3790	5190
起调水位（m）	757	757	757	757
水库最高洪水位（m）	762.53	764.49	765.73	/
最大下泄流量（m^3/s）	2822	3283	3541	/

2. 治理方案选择

针对 MYJ 大坝防洪能力不够的问题，结合工程实际，确定隐患治理的原则为大坝主体结构不动、水库正常蓄水位不变，特征水位尽量不做调整，不改变工程的等别和主要建筑物的级别。根据洪水复核成果，2000 年一遇校核洪水洪峰流量增加 1270m^3/s。由于该工程库容较小，调蓄能力有限，泄水建筑物总泄流要增加 1300m^3/s 以上。根据枢纽的布置条件，分别制定改建溢洪道、改建泄洪洞和新建泄洪设施等措施进行初步方案比选。

（1）方案一：改建溢洪道。MYJ 水电站右岸溢流堰为低实用堰，若单独改建溢洪道，在维持原有实用堰型基本方案的基础上，溢洪道堰顶高程需要降低 6m。该方案溢洪道引渠、控制段、泄槽上半段需要二次开挖，溢洪道闸墩、闸门及配电设备拆除改建，部分大坝坝体也需要开挖，工程量较大，工期长，汛期在引渠还要布置围堰，施工难度大，对工程的影响较大。溢洪道改建时，由于泄洪排沙洞出口束窄，过流能力不足，不满足大坝临时挡水度汛标准要求。

（2）方案二：改建泄洪洞。泄洪排沙洞为导流洞改建而成，有压段洞身断面永临结合采用圆形钢筋混凝土断面，洞径为11m，根据《水工隧洞设计规范》（NB/T 10391—2020），有压泄洪隧洞出口的体型设计宜收缩布置，对于该工程因沿程体型变化较多、洞内水流条件差，收缩率取为80%～85%。原泄洪洞出口面积为35m^2，收缩比为0.36，具备加大隧洞出口泄流断面的条件，经计算通过改建将泄洪洞出口面积增大为 81m^2，泄洪排沙洞泄流能力可增加约 1100m^3/s。单独改建泄洪洞需要拆除出口闸门机启闭机、闸墩和挑坎混凝土，工程量相对较小，施工条件较好，改建后泄洪能力略有不足，需要其他辅助措施。

（3）方案三：新建泄洪设施。针对泄洪能力不足的问题提出新建泄水设施，根据坝址地形地质条件，在右岸溢洪道外侧新建一条泄洪洞，设计泄流能力为1300m^3/s。

新建泄洪洞布置在右岸山体内，为有压接无压形式。泄洪洞由进口段、有压洞段、工作闸门井段、无压隧洞段、出口明渠段、出口挑流段和护坦段组成，全长626.74m。

（4）方案比选。溢洪道作为土石坝工程重要的泄洪设施，超泄能力强，改造施工对工程安全影响较大；溢洪道改建需临时围堰挡水，工期也相对长，施工风险也较大。不推荐溢洪道改建方案。

右岸新建泄洪设施总体具备布置条件，该方案独立布置，对原有的建筑物影响最小。但工程量大、工期长，投资最大。故不推荐该方案。

改建泄洪洞，原泄洪洞有压进口段、事故检修闸门井段、有压洞身段均可保留，只对泄洪洞出口段进行拆除及扩建，工程量相对较小；改建施工时检修闸门可以挡水，施工条件较好；改建期溢洪道作为度汛泄洪设施，泄流能力强，可满足大坝50年一遇洪水要求，工程安全性较好。推荐改建泄洪洞方案。

4.3.4 泄洪设施改建

1. 泄洪洞改建方案选择

泄洪洞改建方案主要思路是增大泄洪洞出口控制断面面积，拟定以下两种布置方案进行比较。

（1）出口拆除改建方案。拆除原泄洪洞工作闸门、启闭机及混凝土，将出口改建，增大泄洪排沙洞出口尺寸，孔口尺寸调整为2－4.5m×9m（孔数－宽×高），出口断面面积扩大为81m^2。泄洪洞出口改建方案如图4－14所示。

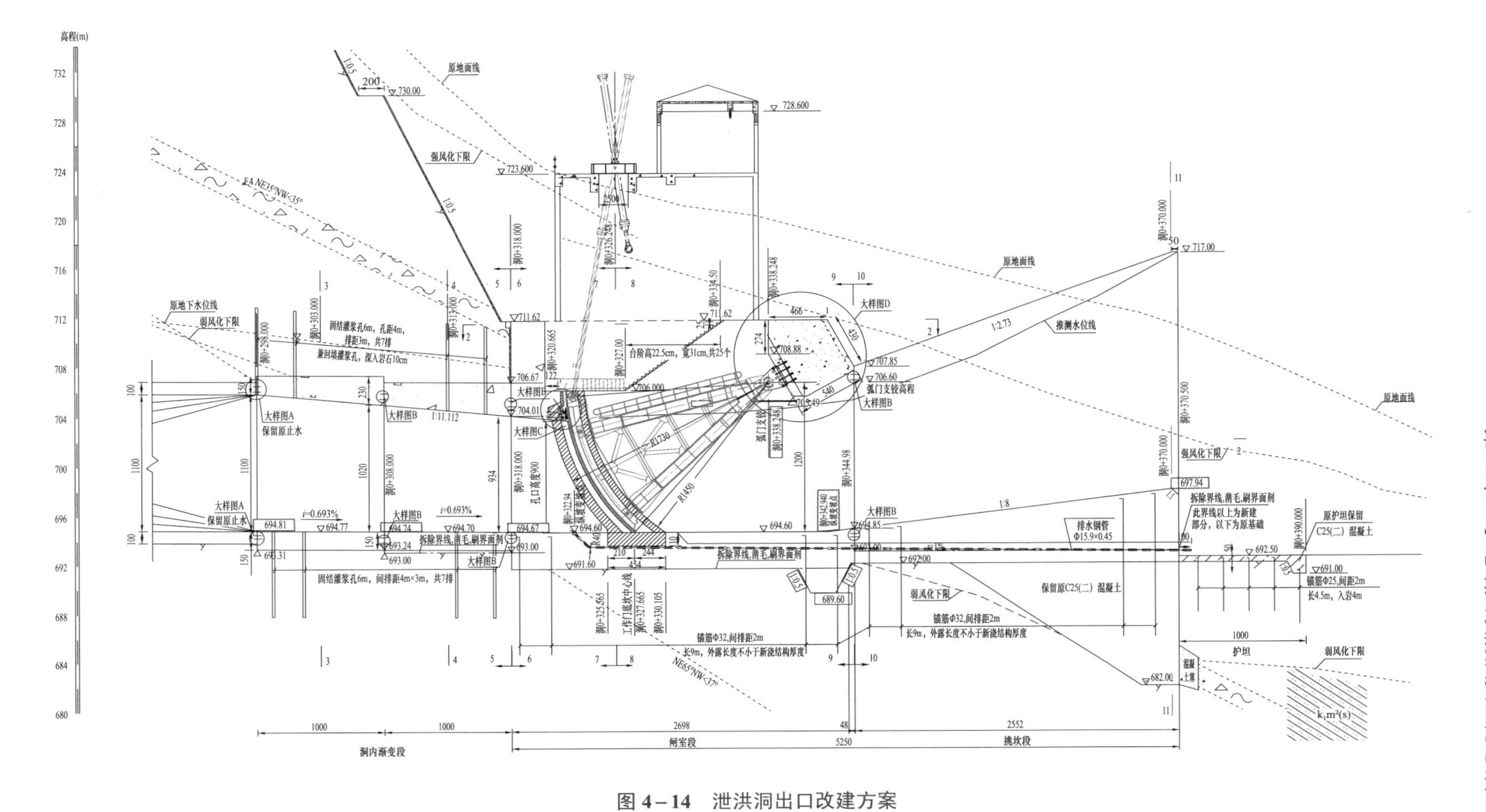

图 4－14　泄洪洞出口改建方案

（2）新建泄洪岔洞方案。保持原泄洪洞出口不变（孔口尺寸 2－3m×3.5m），在原洞有压转弯段后增加泄洪岔洞，新建泄洪出口，新增孔口尺寸为 1－6m×8m（孔数－宽×高），通过增加出口数量，使出口总的断面面积扩大为 81m²。泄洪岔洞方案平面布置图如图 4－15 所示。

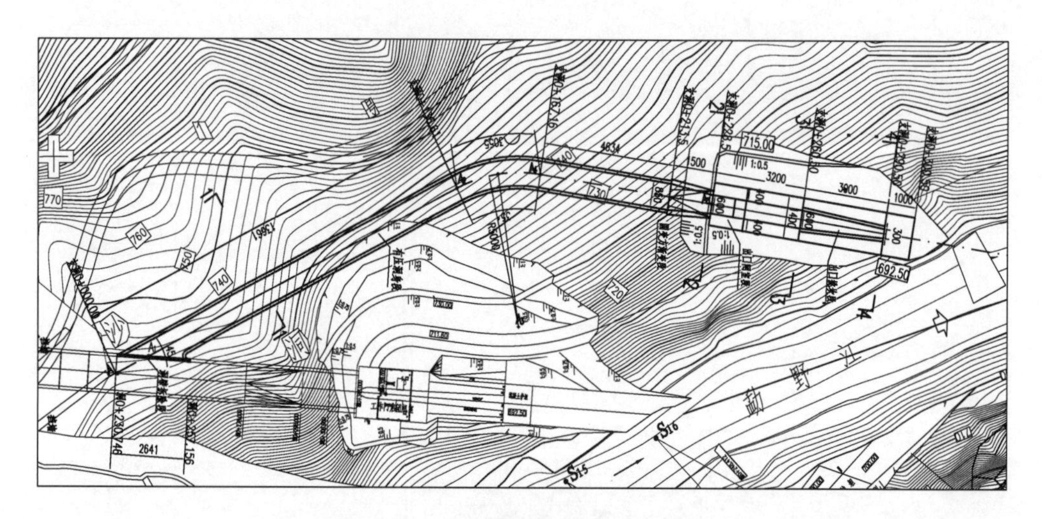

图 4－15　泄洪岔洞方案平面布置图

（3）方案比选。新建泄洪岔洞方案与出口拆除改建方案相比较，建筑安装工程投资相比略少，但新建泄洪岔洞方案新增永久占地 35 亩，考虑到征地费用和审批工作难度，新建泄洪岔洞方案的综合投资应超过出口拆除改建方案，另外永久占地需要重新办理审批手续，难度较大；新建岔洞泄洪运行时洞内岔洞水力学条件复杂，易发生破坏；新建泄洪岔洞方案施工工期较长，隧洞施工段较长，在隧洞开挖、高边坡过程中受不利地质条件等因素的制约可能性较大，不确定因素相对较多。

经技术经济综合比较，泄洪排沙洞出口段拆除改建方案，建筑物布置条件好，施工工期较短，施工过程中不确定因素少，作为推荐方案。

2. 推荐方案调洪及坝顶高程复核

（1）泄流能力变化。泄洪洞改建后，出口底板高程 694.60m 不变，出口孔数不变，泄洪洞出口过流断面由 2 孔 3.5m×5.0m（宽×高）扩建为 2 孔 4.5m×9.0m（宽×高），将泄洪洞出口面积增大为 81m²，提高泄洪排沙洞泄流能力。改建前后泄洪设施泄流能力变化见表 4－8。

表 4-8　　　　MYJ 水电站泄洪建筑物泄流能力曲线表

库水位（m）	溢洪道（m^3/s）		泄洪排沙洞（m^3/s）			总泄流能力（m^3/s）		
	原设计	本次模型试验	原设计	改建后	本次模型试验	原设计	改建后	本次模型试验
755	288	329	1091	2032	2099	1379	2320	2428
756	413	463	1101	2051	2121	1514	2464	2584
757	563	613	1111	2071	2140	1675	2634	2753
758	731	778	1121	2090	2159	1852	2821	2937
759	918	954	1130	2109	2178	2048	3027	3132
760	1118	1144	1140	2128	2197	2258	3246	3341
761	1326	1350	1149	2147	2216	2475	3473	3566
762	1544	1566	1158	2166	2235	2702	3710	3801
763	1760	1812	1168	2184	2253	2928	3944	4065
764	1993	2109	1177	2202	2271	3170	4195	4380
765	2214	2344	1186	2221	2289	3400	4435	4633
766	2400	2580	1195	2239	2307	3595	4639	4887
767	2498	2861	1204	2257	2325	3702	4755	5186

西安理工大学针对改建后的泄洪排沙洞体型、现状溢洪道体型开展整体水工模型试验。水工模型试验表明，泄洪设施改建后，模型试验合计泄流能力较设计计算值大 2.5%～9.1%，其中库水位 765.92m 时溢洪道试验下泄流量为 2561m^3/s，较计算值增大 7.4%；泄洪排沙洞试验下泄流量为 2306m^3/s，较计算值增大 3.0%。

（2）调洪复核。MJY 水电站工程开发任务为水力发电，不承担下游防洪任务。当入库流量大于建筑物泄流能力时，泄洪方式按自由敞泄。采用复核设计洪水、模型试验泄流曲线进行调洪复核，洪水调节成果见表 4-9。

表 4-9　　　　MYJ 水电站洪水调节复核成果表

项目	频率（%）	
	1	0.05
起调水位（m）	757.00	
入库流量（m^3/s）	2990	5190
最高库水位（m）	757.86	765.92
最大下泄流量（m^3/s）	2859	4866

泄洪排沙洞出口改建后，调洪复核计算的重现期100年最高洪水位757.86m，较设计洪水位761.09m降低3.96m，重现期2000年最高洪水位765.92m，较校核洪水位765.64m增加0.28m。

（3）坝顶高程复核。坝顶超高根据《碾压式土石坝设计规范》（NB/T 10872—2021）的有关规定，坝顶高程复核计算结果见表4－10。

表4－10　　大坝坝顶高程计算表

工况	库水位（m）	超高（m）	计算坝顶高程（m）
正常蓄水位＋正常运用条件下坝顶超高	765.00	3.19	768.19
设计洪水位＋正常运用条件下坝顶超高	758.09	3.19	761.05
校核洪水位＋非常运用条件下坝顶超高	765.92	2.09	768.01
正常蓄水位＋非常运用条件下坝顶超高＋地震安全加高	765.00	3.09	768.09

复核计算的坝顶高程为768.19m，目前实际坝顶高程为767.00m，防浪墙顶高出坝顶1.2m，实际墙顶高程为768.20m。坝顶超高基本满足规范要求。

（4）改建后水库调度方式。

1）当入库水量大于发电引用流量，且小于2634m³/s（此流量为汛期运行水位757.00m时泄洪排沙洞与溢洪道总泄流能力），采用局部开启泄洪排沙洞和溢洪道弧形工作闸门，使库水位维持在757.00m运行。

2）当入库水量大于2634m³/s时，开启泄洪排沙洞和溢洪道弧形工作闸门联合敞泄洪水。

3）泄洪排沙洞除参与正常泄洪外，根据流域来沙规律及水库排沙要求，可结合泄洪需要进行冲沙调度。

4）当水库需放空维修时，首先开启溢洪道泄洪，当水位降至堰顶高程时开启泄洪洞，放空水库。

3. *推荐治理方案*

（1）泄洪排沙洞出口拆除及改建。泄洪排沙洞出口拆除改建方案需拆除洞内桩号为洞0＋298.000～洞0＋318.000范围20m长的渐变段、压坡段，拆除闸门和启闭机，拆除闸室控制段和挑坎段等。拆除体型如图4－16所示（双斜杠区域）。

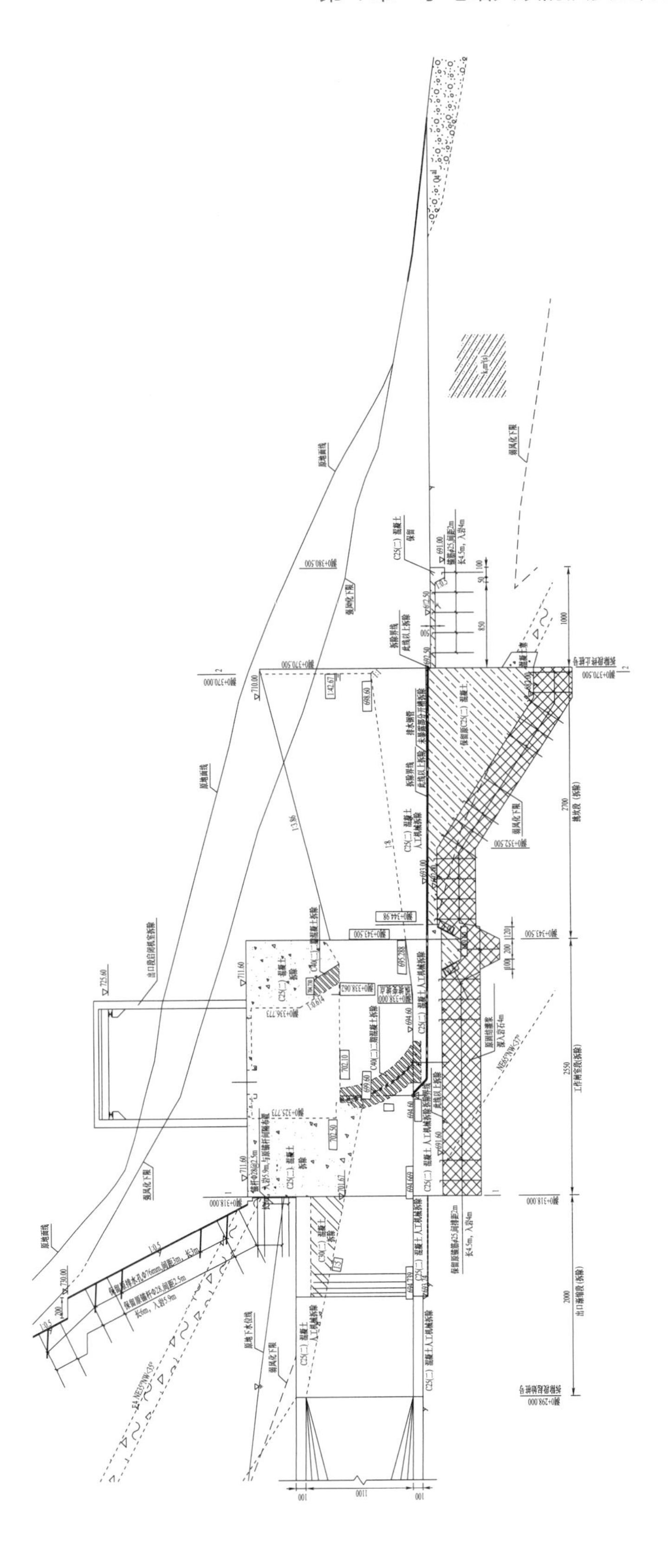

图 4-16　泄洪排沙洞拆除体型图

泄洪排沙洞口段改建自洞内桩号洞 0+298.00m 开始，至洞身外出口挑坎段桩号洞 0+370.5m 止，全部改建（或拆除重建），涉及改建段长度 72.5m，其中包括洞内 20m 长的扩散段。泄洪洞出口过流断面由 2 孔 3.5m×5.0m（宽×高）扩建为 2 孔 4.5m×9.0m（宽×高），控制断面面积为 81m^2。泄洪排沙洞改建设计方案如下：

1）洞内改建段改建方案。考虑施工条件和水力学过流条件，泄洪洞洞内改建段边墙两侧对称扩宽。自洞 0+298.00 渐变段末端开始，至洞 0+318.00m 出洞口为 20m 长的扩散（压坡）段，该洞段为矩形断面，洞内净宽由 11m 扩宽至 13.5m，水平扩散角为 3.6°，顶板高度由 11m 降低至 9.34m，压坡坡比为 1:11，隧洞底板坡度为 i=0.693%，维持原设计不变。

在隧洞内布置变厚度中隔墙，隔墙端部为直径 2.13m 的半圆形，末端为边长 4.5m 的正方形，中隔墙的两侧表面和衬砌边墙平行。衬砌厚度为 1.5m，洞内衬砌每 10m 设一道结构缝，缝内设两道铜止水。洞口位置两侧最大扩宽 1.5m，需要对两侧边墙围岩局部进行开挖。

2）工作闸门段改建方案。工作闸室段为洞 0+318.000m～洞 0+344.94m，总长 26.94m，共分为两孔，每孔宽度为 4.5m，中墩厚度为 4.5m，边墩厚度为 4m，底板厚度为 3m，末端设齿槽。工作闸门底坎中心线桩号为洞 0+328.11m，底板高程为 694.60m。顶部压坡段由高度 10m 降低至 9m，压坡坡比为 1:11.1。门楣顶高程为 703.60m，底板桩号洞 0+322.940m 为变坡段，坡度由 i=0.693%变为平坡。工作门采用弧形钢闸门，单扇闸门尺寸为 4.5m×9m，支铰中心为 706.6m，支铰大梁断面尺寸为 4.6m×4.4m。

泄洪洞出口启闭机室主体结构为现浇钢筋混凝土框架结构，长 17.5m，宽 13.4 米，高 10m，底高程 711.60m，与上坝路高程相同，顶高程 722.60m，布置两台液压式启闭机以及启闭机的电控设备。

3）出口挑坎段改建方案。考虑到孔口为窄高型，出口挑坎形态同原方案，采用窄缝消能，桩号从洞 0+344.94m 到洞 0+370.50m，长 25.56m。底板仍采用坡度为 1:8 的斜坡，鼻坎顶高程 697.94m。中墩采用变厚度布置，始端宽度 4.5m，末端宽度 6.5m，两侧边墙平面收缩，平面收缩比为 1:32，过流断面从 4.5m 渐变为 2.5m，边墙顶部坡比为 1:3.42，边墙顶高程 714.77m，通过边墙收缩，将水舌竖向拉伸消能。

挑坎末端设 10m 的混凝土护坦，护坦厚度为 50cm，设 ϕ32 锚筋，间距为 2m，长 9m，入岩 7m。

4）金属结构改造方案。泄洪排沙洞改建拆除金属结构设备包括 2 孔闸门及门槽埋件、2 台液压启闭机及其检修桥机。

改建泄洪排沙洞工作闸门处孔口尺寸为 4.5m×9.0m，底板高程 694.60m，按挡正常蓄水位 765.00m 设计，设计水头 70.4m。由于弧形闸门门槽处水流平顺，水力学简单，门叶体型适应水流流态的要求，局部开启运行时不易产生振动，故工作闸门采用弧形闸门。每扇弧形闸门由一台 2800kN/500kN 摇摆式液压启闭机启闭，该启闭机及其泵站布置在底板高程为 722.60m 的平台上，启闭扬程 11.8m，启闭速度 0.5m/min，控制方式为现地和远程两种方式。为保证启闭机运行可靠，启闭机泵站设置一套应急操控器，供所有电源失电情况下进行闸门的启闭操作。

泄洪排沙洞改建平面和剖面图如图 4－17 和图 4－18 所示。

（2）溢洪道改建。溢洪道布置于右岸，由引水渠、控制段、泄槽和挑坎组成。由于校核洪水位将由原设计的 765.64m 提高至 765.92m，溢洪道最大下泄流量有所增加，在泄洪设施改建时将溢洪道 1 号泄槽左边墙桩号溢 0＋076.205m～溢 0＋196.205m 段进行了加高，加高最大值 1.0m。

为保证溢洪道工作闸门液压启闭机运行可靠，按照规范《水利水电工程钢闸门设计规范》（SL74—2019）第 3.1.4 条“具有防洪功能的泄水和水闸枢纽工作闸门的启闭机必须设置备用电源，必要时设置失电应急液控启闭装置”规定，2 套 2×1250kN 液压启闭机泵站设置一套移动式液压应急操控器，供所有电源失电情况下进行闸门的启闭操作。

4.3.5　结论

（1）MYJ 水电站可行性研究设计阶段水文资料短缺，参考邻近流域测站资料计算设计洪水。工程投运后经洪水资料系列插补延长，结合历史洪水调查资料，开展设计洪水复核，大坝 2000 年一遇校核洪水洪峰流量为 5190m^3/s，较可行性研究阶段 2000 年一遇校核洪水洪峰流量 3920m^3/s 增大 32.4%。

（2）大坝防洪能力复核表明，首部枢纽正常运行情况可防御 300 年一遇以下的洪水，远达不到工程设计要求，大坝防洪安全存在重大隐患。

（3）根据隐患治理要求，采用泄洪排沙洞改建方案提高大坝防洪能力。泄洪洞改建方案拆除洞 0＋298.00m～洞 0＋318.00m 洞内部分和洞 0＋318.00m～洞 0＋370.00m 工作闸门段和挑坎段，出口过流断面由 2 孔 3.5m×5.0m（宽×高）扩建为 2 孔 4.5m×9.0m（宽×高）。

（4）泄洪洞出口改建方案后校核洪水位略有增高，经计算大坝坝顶高程仍满足规范要求，由于溢洪道校核状态时下泄流量加大，泄槽水深有所增加，对溢洪道左边墙进行了加高。

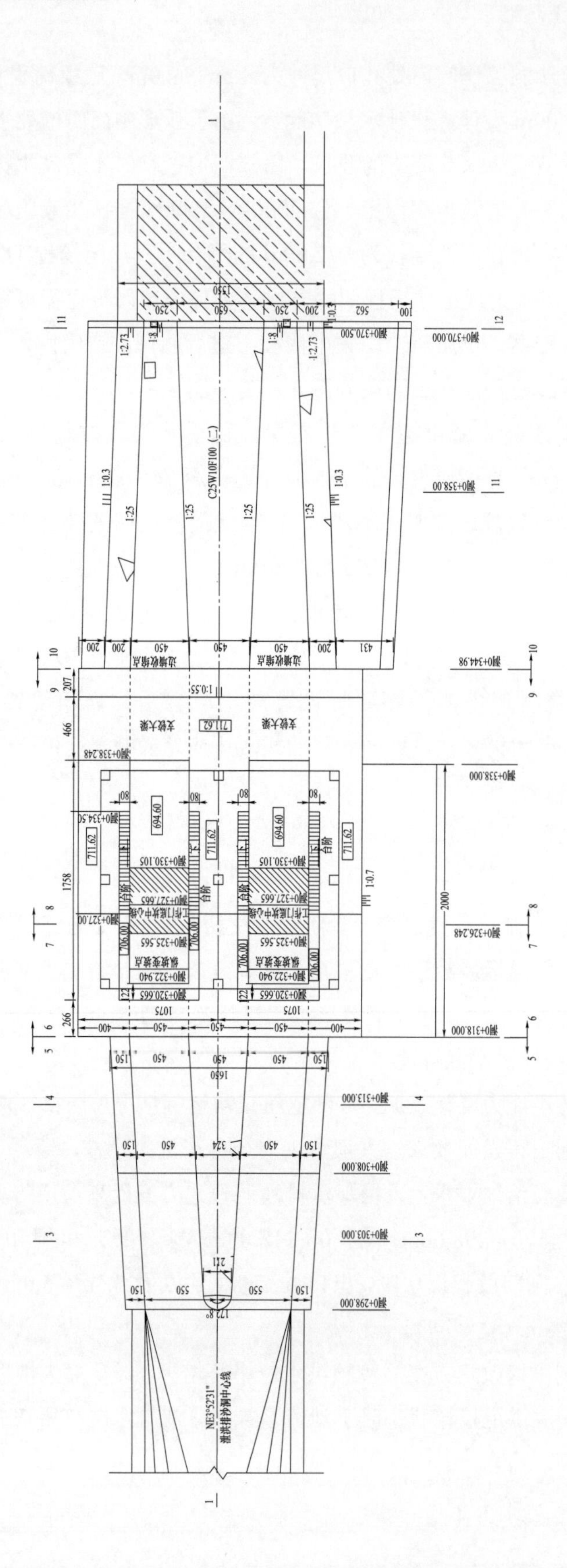

图 4-17　泄洪排沙洞改建平面体型图

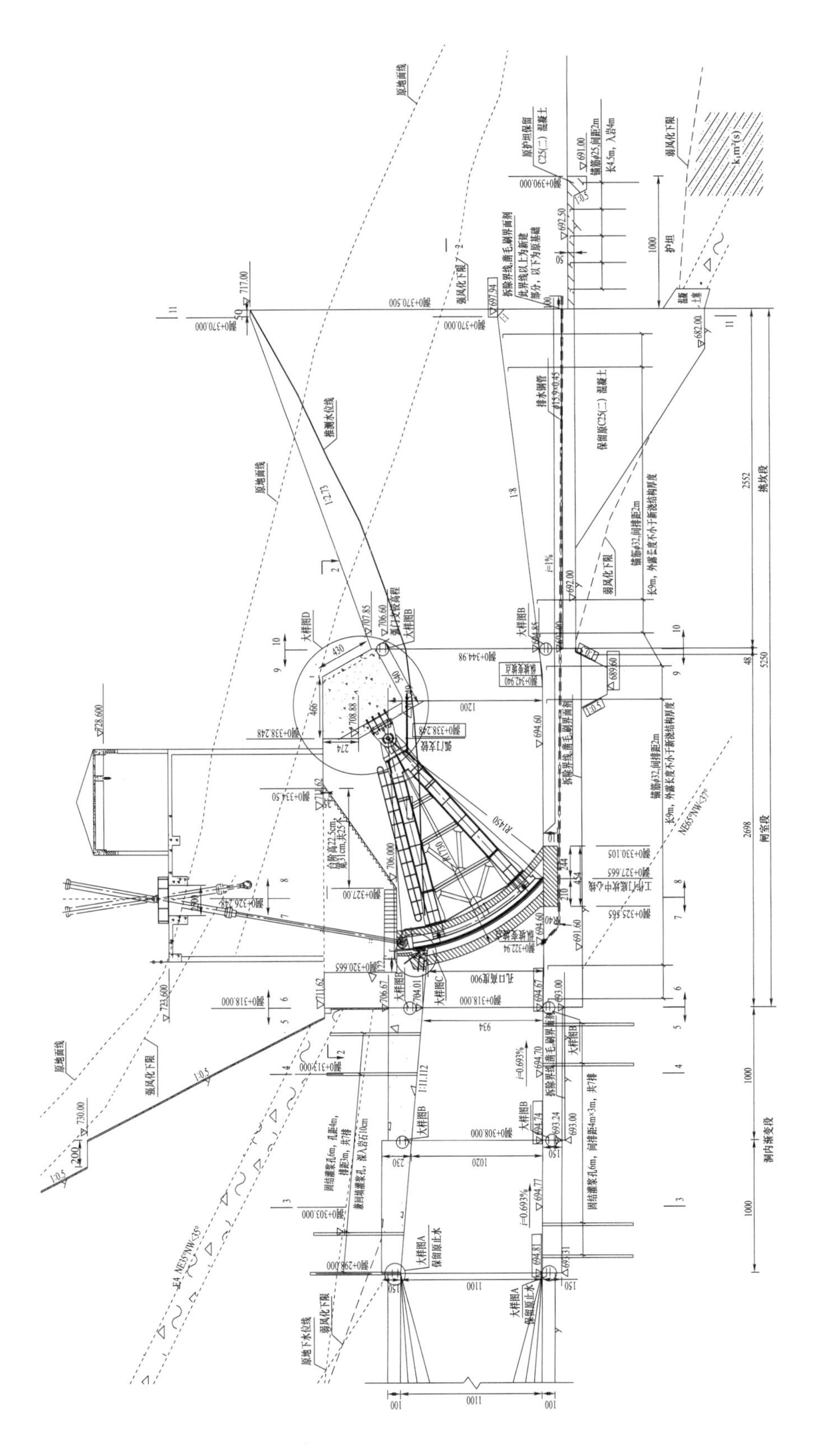

图 4-18　泄洪排沙洞改建剖面图

第5章

土石坝渗漏安全隐患治理实践

5.1 概　　述

土石坝是指由土料、石料或混合料经过抛填、碾压等方法填筑的大坝。由于具有就地取材、施工简单和适应性强等特点，土石坝在水利水电工程中得到广泛应用。对于土石坝而言，渗流破坏是其运行中面临的主要问题之一，若土石坝渗漏严重，甚至可能引发溃坝而导致重大灾害。20世纪80年代以后我国的高土石坝建设迅速发展，相继建设了坝高295m的两河口砾石土心墙堆石坝、坝高261.5m的糯扎渡砾石土心墙堆石坝、坝高233m的水布垭钢筋混凝土面板堆石坝等。虽然土石坝防渗技术不断成熟，但由于部分土石坝所处地区工程环境恶劣，地质条件差，土料来源复杂，施工质量控制难度大，因此土石坝渗透破坏问题屡有发生。除了在土石坝设计和施工过程中对大坝渗控体系进行严格设计和规范施工外，及时有效地开展渗漏治理对于大坝安全运行而言也至关重要。

5.1.1　大坝渗透破坏模式

根据国内外土石坝溃坝统计数据，在因质量问题导致的土石坝溃坝案例中，有64%的溃坝是由于渗透破坏引起的，例如美国提堂（Teton）大坝溃决和我国沟后水库大坝溃决都和防渗体系失效有关。

提堂大坝于1975年由美国垦务局设计建造完成，位于美国爱达荷州提堂河上，最大坝高126m，坝顶宽度10.67m，坝顶长度945m，坝体防渗采用由粉砂土填筑的宽心墙。1976年6月5日，大坝溃决失事，造成了一场巨大的灾难。失事时，水库内超过3亿m^3的库水大约在5h内被排空，整个大坝体积的40%、约400万m^3的大坝土石料被冲垮，下游130km、面积约780km^2的地区全部或局部洪水泛滥，造成 14 人死亡，约 25000 人无家可归，环境破坏严重，直接经济损失 4 亿美元。经反复查证，确认岸坡坝基岩石节理发育，库水从岩石裂隙渗入心墙齿槽土体，由于心墙内分散性粉土易被冲蚀崩解，造成槽底附近土体管涌，最终导致溃坝。

沟后水库位于中国青海省共和县黄河支流恰卜恰河上游。水库于 1985 年 8 月动工兴建，1992 年 9 月竣工验收。大坝为钢筋混凝土面板砂砾石坝，坝顶长 265m，宽 7m，最大坝高 71m。1993 年 8 月 27 日 22 时 40 分左右，大坝在库水位低于设计洪水位 0.7m 的情况下突然溃决，超过 200 万 m^3 的库水以 $1290m^3/s$ 的流量奔腾而下，造成 288 人死亡，40 人失踪，直接经济损失约 1.5 亿元。事后调查确认，主要原因是坝顶防渗体系失效，造成防浪墙倒塌，形成初期溃口，进而导致库水下泄最终造成大坝溃决。大坝施工中的严重质量问题和坝体设计上的缺陷，给大坝留下了致命的隐患，是沟后大坝溃坝的主要原因。

众多土石坝渗透破坏导致溃坝的案例为我们敲响了警钟，也为我们进一步深入了解土石坝渗透破坏模式提供了依据。渗透破坏是指坝体或地基由于渗透变形使渗流通道不断扩大，当破坏无法控制时则最终导致溃坝。渗透变形主要有管涌、流土、接触冲刷和接触流失四种。实际情况中土石坝渗透破坏往往是上述几种渗透变形现象的组合。

管涌是指在渗流的作用下，土体中的细颗粒在粗颗粒形成的孔隙中流失的现象。管涌主要发生在内部结构不稳定的砂砾石层中。流土是指在上升流的作用下，当动水压力超过土重时，土体的表面隆起、浮动或某一颗粒群的同时起动而流失的现象。流土主要发生在渗流出口无任何保护的部位。流土可使土体完全丧失强度，危及建筑物的安全。接触冲刷是指渗流沿着两种不同粒径组成的土层层面发生带走细颗粒的现象。沿两种介质界面，如建筑物与地基、土坝与涵管等接触面流动造成的冲刷均属于此破坏类型。接触流失是指在土层分层较分明且渗透系数差别很大的两个土层中，当渗流垂直于层面运动时，将细粒层的细颗粒带入粗粒层的现象。

5.1.2 土石坝防渗体系建设

土石坝蓄水后随着水位升高水压力不断增大，水流必定会通过坝体土石料颗粒间的孔隙向下游渗透，这样就会造成坝身、坝基和绕坝的渗漏。如果渗漏量和渗透坡降不大，基本在设计控制之内，坝体整体不会因渗漏而产生破坏，这样的渗漏一般可视为正常渗漏，具体表现为水流较小，渗透坡降小，水质清澈，而且水流中没有夹带土壤颗粒。但如果水流较大，水质混浊，水流中夹杂着土壤颗粒，渗透压力突变，而且随着时间推移，水流变大，且越来越浑浊，就会对坝体产生严重的破坏，在坝基或坝体中产生管涌，这时正常渗流就会转变为异常渗流，异常渗流会对土石坝造成严重破坏。虽然土石坝渗流是不可避免的，但运行中应将这种渗流长期控制在安全合理的范围内。为了有效地避免异常渗流的发生，土石坝设计时通常会考虑坝体防渗措施和坝基防渗措施。

坝体防渗往往会选用渗透系数小的材料如压实的黏土、混凝土、沥青和土工膜等作为防渗体。例如土质心墙或斜心墙是土石坝最常用的坝体防渗形式，但施工中需要重视心墙与基岩接触面的处理。近几十年来，土工膜作为新型防渗材料，具有防渗性能高、适应变形能力强、施工便捷、价格低廉等优点，在大坝工程中得到了广泛应用，但一般不适用于心墙防渗。

为达到更好的结构稳定性及排水效果，在坝体特定区域通常还会选用透水性好的材料，如土工织物、砂砾石、卵石或块石作为排水体，以汇集渗流和释放渗透压力，使渗流顺畅地排出坝体。排水体包括防渗体上游的排水带及下游的垂直排水、褥垫排水和坝趾排水等。

此外在设计时还会采用坝基防渗，包括水平防渗和垂直防渗。早期土石坝建设时多采用水平铺盖防渗，铺盖应覆盖河床及坝肩，以形成整体防渗，避免绕坝渗透破坏。对于透水性地基，垂直防渗在减少渗流量方面的效果往往比水平防渗效果更好，例如截水槽、覆盖层截水墙、混凝土防渗墙等防渗方式。坝基防渗措施往往与坝身防渗体相结合形成完整防渗体系。

5.1.3 土石坝防渗加固处理措施

土石坝在设计中尽管采用了多种防渗措施，实际运行时土石坝渗流的产生是不可避免的，一旦出现异常渗流时必须及时加以控制。根据土石坝异常渗流产生的原因，应针对性地采取有效的防渗加固措施，主要包括以下方法。

（1）充填灌浆。利用泥浆的自重压力填充坝体内存在的裂缝等，以达到加固的目的，这是土石坝防渗处理时比较简单且较为常用的方法之一。但是充填灌浆往往渗透压力偏小，灌浆效果有一定局限性，有时细小裂缝充填效果不佳，无法在坝体内形成连续的防渗帷幕，使得坝体渗漏问题得不到彻底根除。

（2）劈裂灌浆。利用水力劈裂原理，以灌浆压力劈开土体，使浆液沿着裂缝深入成为与坝体牢固结合的防渗体，从而提高坝体的整体防渗能力和坝体变形稳定性，以达到防渗目的。劈裂灌浆防渗技术是近几十年发展起来的一项土石坝防渗加固新技术，得到了广泛的应用和推广，其优点是施工便捷、设备简单、就地取材、造价便宜，而且防渗效果好。

（3）高压喷射灌浆。高喷灌浆有定喷、摆喷和旋喷三种形式，它是通过钻机钻孔，将注浆管下到预定位置，借助高压泵喷射浆液，冲击、切割、破碎土体，使浆液与被灌地层土颗粒搅拌混合，形成桩柱或板墙状的固结体，固结体相互交接，构成连续防渗帷幕，拦截渗漏，达到防渗目的。高压喷射灌浆技术源于 20 世纪 60 年代的日本，目前已广泛应用于国内外防渗工程施工中。优点是施工速度快，浆液的浓度、凝结体的强度及渗透性等可根据地层特点加以控制和调整。

（4）帷幕灌浆。帷幕灌浆是在一定压力作用下，钻孔通过灌浆泵在坝体或坝基内进行压力灌浆，形成连续的防渗帷幕，从而拦截坝身或坝基的渗漏。帷幕灌浆作为大坝地基防渗处理的主要手段，对保证大坝的安全运行起着重要作用。灌浆材料以水泥为主，遇到溶沟、溶槽甚至溶洞时，视吸浆量大小可采取级配料和速凝材料灌浆。其优点是设备简便、技术成熟、施工速度快等。

（5）套井回填黏土。套井回填是利用冲抓机造孔，取出坝体渗漏部位的土料，然后回填黏土，并用夯实锤夯实，形成一道新的黏土防渗墙。套井回填技术由我国水利从业人员首创，开始于 20 世纪 70 年代初期，在我国险堤险坝除险加固治理中得到大量应用。冲抓套井回填黏土具有施工方便、设备简单、投资少和方便检查等优点，但局限于低坝的防渗治理。

（6）混凝土防渗墙。利用成孔机械在土石坝松散渗透性底部或凹槽中钻出连续孔，用泥浆固化墙壁，利用直管将混凝土倒入槽中，最终构造成不间断的混凝土防渗墙。其优点是工艺成熟、适应各种地层、防渗效果好，缺点是施工场地较大，造价相对较高。

5.2　LD 水电站大坝渗漏治理

5.2.1　工程简介

LD 水电站总装机容量 920MW。水库总库容 2.40 亿 m^3，具有日调节性能，正常蓄水位为 1378.00m，死水位 1375.00m。大坝为黏土心墙堆石坝，最大坝高 79.5m，上、下游坝坡坡比均为 1:2，心墙上、下游坡比 1:0.25，底高程 1306.0m，最大底宽 48m，心墙上、下游分别设置两层反滤层，上、下游层厚分别为 3.0、4.0m，心墙下游堆石基础也设置有反滤层，反滤层与坝壳堆石间设过渡层，厚度 12.0m，上、下游坝脚以外分别设置了压重区和堆石区。泄洪建筑物由左岸 1 条非常泄洪洞、右岸 2 条泄洪洞组成，最大下泄流量 8941m^3/s。

黏土心墙料由泥岩、粉砂岩经风化残积而成，以细料土为主，碾压后心墙料渗透系数小于 5×10^{-7}cm/s，破坏坡降大于 12，渗透破坏形式为流土；颗粒级配 D_{max} 小于或等于 10cm，小于 5mm 颗粒含量大于 90%，小于 0.075mm 的颗粒含量大于 60%，小于 0.005mm 的颗粒含量大于 15%，颗粒级配应连续；碾压后心墙料压实度大于或等于 99%，压实度合格率大于 96%，不合格压实度不低于设计压实度的 98%。

LD 水电站大坝剖面图如图 5－1 所示。坝址河床覆盖层厚度一般约 120～130m，最大厚度 148.6m，可划分为四层七个亚层，分别为第④层漂卵砾石、③－2 亚层砾质砂、③－1 亚层含漂（块）卵（碎）砾石土、②－3 亚层粉细砂及粉土、②－2 亚层碎（卵）砾石土及②－1 亚层、第①层漂（块）卵（碎）砾石层，层次结构复杂，且有粉细砂、粉土层、砾质砂层存在，坝基存在渗漏、渗透变形稳定和不均一沉降变形问题以及砂土地震液化等问题。坝基河床段采用 110m 深防渗墙下接帷幕灌浆，防渗墙厚度 1m、深度 110m，两岸采用封闭式防渗墙，坝体黏土心墙与坝基混凝土防渗墙之间通过坝基混凝土灌浆廊道连接，形成完整的防渗体系。

2009 年 11 月，主体工程开工；2011 年 8 月，下闸蓄水；2012 年 6 月，4 台机组全部投运。

5.2.2 隐患概况

2013 年 3 月 31 日，大坝下游距坝轴线约 448m、距坝脚下游约 200m 的右岸河道约 1306m 高程发现渗水。涌水初期流量约 5L/s，至 2013 年 4 月 15 日，涌水区地面发生塌陷，流量目测增至约 200L/s，且有较多的灰黑色细颗粒涌出，之后流量在 188～212L/s 之间。涌水点附近出现地面开裂、河床塌陷等变形。随后对涌水点和涌水区域进行了压重反压、排水减势的应急处理措施。经过应急处理，涌水含砂有明显改善，涌水出口未再出现塌陷，但涌水流量未见明显减小。LD 水电站大坝隐患处理前坝后涌水点渗水情况如图 5－2 所示。

从 2013 年起，针对坝基防渗体系缺陷，先后对右岸坝基基岩强透水带进行了四期补强灌浆处理，对河床段防渗墙下覆盖层进行补强灌浆处理，对下游涌水出逸部位扩大了压重范围，增加了压重厚度。处理后坝后量水堰渗流量降至约 154L/s，涌水点渗流量降至约 47L/s，渗流量仍偏大，治理效果未达预期。存在的主要风险如下：

（1）坝脚量水堰实测渗漏量偏大，下游涌水点仍有较大出水，坝后地基①层承压水位较高，②－2 层局部竖向水力坡降超允许坡降，考虑到②－2 层地层结构、性状、透水性能等存在不均一性，大坝长期运行存在渗透破坏风险。

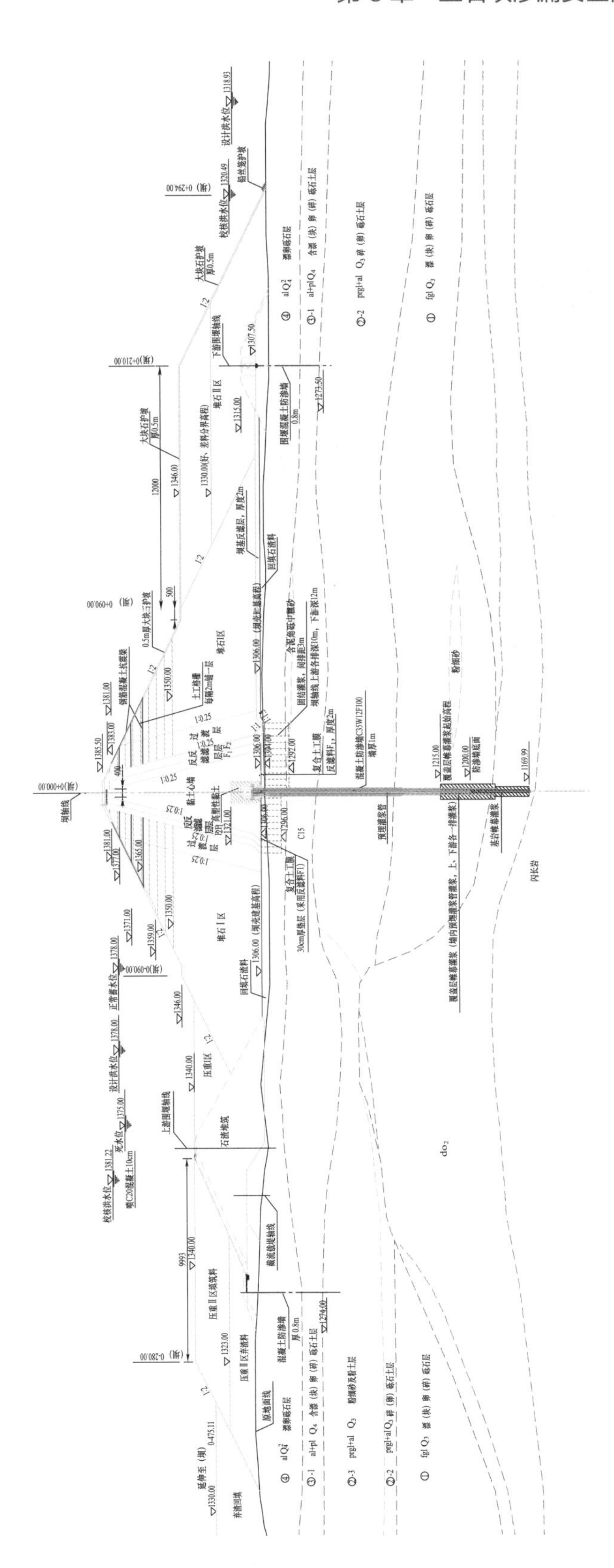

图5-1 LD水电站大坝剖面图

图 5-2　LD 水电站大坝隐患处理前坝后涌水点渗水情况

（2）三维渗流分析表明，目前已实施的渗控方案，河床和右岸强透水带区域防渗墙上游侧覆盖层土体较大范围的渗透坡降超过允许坡降，长期运行存在地基渗透破坏风险。

（3）治理后的渗流状态下，下游坝坡稳定性满足要求；但坝基①层承压水位较高，一旦坝基深层承压水击穿②-2 层，下游坝壳浸润线将会抬高，下游坝坡抗滑稳定性可能不满足要求。

（4）坝基及坝后①层承压水位较高，在地震等极端条件下，增加了地基渗透破坏发生的风险。

（5）虽然大坝下游河道一定范围进行了反滤压重处理，但在 1 号泄洪洞泄洪时存在大面积冲毁的风险。

（6）下游县城城区堤防工程为重现期 30 年洪水标准，部分区域低于 30 年洪水标准。大坝距下游县城约 2.5km，县城人口密集，一旦发生极端溃坝情况，将造成下游巨大的人民生命财产损失。

5.2.3　大坝渗漏原因分析

通过对库水、量水堰及涌水点等部位进行水质分析，结果表明渗漏水主要来源于库水；大坝下游涌水点附近长观水位观测孔内水位与库水位相关性较好，说明大坝下游涌水来源主要为库水渗漏。

根据大坝左右岸绕坝渗流孔监测成果，涌水前后各绕渗孔水位测值变化较小，与库水位相关性相对较弱，随库水位波动较小，说明左右岸绕坝渗流不是下游涌水的主要通道。

勘探成果显示，坝轴线至涌水出口的河床覆盖层地层结构相同，即底部为强透水的①层、中部为中等透水的②－2 层和③－1 层、上部为强透水的④层。由于在下游围堰轴线至涌水点的观测孔反映出的较高承压水多分布在较深部位的①层中，而该层的透水性强、埋深较大、其上部的②－2 层透水性相对较弱，因此，深部渗漏的可能性大。

2018 年 3 月，伪随机流场法检测结果显示远坝库区和上游围堰轴线区域的渗漏水，经浅层中相对薄弱区域下渗到漂（块）卵（碎）砾石层形成承压水，后渗漏至坝后，经坝后右岸浅层中相对薄弱区域上涌。同时，三维渗流计算分析显示，河床深层渗漏通道和右岸渗漏通道是发生渗漏涌水涌砂的主要渗漏通道。

2018 年 9 月，为验证渗漏通道，采用钻孔取芯、地震波 CT 和压（注）水试验等手段对河床段坝基防渗体系进行检查，防渗墙内段主要进行地震波 CT 检测、防渗墙底面以下覆盖层帷幕和基岩帷幕进行取芯和压（注）水试验检测。为保证廊道和防渗墙安全，利用防渗墙内下游排原灌浆孔进行扫孔检查。共布置 13 个检查孔，其中两个检查孔（桩号 0＋160、0＋170）钻深至①层，其他 11 孔不打穿防渗墙底。检测成果显示墙下基岩整体完整性较好；在防渗墙浅部、防渗墙与基岩接触带及墙下基岩局部存在异常区，但异常区域范围较小且不连续，局部缺陷不足以形成集中的渗漏通道，说明防渗墙缺陷不是涌水发生的原因。桩号 0＋160 的检查孔钻孔至①层后有涌水涌砂现象，涌水压力达到约 0.5MPa，因此防渗墙下覆盖层内存在渗漏通道引发涌水的可能性大。

根据河床段深部渗压远高于浅部渗压、长观孔水位，防渗线上钻孔、压水、物探检查等情况，结合三维渗流反演分析成果、模型试验、涌水处理过程中灌浆异常，历次渗漏通道的检测与历次灌浆处理验证认为，涌水的渗漏通道主要为右岸桩号 0＋230m～0＋260.5m 防渗墙端部的强透水带（见图 5－3）和河床段桩号 0＋105.5m～0＋250.3m 防渗墙下覆盖层①层。

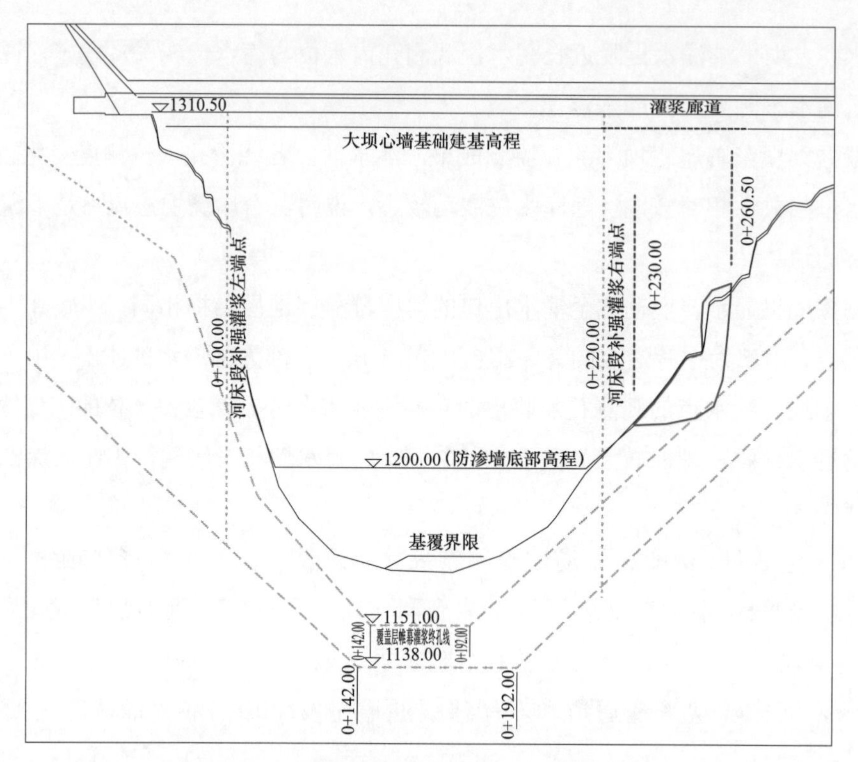

图 5-3　右岸防渗墙端部强透水带范围示意图

5.2.4　隐患治理方案及成效

1. 治理方案

（1）治理原则。该工程坝基下游深部①层为强透水层，内部渗压很高；①层上部②-2 层，为相对不透水层，渗透系数小约 2 个数量级；②-2 层上部③、④层为强透水层，表现为上部透水层，中部相对隔水层，下部透水层。下游压重方案虽然可在一定程度上提高大坝下游一定范围坝基土的抗渗透破坏能力，但河床覆盖层（尤其是②-2）在高承压水环境下的长期渗透稳定性，特别是防渗墙附近坝基河床覆盖层的长期渗透稳定性不能得到保证。该工程的压重可作为一种出口保护的辅助措施，不能从根源上解决渗透破坏的问题。因此，确定防渗缺陷修复方案原则以“上截”为主、“下排”为辅。

（2）实施方案。补强处理优先选择了深部渗压最高并与涌水点正对部位的右岸桩号 0+220m～280m 范围，对防渗墙下强透水带进行帷幕灌浆。从 2013 年 4 月～2018 年 7 月，针对右岸强透水带，先后进行了四期灌浆处理施工，灌后检查透水率满足设计要求。灌浆后，大坝下游深部渗压仍较高，下游涌水点涌水量有所减小，但未达到预期。

2020 年 9 月～2021 年 12 月，在 2019 年覆盖层帷幕灌浆生产性试验的基础上，对右岸强透水带和桩号 0+100m～0+220m 段深厚覆盖层帷幕进行补强灌浆，河床段补强帷幕灌浆平面图及范围示意图分别如图 5－4 和图 5－5 所示。施工在坝基廊

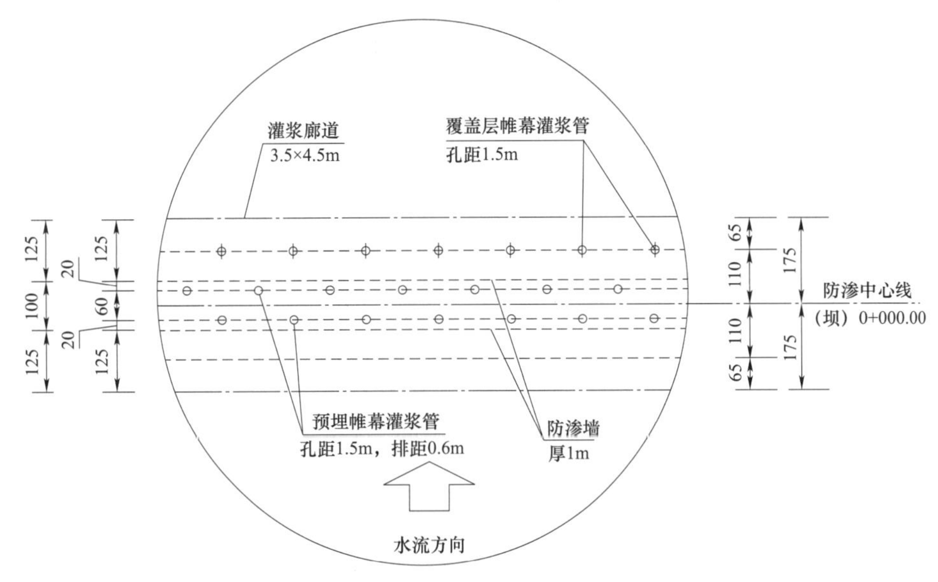

图 5－4　河床段补强帷幕灌浆平面图

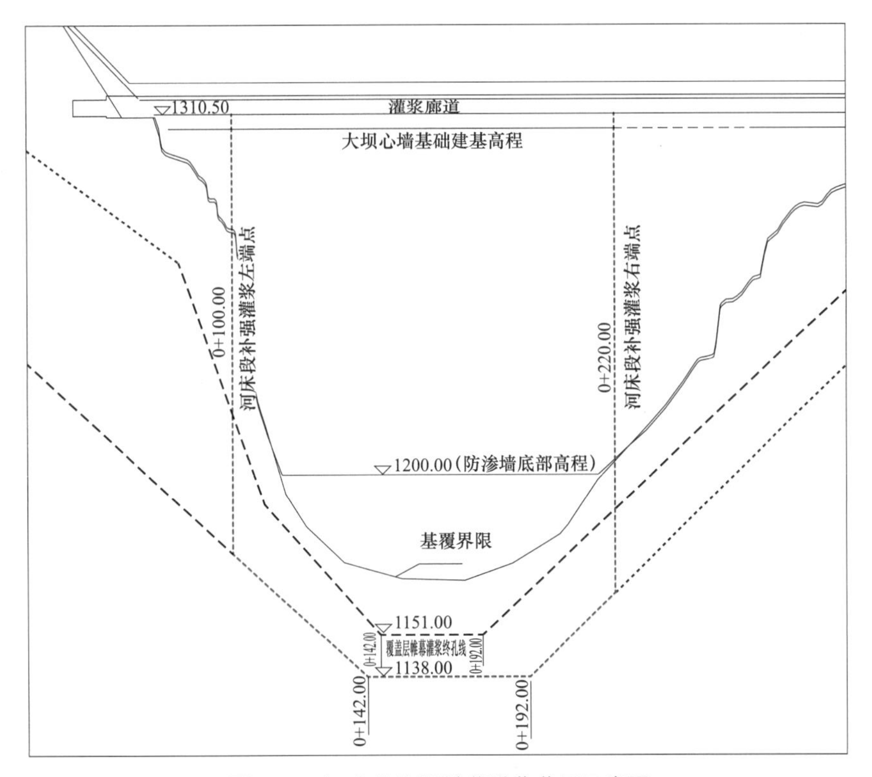

图 5－5　河床段补强帷幕灌浆范围示意图

道内进行，顺水流方向布置三排帷幕灌浆孔，其中防渗墙内设置 2 排灌浆孔，利用原设计预埋灌浆管灌浆（排距 0.6m，孔距 1.5m）；防渗墙外下游设置 1 排灌浆孔，利用原覆盖层帷幕灌浆孔扫孔进行灌浆（此孔与防渗墙内下游排孔之间排距 0.8m，孔距 1.5m）。先进行防渗墙内上游排灌浆，再进行防渗墙外下游排灌浆，最后进行防渗墙内下游排灌浆。覆盖层 40m 以上灌浆压力为 1.3～2.0MPa，但针对钻孔过程中出现涌水情况的孔段灌浆压力按照 3.5～4.0MPa 控制；覆盖层 40m 至对应防渗墙深度内灌浆压力为 4.0～4.5MPa；对应防渗墙以下深度灌浆压力为 4.5～5.0MPa。防渗墙内帷幕，按深入基岩透水率小于或等于 3Lu 控制；防渗墙外下游排帷幕，按深入基岩透水率小于或等于 5Lu 控制。

（3）施工工艺。灌浆钻孔采用加重泥浆护壁钻孔结合孔口封闭工艺，灌浆采用套阀管工艺结合钻灌交替工艺，在套阀管内采用“自下而上”分段卡塞法灌浆。灌浆采取“先堵漏、后灌浆”的原则，根据不同情况，采用不同灌浆浆液。施工单位水电基础局攻克了高承压动水条件下的深厚覆盖层中实施超深帷幕灌浆的难题，最大灌浆深度达 178m。

覆盖层钻孔采用加重泥浆，以膨润土和重晶石粉为主要原材料，通过添加润滑剂和表面活性剂配制而成。加重泥浆可以有效平衡孔内涌水压力，同时具备较好的携渣和护壁功能。坝基廊道内开孔后就面临 60m 的水头压力，这时加重泥浆的优势还不能发挥，为防止涌水涌砂溢出孔口，在孔口安装特制的封闭装置，可以实现在发生涌水涌砂时能正常钻孔、起下钻。

灌浆浆液包括普通水泥浆液、HSC 浆液、HPSC 浆液、水泥水玻璃双液浆、HSS 型纳米浆液，可根据不同地层针对性进行灌注。HPSC 浆液是在 0.6:1 的 HSC 浆液加入专用外加剂拌制而成，具有速凝、水下不分散、抗水冲等特性，40～50min 失流、60～70min 初凝，用于封堵较大渗漏通道。水泥水玻璃双液浆采用 0.5:1 普通水泥浆掺加 15%左右的水玻璃制成，采用双液方式灌注，7s 左右失去流动性，30min 左右初凝，用于封堵大渗漏通道。HSS 型纳米浆液由 A、B 液按 1:1 配置而成，固砂效果好，固砂体强度可达到 3～5MPa，主要用于砂层段灌注。

施工资料表明，三排覆盖层帷幕灌浆的钻孔工效逐序提高，平均单位耗浆量逐排降低，串漏浆现象明显减少，出现涌水的孔段数量、涌水压力和流量均逐渐减小。据 4 个检查孔取芯表明，钻孔取芯率 60%～80%，芯样内普遍可见水泥结石。

2. 治理成效

治理完成后，水位 1377.00m 附近时（正常蓄水位 1378.00m），涌水点渗流量测值从 47L/s 降至 0.15L/s；坝后量水堰渗流量测值从 154L/s 降至 13L/s。坝后量水堰渗漏量与库水位时间过程线如图 5－6 所示，涌水点渗流量时间过程线如图 5－7 所示。坝基廊道下深层渗压计测值普遍下降，最大下降 38.8m；坝下游长观孔水位普遍下降 10～20m，下游河床仍有 10m 左右的承压水头，需要继续关注。

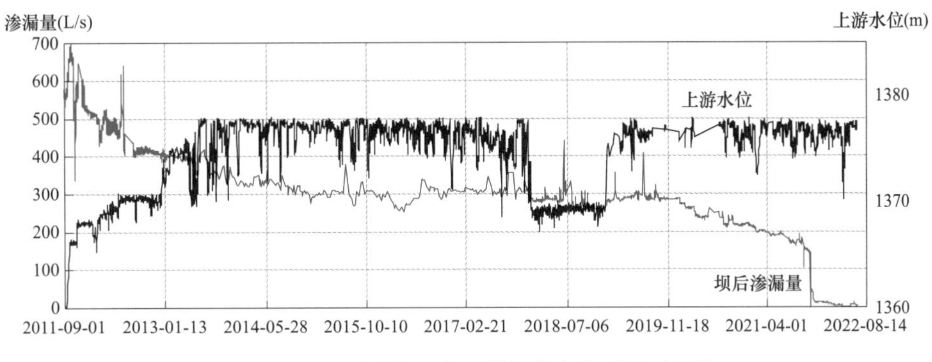

图 5－6　坝后量水堰渗漏量与库水位时间过程线

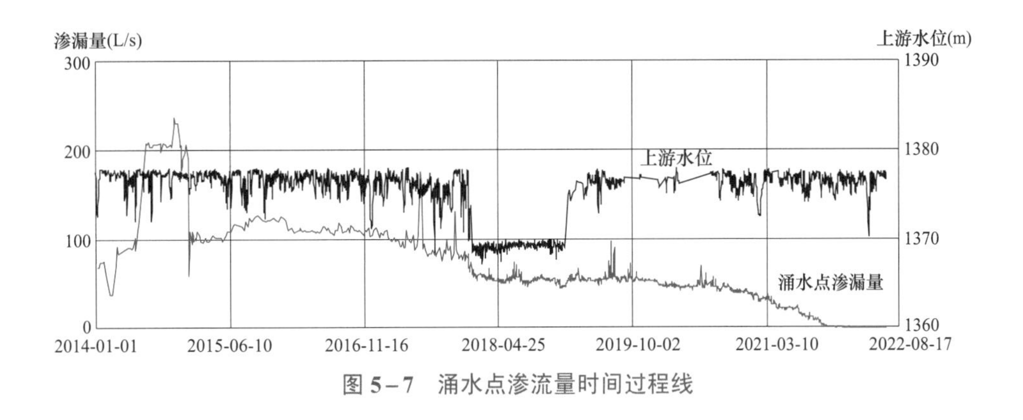

图 5－7　涌水点渗流量时间过程线

3. 坝基长期渗透安全性评价

该工程覆盖层层次结构复杂，各层均一性较差，为深入分析评价坝基长期渗透稳定性和渗流安全性，河海大学、重庆大学对覆盖层①层在长期渗流作用下的潜蚀和其与②-2 层间的接触冲刷等性能开展了研究。研究成果显示：

（1）考虑埋深的②-2 层和③-1 层土体渗透试验研究表明，随着轴压的增加，土体临界坡降和破坏坡降大致呈线性增加的关系，埋深影响明显。相比单一地层：考虑层间保护作用②-2 层土体的临界和破坏坡降增加 1.34～1.98 倍；③-1 层土体的临界和破坏坡降增加 2.11～5.91 倍。②-2 层和③-1 层坡降均小于考虑埋深和层间保护作用的临界坡降。

（2）不同轴向压力条件下①层平均线潜蚀试验结果显示，累计轴向应变介于 0.1%～0.49%，小于土骨架发生明显变形的判别标准（轴向应变≥1%），①层土体细颗粒流失不会诱发明显的骨架变形，坝基发生较大变形的风险较小。

（3）现场观测孔测试①层地下水流速为 1.16～6.79m/d，小于接触冲刷的临界流速（0.2cm/s），①层和②-2 层间的接触冲刷可能性不大。

坝基补强灌浆处理取得了良好的效果，灌浆处理后的渗流场在考虑埋深和地层联合作用后，各部位的渗透稳定性基本可满足要求。

5.2.5 结论

（1）该工程为高水头、动水、深孔覆盖层帷幕灌浆，灌浆过程中第一排堵漏采用了较多的水泥水玻璃双液浆。三维渗流分析表明补强灌浆后覆盖层帷幕的渗透坡降与类似工程相比偏高。为保证工程的长期渗流安全，需要对覆盖层帷幕幕体的耐久性进一步深入开展研究。

（2）鉴于大坝基础覆盖层深厚，地层结构复杂，灌浆中采用了新材料和工艺，应加强高渗透比降区地基变形及渗压监测。

5.3 BSH 水电站大坝渗漏综合治理

5.3.1 工程简介

BSH 水电站总装机容量 50MW。水库总库容 2.476 亿 m^3，为年调节水库，正常蓄水位 445.00m，死水位 423.00m，设计洪水位 445.33m，校核洪水位 448.45m。拦河坝为混凝土面板堆石坝，最大坝高 102.4m，坝顶长 230m，坝顶高程 449.60m，防浪墙顶高程 450.80m。上游坝坡坡比为 1:1.35；下游坝坡坡比为 1:1.35，设有三层马道，下游坝坡综合坡比 1:1.49。坝基和坝肩岩体为薄层状含粉砂质板岩，岩性单一，存在数条层间剪切带和破碎带。趾板建基面河床段为新鲜岩体，两岸多为弱风化或微风化岩体，两岸堆石体均置于基岩上，河床段利用冲洪积砂卵石作为地基。帷幕灌浆防渗标准按 3Lu 考虑，帷幕深度深入相对不透水层以内 5m。

大坝混凝土面板以 421m 高程为界分两期施工，一、二期混凝土面板之间设有永久结构缝。为了排除通过面板的渗漏水，在主堆石区后设置了水平和垂直排水体，下游设有堆石棱体，结合堆石棱体下部粉喷桩，设置了量水堰对大坝渗漏量进行监测。

坝体从上游至下游依次分布上游铺盖与盖重区、混凝土防渗面板、挤压式边墙、垫层料、过渡料、主堆石区、排水体、下游堆石区、下游护坡及抛石区。大坝典型剖面如图 5-8 所示。

工程于 2010 年 8 月 25 日正式开工。2012 年 11 月 28 日，大坝下闸蓄水。2013 年 7 月，两台机组正式投产发电。

5.3.2　隐患概况

（1）大坝渗流量大。工程于 2012 年 11 月 28 日下闸蓄水；2013 年 1 月 29 日，坝后量水堰正式过水；2013 年 6 月，实测渗流量约为 170L/s；2021 年 1 月 2 日，库水位 430.00m 附近时渗流量达到最大值 332L/s（水库正常蓄水位 445.00m），2021 年汛前临时封堵处理后，渗流量降为 221.43L/s；2021 年 12 月，库水位 421.00m 附近时相应的渗流量约为 148L/s。与国内同等规模面板堆石坝相比较，大坝渗流量明显偏大。

（2）坝基和坝体渗压高，坝后排水不畅。大坝主堆石区（3B1）基础布置有 4 支渗压计，在水库蓄水过程中，渗压计 PA3 的渗压水位有一定的升高现象，且与上游水位之间存在一定的相关性。主堆石区内最高渗压水位为 382.99m，发生在 2020 年 7 月 26 日的 PA3 测点处，高于下游量水堰堰池水面高程（357.42m）25.57m。2020 年 11 月，在坝后坡新增 1 号测压管，深入基岩约 5m，1 号测压管的最大渗压水位为 367.95m，高出下游量水堰堰池水面高程 10.53m，说明坝后排水体排水不畅。

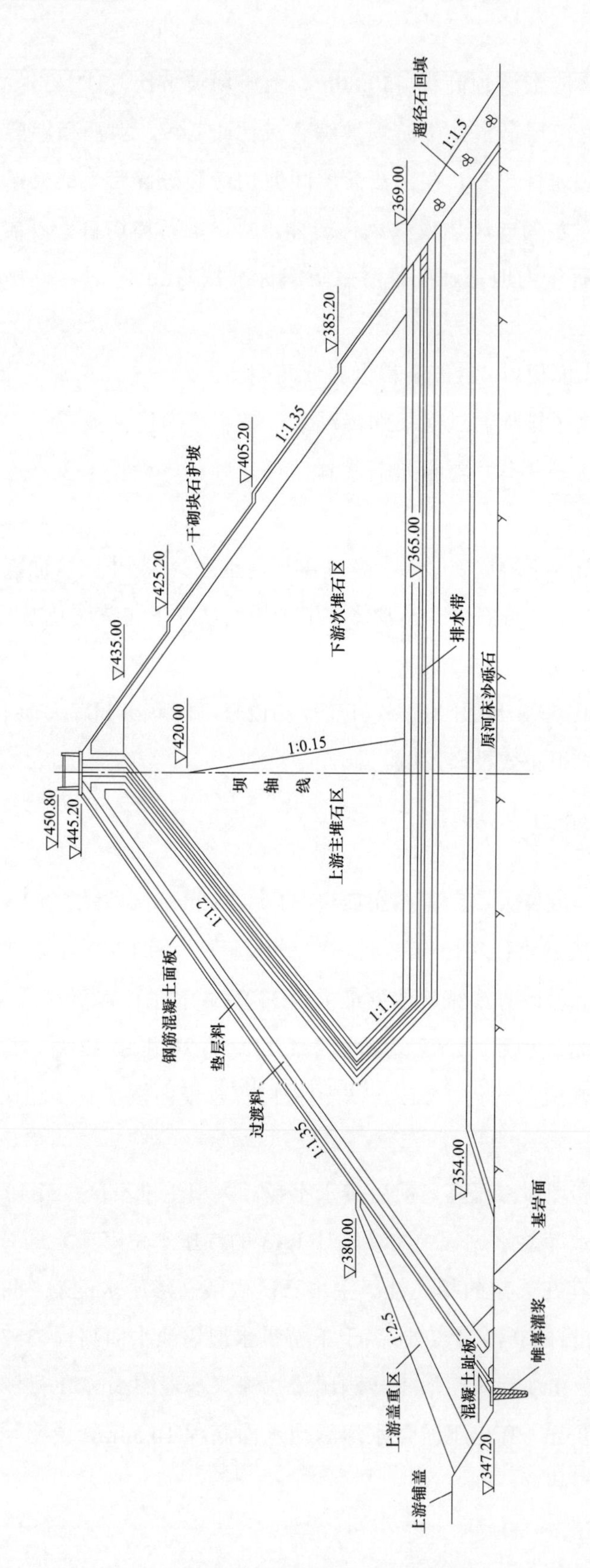

图 5-8 大坝典型剖面结构图

（3）大坝变形问题。水库蓄水后，大坝向下游水平位移随着库水位上升而逐渐增加，且随着时间的推移，大坝水平和垂直位移逐渐趋于收敛，但仍未完全稳定。观测数据显示，2020 年顺河向水平位移年变形量最大为 15.66mm，2020 年最大年沉降量约为 24.45mm；与国内同等规模面板堆石坝相比较，大坝变形量仍较大。大坝坝体顶部变形量较大，致使大坝上游面板中部呈现下凹状，坝顶防浪墙变形严重，墙体多处开裂、露筋。大坝加固处理前现场照片如图 5－9 所示。

图 5－9　大坝处理前面貌

5.3.3　大坝渗漏原因分析

（1）坝址基础层间软弱夹层存在渗漏通道。坝址右岸位于呈“S”形转弯河段的凸岸，与右岸下游发育一切割较深的冲沟组成小型河间地块。岩层呈中陡倾角、倾向下游偏左岸，右岸为顺向坡，致使右岸岩体条件明显变差。运行期大坝下游右岸边坡有渗水出现，也说明右岸顺坡向层理存在渗漏通道。坝址出露基岩岩性为灰、深灰色含粉砂质板岩。岩石主要由绢云母及其分布其间的少量石英、长石、绿泥石等矿物组成。岩体在区域动力变质作用下，断层、软弱夹层、裂隙及层间剪切变形等构造行迹较发育，坝址区分布 J1～J11 共 11 层软弱夹层，层间软弱夹层成为潜在的渗漏通道。

（2）大坝原有防渗线施工存在缺陷，局部存在渗漏通道。原设计图纸显示，大坝基础设计防渗线长 562m，布置勘探孔 5 个；大坝趾板 470m 长，布置勘探孔 3 个。原设计防渗线上勘探孔数量偏少，不能反映大坝基础基岩渗透情况。

2014 年 4 月，针对大坝两岸趾板基础防渗帷幕效果进行检查，在两岸趾板 425m 和 430m 高程各布置 2 个检查孔，在右岸原帷幕灌浆端点布置 1 个检查孔。检查结果表明：5 个检查孔中 1 孔在 20m 深达到 3Lu，2 孔在 25m 深达到 3Lu，1 孔在 30m 深达到 3Lu。4 个检查孔在趾板与基岩接触段存在透水率明显偏大的现象，且其中 2 孔存在接触段不起压，无回水现象。

（3）河床部位趾板基础防渗深度及两岸坝肩绕渗长度不够。

1）趾板宽度偏窄（原设计按 90m 水头取值，实际承受 98m 水头）。固结灌浆孔少，420m 高程以上没有设置固结灌浆，容易造成趾板与基岩接触段渗漏。2014 年，对大坝防渗帷幕进行检查时发现趾板与基岩接触段透水率明显偏大，其中有 2 个检查孔存在接触段不起压、无回水现象。

2）河床趾板主帷幕深入基岩 11m，仅为水头的 1/9，加之趾板宽度偏窄，而该部位水头最大，存在基础绕渗的可能。

3）左岸坝肩帷幕底高程为 386.5m，高于 ZK01 钻孔 3Lu 线的 377.2m，水平延伸长度仅为 32m，且不封闭。2017 年对其进行补灌，补灌后帷幕底高程为 386.5～407m，仍高于 ZK01 钻孔 3Lu 线的 377.2m，水平延伸长度仅增加 26.5m，仍不封闭。因此，左岸防渗帷幕深度和水平距离均不满足要求，左岸坝肩仍存在绕坝渗漏问题。

4）右岸坝肩帷幕延伸短，从溢洪道右边墩向山体延伸仅 11.5m，帷幕灌浆底高程为 400m，低于 ZK02 钻孔 3Lu 线 405m，深度满足要求，但水平延伸长度较短，没有与 3Lu 线相接。2017 年对其进行补灌，但延伸长度没有增加。右坝肩仍存在绕坝渗漏问题。

5）右岸趾板与溢洪道左边墩之间岩体较破碎，且岩体较为单薄，对大坝防渗不利。

（4）运行期帷幕补强灌浆效果有限，且补强灌浆后帷幕线仍没有封闭。分别于 2014 年和 2017 年对大坝帷幕进行了两次补强灌浆，但 2014 年仅对 421m 高程以上左、右岸趾板进行帷幕灌浆，421m 高程以下趾板未进行补强灌浆；2017 年仅对左、右岸坝头进行补强灌浆，但灌浆深度和延伸范围不够，两次补强灌浆均未形成封闭防渗系统。

2020 年，对大坝灌浆帷幕进行抽样检查，JC－3 号检查孔上部高程 395.80～444.30m 段透水率均大于 3.0Lu，且在高程 360.80～365.80m 段岩体透水率达到 63.91Lu，出现明显失水，说明该部位存在渗漏通道。

5.3.4　隐患治理方案及成效

为解决大坝渗漏量、变形偏大等问题，对大坝采取重建坝顶防浪墙、更换大坝 380m 高程以上表面止水、380～421m 高程趾板基础帷幕补强灌浆和两坝肩绕渗勘探检查、面板裂缝处理（水上、水下）、恢复并完善大坝 421m 以上大坝监测设施、恢复坝下排水棱体等综合治理措施。

1. 大坝基础防渗帷幕补强加固

根据 2014 年和 2017 年补充灌浆过程钻孔及压水成果显示，初步判断 380～421m 趾板基础防渗帷幕存在失效的可能。考虑到 380m 高程以下趾板设有铺盖和盖重，无法对该部位进行钻孔检查，仅对 380m 高程以上两岸趾板基础及两岸坝肩防渗线进行钻孔检查，评判大坝基础的防渗系统有效性；同时结合检查情况，重新对 380～421m 趾板基础进行补充灌浆。

（1）灌浆范围。大坝基础防渗帷幕补强加固范围为两岸趾板 380～421m 高程部位，即坝 0＋020.00m～坝 0＋066.61m 及坝 0＋196.67m～坝 0＋214.28m。

（2）灌浆参数。大坝基础防渗帷幕补强加固共布置两排帷幕灌浆孔，孔距 2.5m，排距 0.8m（考虑现场浮船规模），主帷幕灌浆深入 3Lu 以下 5m，主帷幕深度 35～71m；副帷幕为主帷幕灌浆深度的 2/3，副帷幕深 25～50m，灌浆孔分 2 序施工。补强帷幕灌浆剖面图如图 5－10 所示。

（3）帷幕补强灌浆施工。大坝基础帷幕补强灌浆前先进行先导孔施工，共布置 5 个先导孔。结合先导孔的压水试验成果确定主、副帷幕设计参数。根据工程地质条件，结合灌浆工艺特点，本次帷幕灌浆采用“孔内循环、孔口封闭、自上而下、分段灌浆”法进行施工。

大坝基础帷幕补强灌浆孔开孔高程位于 380～421m，均位于水库运行期最低水位 421.00m 高程以下，因此，补强灌浆施工通过水上搭设浮船式作业平台、水下钻灌的工艺进行施工，施工过程如图 5－11 所示。

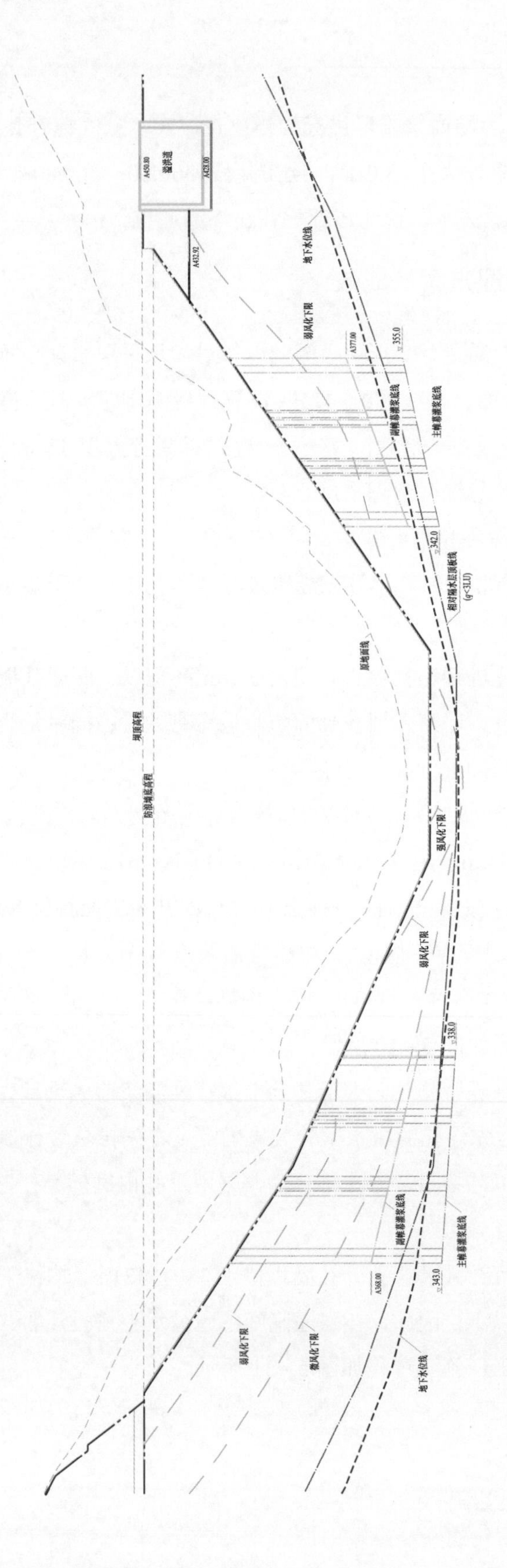

图 5-10　大坝防渗帷幕补强灌浆剖面示意图

图 5－11　大坝防渗帷幕补强灌浆水上钻孔作业平台

补强帷幕灌浆工程于 2022 年 1 月 17 日开始施工，至 2022 年 4 月 11 日施工完成。共计完成 108 个帷幕灌浆孔、5 个补充勘探孔。累计完成钻孔 6545.58m（不含检查孔工程量），灌注水泥 870.48t，平均单位注灰量 140.92kg/m。

2. 大坝面板结构缝表面止水更换

考虑到大坝原表面止水材料耐久性已明显减弱，对大坝 380m 高程以上周边缝、421m 高程以上面板垂直缝和 421m 水平结构缝表面止水材料进行整体更换。表止水采用优质的 SR 塑性止水材料，表面盖板采用优质的三元乙丙增强型 SR 防渗盖片，并增设弹性环氧腻子封边措施，强化其止水功能。

主要工艺流程为：拆除、清理→止水填料、盖片安装→压固、封边。本次大坝面板结构缝表面止水共计完成 2066m。面板结构缝止水更换如图 5－12 所示。

3. 大坝趾板周边缝集中渗漏点（带）封堵处理

2022 年 12 月底，通过潜水员水下检查发现大坝右岸趾板周边缝 381～383m 和 407m 高程附近存在两处集中渗漏带。对于检查发现的集中渗漏带，通过灌注砂石料封堵＋化学灌浆等措施进行封堵处理。

(a) 原止水拆除

(b) 沿缝造槽

(c) 基面打磨

(d) 涂刷底胶、放橡胶棒

(e) SR 止水施工

(f) SR 盖片铺贴

(g) 压条锚固

(h) 两侧封边

图 5-12 大坝面板结构缝表面止水更换过程图

主要工艺流程为：管路架设→灌注砂石料→钻孔、埋管→灌浆→表面止水恢复。

（1）集中渗漏点管路搭设及灌砂封堵。从水面工作平台向渗漏点搭设灌注管路，管路进口设置漏斗，出口距离渗漏点约 20cm，方便潜水员在水下控制方位。灌注砂石料时，观察吸砂量变化情况，如有所减小则继续灌注，待灌注达到一定量后表面无明显吸力且喷墨检查无明显吸墨时结束灌注；如果灌注一定量后吸砂量没有明显变化，提高灌注砂石料粒径，直到能观察到表面吸力减小为止，最终直至喷墨检查表面无明显吸墨现象。右岸周边缝 381～383m 高程渗漏带灌砂约 7.5m^3，右岸周边缝 407m 高程渗漏点灌砂约 2.3m^3。

（2）水下钻孔及灌浆施工。用水下液压钻骑缝钻孔，孔径 28mm 左右、孔深控制在面板厚度中上部，间距 50～80cm，槽内采用 SXM 水下密封材料埋管；封缝试压无漏后开始灌浆，灌浆材料选用 LW/HW 水溶性聚氨酯，起始灌浆压力 0.2MPa，最大不超过 0.8MPa，如果进浆量小且灌浆压力增大，或进浆量小于 1.0L/min，持续 5min 结束此孔灌浆施工，依次开展。灌浆过程中如出现漏浆，则采用了低压、限流、间歇等方法处理；该工程水下周边缝共灌浆 18.155t。

（3）表面止水恢复。灌浆后清理槽面，表面均匀涂刷 HK－963 水下涂料，放置固定橡胶棒；在水上平台将 SR 塑性止水材料从挤出成型系统挤出设计尺寸的鼓包，并放入已铺放相应规格的 SR 防渗盖片的模型架内，表面均匀涂刷 HK－963 水下增厚环氧涂料，整体吊入水中，由潜水员在水下控制模型架下降和移动方向，将成型鼓包骑缝安装于周边缝上部；然后两侧按照压条孔位用水下冲击钻成孔，用不锈钢膨胀螺栓进行固定。为确保防渗效果，每段 SR 防渗模块预留搭接段，搭接部位盖片及两侧涂刷 HK－963 水下增厚环氧涂料；处理完成后对其进行水下喷墨检查，不吸墨为合格。

大坝右岸集中渗漏点封堵处理过程如图 5－13 所示。

4. 坝顶拆除重建

（1）重建标准及坝顶高程复核。大坝原设计标准为 100 年一遇洪水设计，2000 年一遇洪水校核。根据《水电工程等级划分及洪水标准》有关规定，结合大坝安全首次定期检查意见，坝顶拆除重建防浪墙顶高程按照校核标准重现期 5000 年洪水设计。考虑到大坝沉降仍没有完全收敛，拆除重建考虑预留沉降量，新建防浪墙顶高程定为 451.85～452.00m，坝顶以上防浪墙高度取 1.2m，坝顶高程为 450.65～450.80m，高于 5000 年一遇洪水位。拆除重建后的坝顶高程满足 5000 年一遇洪水标准。

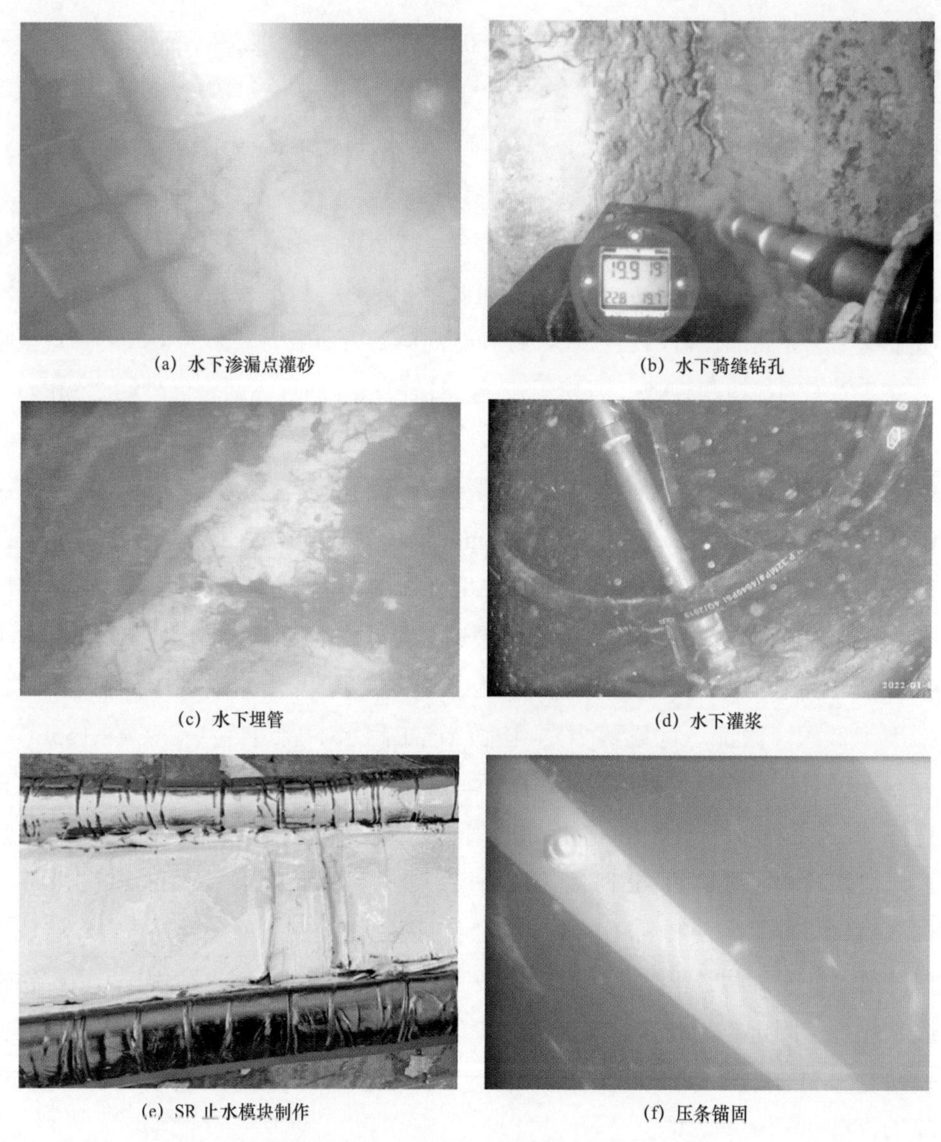

(a) 水下渗漏点灌砂　(b) 水下骑缝钻孔

(c) 水下埋管　(d) 水下灌浆

(e) SR 止水模块制作　(f) 压条锚固

图 5－13　大坝右岸周边缝集中渗漏点封堵及止水更换过程图

（2）坝顶拆除重建结构设计。坝顶拆除重建结构采用上部 U 形结构＋下部混凝土基座形式。上部 U 形结构上游防浪墙顶高程为 451.85～452.00m，下游墙顶高程为 450.65～450.80m。U 形结构内回填过渡料，其上铺填路面混凝土，坝顶总宽度 6.2m，净宽 5.4m，顶高程为 450.65～450.80m。坝顶上游防浪墙高 1.2m，下游设 1.2m 栏杆。U 形结构底高程高于水库常水位，同时兼顾与下部面板平顺连接和上部防浪墙布置平直，U 形结构上游侧布置 60cm 宽的检查通道。U 形结构下部混凝土基座采用 C15 混凝土，为重力式结构，上游侧与重建面板结合，坡比为 1:1～1:1.4，下游直立，基座底高程 442.80～443.10m，最大高度 2.7m。

凿除面板重建结构按照与原有面板平顺衔接的原则设计，重建面板与基座混凝土同时浇筑，采用厚 50cm、C25 混凝土，重建面板顶高程为 445.50m，高于设计洪水位 445.53m。面板新、老混凝土之间以及新浇面板与周边缝之间均设置两道止水，即底部紫铜片止水＋优质 SR 嵌缝材料包裹的面止水，实现防渗体系封闭。

大坝坝顶结构拆除和重建示意图如图 5－14 和图 5－15 所示。

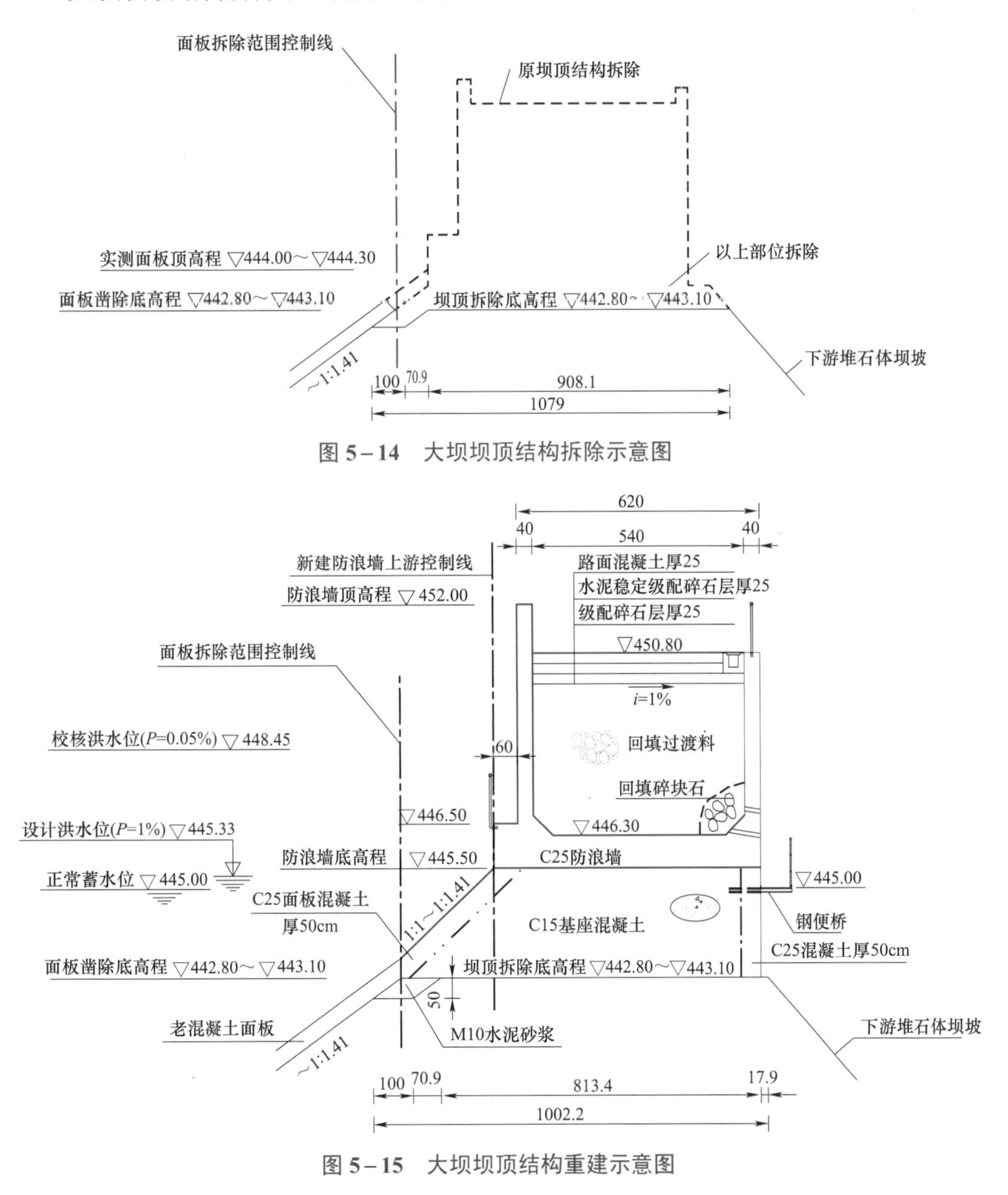

图 5－14　大坝坝顶结构拆除示意图

图 5－15　大坝坝顶结构重建示意图

坝顶拆除重建后面貌如图 5－16 所示。

图 5-16　大坝坝顶拆除重建后面貌

5. 坝后排水棱体功能恢复

大坝下游设有排水棱体，排水棱体底部高程 347.20m，顶部高程 369.0m，底宽 14.19m，顶宽 9.43m，采用超径石回填。由于大坝排水棱体后堆砌了大量弃渣，排水体顶部曾经为了绿化铺设过一层黏土，导致了排水体排水能力下降，排水体内水位升高，造成坝内水位增高。

为恢复排水体排水能力，降低坝内浸润线，采用顺河向按梯形断面挖除坝后部分石渣至底高程 361.0m，向上游开挖至原排水棱体，向下游与量水堰堰池衔接，堰池部位开挖底高程至 358.00m。梯形断面内回填块石形成顺河向排水体，向下游以 1:3.46 的坡比延伸至堰池。开挖过程中，为保证大坝安全，要求排水体开挖时采用分段开挖，分段回填。回填块石和开挖料之间铺设土工布（≥300g/m^2）和土工格栅，以防止细颗粒进入排水体内。

坝后排水棱体恢复情况如图 5-17 所示。

图 5-17　大坝坝后排水棱体功能恢复现场照片

6. 治理成效

（1）本次大坝渗漏综合治理前，水库在中水位 431m 附近时，渗流量约为 220L/s；水库在低水位 421m 附近时，渗流量约为 148L/s。大坝渗漏综合治理实施后，渗流量降幅约 90%，治理前后渗流量特征值见表 5－1。

表 5－1　大坝治理前后渗流量特征值

时间	库水位（m）	渗流量（L/s）	备注
2021 年 4 月 21 日	431.04	221.43	/
2021 年 12 月 17 日	421.45	147.80	/
2022 年 4 月 12 日	421.86	8.11	同水位降幅 94.5%
2022 年 4 月 28 日	431.25	24.81	同水位降幅 88.8%

（2）坝顶拆除重建后，坝顶防浪墙顶高程按照 5000 年一遇洪水标准设计，提升了大坝防洪能力，防洪标准满足现行规程规范要求；同时，坝顶重建后防浪墙结构外观得到了较大改善。

（3）大坝渗漏综合治理后，大坝河床部位坝基渗压及坝内测压管水位均大幅下降，趾板基础帷幕后渗压计水位降幅达 7.5m，高水位工况下最大剩余水头系数约为 0.05～0.19，处理前 6 号测压管流水声和坝后 375m 高程观测房内流水均已消失。表明通过本次综合治理，坝基渗压大幅下降，坝内渗水可自由排至下游，坝后排水棱体功能得到了恢复。由于坝基及坝内渗压降低，监测成果表明，随着坝基及坝内渗压的降低，大坝变形已逐渐收敛，已开始趋于稳定。

大坝综合治理前后坝体内渗压监测数据如图 5－18 所示。

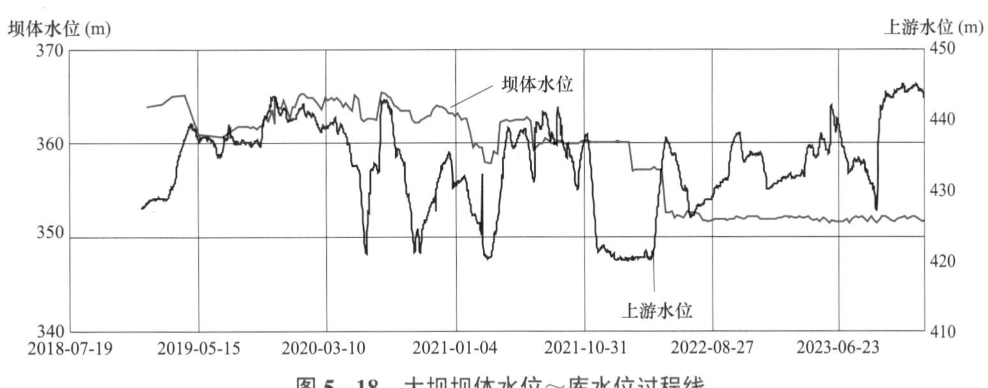

图 5－18　大坝坝体水位～库水位过程线

5.3.5 结论

BSH 水电站大坝运行近十年来，虽然进行过多次补强处理，但渗漏量仍维持在较高水平。隐患综合治理过程中对设计、施工及运维等资料全面系统梳理、分析，查明了问题原因，提出了行之有效的大坝综合治理方案。大坝渗漏综合治理实施后坝基和坝内渗压水位均得到了大幅的下降，治理效果显著。

5.4 RZH 水电站大坝防渗体系隐患治理

5.4.1 工程简介

RZH 水电站总装机容量 240MW。拦河坝为复合土工膜堆石坝，最大坝高 56m，坝顶高程 2934.00m，坝顶长度 843.87m。上游坝坡高程 2891.50m 处设 15m 宽的马道，马道以上坝坡为 1:1.8，马道以下坝坡为 1:2.0；下游坝坡为 1:2.0，在高程 2904m 处设宽度 4m 的马道，坡面采用钢筋混凝土格栅护坡。坝体从上游至下游为预制混凝土保护板、土工膜防渗体（斜墙）、无砂混凝土垫层、砂砾石垫层区、坝壳堆石区（坝壳Ⅰ区），坝基设反滤层和过渡层（坝壳Ⅱ区）、坝后设压重区。大坝典型剖面图如图 5－19 所示。

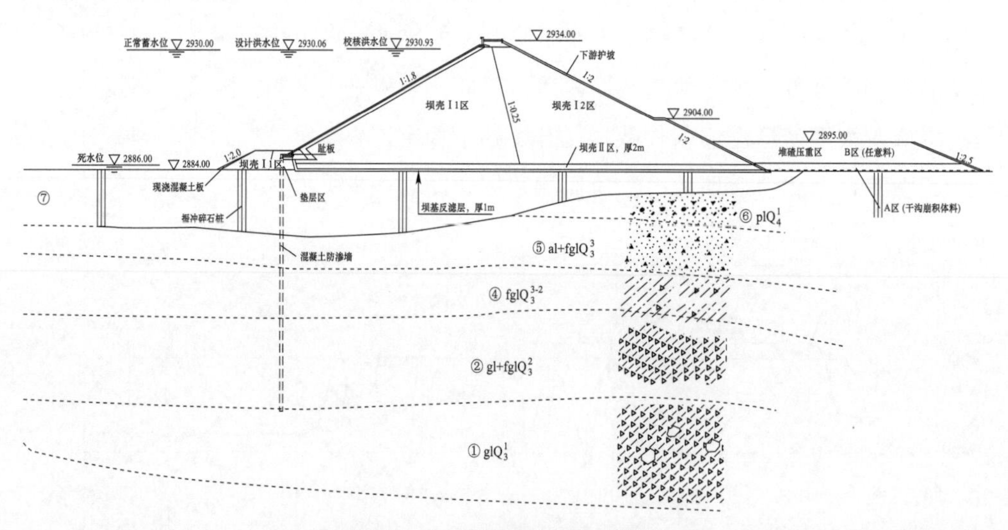

图 5－19 大坝典型剖面结构图

河床覆盖层最大厚度达 148.0m，层次结构复杂，自下而上可分为 7 层，坝基主要置于含块碎（卵）砾石土层（第⑥层），左岸置于经过振冲处理的灰色淤泥质壤土层（第⑦层）。

坝基防渗采用悬挂式混凝土防渗墙，设计最大深度为 76.0m（实施最大深度 82.0m），墙底进入第②层中下部，墙厚 1.0m。左右岸坝肩采用帷幕灌浆进行防渗，两岸坝肩分别设置两层 3.0m×3.5m 灌浆平洞，下层灌浆平洞通过坝体下部的灌浆廊道连接。上层灌浆平洞左右岸长度分别为 81.0m 和 107.0m，帷幕伸入弱透水岩体（3～5Lu）以内 5m，灌浆孔 2 排，孔距 2.0m，排距 1.5m。

坝体防渗采用钢筋混凝土防渗墙＋复合土工膜的综合防渗形式。在高程 2891.50m 马道以下坝体防渗采用明浇钢筋混凝土防渗墙，与下部基础混凝土防渗墙连成一整体，墙厚 1.0m；马道以上采用坝面复合土工膜防渗，复合土工膜之上铺设预制混凝土板防护层，复合土工膜之下为 6cm 厚的无砂混凝土垫层，复合土工膜承受的最大水头约 40m。

工程于 2004 年 9 月开工，2008 年 12 月，水库下闸蓄水；2009 年 8 月，两台机组全部投产发电。

5.4.2　隐患概况

该工程自 2008 年蓄水以来，大坝下游坝脚、下游灌浆廊道等部位出现集中渗漏现象，最大渗漏量超过 1000L/s，大坝运行单位在 2009 年 7 月～2013 年 5 月之间先后 4 次组织对大坝坝肩、坝基和坝体等部位进行了渗漏检测和缺陷处理，渗漏量有所减少，但在正常蓄水位时渗漏量约为 754L/s，渗漏量仍偏大。

2017 年 10 月，大坝开展了首次定期检查工作。鉴于防渗墙部位坝基局部渗压很大、坝坡下游压重平台坡脚渗水量大、右岸坝体廊道渗水量大且有一定渗压、大坝右岸下游台地靠近坝脚部位渗水量较大、大坝总渗漏量大等问题，被评定为病坝。

针对坝后渗水量偏大的问题，大坝运行单位委托设计单位开展了大坝渗漏研究、计算分析和治理方案设计工作，并于 2019 年 3～6 月进行了第 5 次一期大坝渗漏处理工作，处理后渗漏量有所减少，但大坝上游侧还是存在大量渗漏漏斗，左岸趾板和岸坡交接部位存在明显渗漏现象，正常蓄水位下总渗流量由处理前的 779L/s 减少至 698.3L/s，减少了 80.7L/s，大坝渗漏问题虽得到改善，但没有得到根本解决。

5.4.3　大坝渗漏原因分析

大坝基础廊道、坝后坡脚存在较大范围渗水，渗水量与同类工程相比明显偏大，综合物探伪随机流场法、示踪法、潜水员水下喷墨探测和现场检查成果，分析渗漏原因如下：

右岸坝肩山脊单薄，岩层走向与岸坡小角度相交，裂隙发育，强卸荷深度 30～36m，弱卸荷深度 107～117m，浅表岩体中存在集中发育的卸荷裂隙，岩体较破碎，中等～强透水，局部极强透水；施工期帷幕灌浆单位平均注灰量达 735.11kg/m，Ⅲ序孔平均单位注灰量仍达 438.76kg/m；虽后期进行了帷幕补强处理，但右岸防渗帷幕仍存在较大的集中渗漏通道。

水库放空检查发现在防渗墙顶部两侧地表有连续分布的入渗漏斗，物探检测发现防渗墙中上部存在缺陷，防渗墙后渗压计水位较高，因此，通过防渗墙中上部位的缺陷存在明显的渗漏。两岸趾板与土工膜连接部位、土工膜与防渗墙连接部位等在 2019 年处理前是重要的渗漏通道，处理后情况有所改善，但仍存在局部的渗漏通道。土工膜检查和修复时发现大坝上游面在 1 万 m^2 范围内存在 880 个大小不一的孔洞，上游面防渗体系损坏严重，是大坝主要渗漏通道之一。坝体渗漏、两岸趾板与土工膜连接部位、土工膜与防渗墙连接部位的渗漏对大坝安全的危害性最大。

5.4.4 隐患治理方案及成效

1. 大坝渗漏前期治理

（1）治理方案。

1）第 1 次渗漏处理。2009 年 7 月～2013 年 5 月，大坝运行单位对右岸趾板、上下层灌浆平洞进行了补强灌浆：对施工期自 Q9 点沿趾板轴线往上游 20m 范围、高程 2850.00～2903.00m 的漏灌区域进行补灌；将前排帷幕从右岸坝顶趾板处 Q8 点沿趾板轴线方向布置 3 排帷幕延伸到后排帷幕（下层灌浆平洞）处与之形成封闭帷幕，排距 0.75m，孔距 1.5m；在下层灌浆平洞上游边墙上的 2 排水平连接帷幕上、卜侧各布置 1 排加强帷幕，入岩深度 12.1m，间距 1.5m；在右岸上、下层已实施的两道竖向帷幕中间加设 1 道竖向帷幕，分别延伸至高程 2903.00m、2800.00m（或基岩透水率小于 5Lu 以下 5m），间距 1.5m。处理完成后，2009 年 8 月 26 日库水位升至 2911m 时，右岸下层交通廊道及右岸坝后坡脚处再次出现渗水，渗水量较 7 月份有所减小，但右岸绕渗监测孔水位仅比库水位低 3～4m，处理效果不明显。

2）第 2 次渗漏处理。对孔洞较多、较大的右岸坝面土工膜全部更换，对局部孔洞进行修补；在更换土工膜时，清除无砂混凝土表面突出的石块，剔除超径和带棱角的块石；补全缺损的土工膜锚固螺栓。

对大坝左岸下层灌浆平洞主洞及支洞顶拱进行加强回填灌浆，每排 3 孔，入岩深度 0.1m，排距 1.5m；对主洞桩号坝 0+000.00m～桩号 0－027.00m 及支洞全长约 68m 上游面边墙和底板进行固结灌浆，每排 7 孔，深度 5m，排距 1.5m；在大坝左岸下层灌浆平洞支洞末端增设 3 排帷幕灌浆，每排 6 孔，入岩深度 12.1m，排距 1.5m。

处理后，蓄水过程中土工膜修复部位未发现渗漏现象，紧邻灌浆平洞的坝体廊道伸缩缝处仍有集中渗水，大坝右岸渗水变化不大。

3）第 3 次渗漏处理。2011 年 4 月，检查发现左 1 区复合土工膜与左岸趾板锚固段局部柔性填料充填不密实、锚固角钢错位、土工膜焊缝脱落、局部破损等问题，随后对缺陷逐一修复；土工膜 U 形槽采用黏土回填，其上填筑细料，并恢复表面预制块；对左岸桩号坝 0+134.80m～左岸岸坡（左 1 区）、右岸桩号坝 0+570.00m～坝 0+720.00m（右 2 区）防渗墙异常区域，在现有基面上填筑黏土覆盖，厚度 40cm，宽度约 11m，长度约 200m；对左 2 区和右 4 区库底采用复合土工膜封闭，周边设置黏土锚固槽，上部填筑砂砾料保护。对右岸近坝岸坡（右 1 区、右 3 区库岸）采用贴坡混凝土封闭处理。

2011 年 5 月，蓄水观测表明，坝后渗漏量有所减小，绕坝渗流情况未明显改善。

2011 年 8 月下旬对大坝渗漏进行了复测。复测成果表明，右 1 区异常区域范围有所减小；右 2 区及其扩展区的异常区域未减小，异常值降低；右 3 区异常范围大幅度减小，中心位置向库区内部移动；右 4 区异常区域向复合土工膜边缘移动，且范围有所减小。左 1 区渗漏处理部分异常区减弱甚至消失，左 2 区异常消失。

4）第 4 次渗漏处理。2013 年 3～5 月，对左、右岸防渗帷幕与防渗墙连接局部漏灌部位进行了补灌，Q0～Q1 区段长 10.6m，Q6～Q7 区段长 6m，2 排帷幕。4～5 月，对大坝右岸帷幕进行了补充灌浆：上层灌浆平洞桩号坝 0+939.27m～桩号坝 0+954.27m 区段共 10 孔，孔距 1.5m，深度 22m，桩号坝 0+909.27m 的 8～17m 孔段；下层灌浆平洞桩号坝 0+894.67m～桩号坝 0+939.67m 区段共 30 孔，孔距 1.5m，深度 50m，桩号坝 0+879.67m 的 13～23m 孔段。

（2）治理成效。处理后库水位蓄至 2930m 左右时，2012 年 9 月 20 日测值 855.32L/s，2013 年 11 月 30 日测值 754.33L/s，表明本次补强灌浆有一定效果。

2. 大坝渗漏治理一期工程

RZH 大坝渗漏问题复杂，为尽量减小渗漏处理对电站运行的影响，2018 年在渗漏缺陷检测过程中，及时对发现的部分缺陷进行了处理。检测后根据检测成果、监测成果、渗漏现象、地质情况等综合分析，结合大坝渗漏的特点和对工程安全的影响程度，2019 年实施了大坝渗漏处理一期工程施工，对检查的安全隐患较大的缺陷及明显的渗漏通道部位进行处理，主要包括：复合土工膜有明显渗漏的部位处理、防渗墙表面裂缝处理、右岸防渗墙与基岩结合部位发现的砂层处理、右岸连接帷幕缺陷处理、坝体廊道结构缝增设止水等，同时考虑在右岸坝后设置降水井以减少坝体下游反渗进入坝体内部的渗水。

（1）治理方案。

1）左、右岸复合土工膜更换。左、右岸岸坡部位复合土工膜与趾板连接部位出现不同程度的塌陷，左岸最大错台达 30cm，对该范围的土工膜进行水下喷墨检查发现左岸高程 2905～2923m（斜长约 50m）的接头部位墨汁吸入较快，渗漏迹象明显。为形成封闭的防渗体系，对左右岸全部接头进行处理，并对左岸一定范围内破损的复合土工膜进行更换处理。

2）防渗墙表面裂缝处理。对防渗墙顶发现的贯穿性裂缝采用化学灌浆进行处理；对坝 0+124.8m～坝 0+165.4m 防渗墙顶发现的 4 条贯穿性裂缝，采用化学灌浆进行处理。

3）沿防渗墙顶部用复合土工膜加强防渗。水下检查表明，沿防渗墙顶部存在渗漏迹象，采用复合土工膜封闭进行加强防渗处理，即将复合土工膜一端锚固在防渗墙顶部，沿趾板表面布置，再与坝面复合土工膜进行焊接，形成第二道防渗体系。

4）右岸岸坡防渗墙下砂层及破碎岩体处理。右岸岸坡防渗墙坝 0+791.97m～坝 0+797.47m、高程 2882.0～2884.0m 间区域检查发现存在砂层，坝 0+791.97m～坝 0+814.47m、高程 2876.0～2905.0m 间区域岩体为碎石砂层，推测上述两区域为碎石砂层区，严重漏水，因此需对该区域进行帷幕灌浆处理。为避免在防渗墙体上钻孔过多破坏防渗墙的整体性，在防渗墙上游侧钻孔灌浆形成帷幕，帷幕由两排灌浆孔组成，帷幕孔距 1.5m，排距为 1.2m。

5）右岸连接帷幕缺陷处理。右岸底层廊道帷幕和趾板帷幕侧面前期未完全封闭，在第 1 次渗漏处理时对廊道底板以下帷幕未封闭区域进行了补灌，由于补灌时库水位较高，帷幕补灌处理效果不佳。因此对该部位进行补强灌浆处理，具体措施为将前排帷幕从右岸坝顶趾板处（Q8 点）沿趾板轴线方向延伸到后排帷幕（下层灌浆平洞）处与之形成封闭帷幕，帷幕由两排灌浆孔组成，帷幕孔距 1.5m，排距为 1.2m。

6）坝后降水处理，为减少坝体廊道内的渗水，在右岸坝后绕渗孔水位较高部位布置7口排水井，单口井深约25～40m。单井出水量约35L/s，总出水量245L/s。实际实施坝后5口井，上坝公路边2口因岩体钻进困难而取消。

7）左、右岸坝体廊道结构缝增设止水。根据大坝监测和现场检查情况，水库水位在2910m以上时，大坝左、右岸下层廊道靠近坝肩的多条结构缝内有较大渗水流出，为保证大坝结构稳定和运行安全，在廊道结构缝位置凿槽并增设铜片止水。处理涉及右岸下层廊道16条结构缝，左岸下层廊道7条结构缝。

8）防渗墙预埋灌浆管封堵。对防渗墙检测过程中发现的未封孔的126根预埋灌浆管进行水泥浆封孔处理。

9）损坏复合土工膜修复。对河床中部检查发现的复合土工膜与防渗墙连接部位复合土工膜撕裂进行修复。

（2）治理成效。2019年渗漏一期处理工程完成后取得了一定的效果。由于对大坝左岸周边缝2906～2923.3m高程明显渗漏段48m进行了土工膜接头处理和坝面土工膜修补，在库水位接近时左岸量水堰WE02渗流量从516.15L/s减少到462.9L/s，减少53.25L/s，减少较明显；右岸进行了土工膜接头处理和局部补强灌浆，但是受新增排水井和排水孔增加渗流量影响，右岸量水堰渗流量从288.15L/s增加到328.79L/s，增加40.64L/s。正常蓄水位下总渗流量由处理前的779L/s减少至698.3L/s，减少80.7L/s。已经增加止水处理的左右岸下层廊道结构缝，基本无渗水。经大坝上游面水下喷墨检查，除左岸趾板与岸坡交接部位存在集中渗漏外，未发现大坝其他部位存在渗漏情况。

3. 大坝渗漏治理二期工程

（1）治理方案。渗漏处理二期工程主要包含坝面防渗处理、坝基防渗墙缺陷处理、两岸防渗帷幕缺陷处理等。

1）坝面防渗处理。一期处理对土工膜接头修复时发现坝面土工膜破损较多，破洞约880个/万m^2，远超同类工程孔洞数26个/万m^2的经验值。为保证坝体长期防渗安全性，有必要对坝面渗漏问题进行处理。综合考虑对该工程适应性、防渗效果、施工难度、工期、工程投资和对梯级电站的影响等，坝面修复仍采用复合土工膜防渗方案，型式为“两布一膜”（规格：500g/m^2/HDPE1.2mm/500g/m^2）。为避免新、老土工膜无法可靠焊接的问题，对整个坝面采用新土工膜进行修复。土工膜与防渗墙、趾板、防浪墙连接密封采用化学螺栓、橡胶垫片、不锈钢扁钢联合紧固密封的方式，河床段土工膜一端锚固在防渗墙顶部，两岸趾板段土工膜一端锚固在趾板表面，土工膜顶部锚固在防浪墙人行便道表面，形成封闭的坝面防渗体系，锚固端外包C25混凝土进行保护并增强防渗效果。在防渗墙、趾板和防浪墙结构混凝土与土工膜之间设计了可变形的伸缩节以适应大坝蓄水后土工膜的拉伸变形。

2）坝基防渗墙缺陷处理。对防渗墙深度40m以内的混凝土缺陷采用墙前高压喷射灌浆进行处理，布置1排灌浆孔，孔距0.8m，最大孔深40m，覆盖层高压喷射灌浆采用普通水泥浆液。

2018年在大坝防渗墙轴线桩号坝0+186m～坝0+215m段布置4个检测孔进行了声波单孔，钻孔全景图像测试，并在4个监测孔间进行了地震波层析成像（CT）测试。检测发现防渗墙轴线，高程2835.0～2845.0m之间区域，低速异常区的地震波波速在3000～4000m/s之间，推测该低速区防渗墙混凝土欠密实。2021年进行的防渗墙检查成果表明，F15、F16检查孔孔内有陡倾角裂缝发育，孔深30m以下的孔段透水率最大达19.5Lu，透水率超过设计标准值3Lu。防渗墙缺陷的存在可能引起坝基局部渗透破坏，为确保坝基的长期渗透稳定安全，应对防渗墙缺陷进行处理。根据防渗墙质量检查成果，对防渗墙深度30m以下局部较大的混凝土缺陷采用墙前覆盖层灌浆进行处理，由3排灌浆孔组成，孔距1.5m，排距为1.2m。覆盖层灌浆采用水泥浆液。

3）两岸防渗帷幕缺陷处理。帷幕检查孔检测成果表明，两岸岩体较破碎，结构面发育、裂隙连通性较好，检查孔取芯破碎、钻孔易掉块、钻孔不返水、透水率超过5Lu的孔段较多，帷幕防渗效果不能满足设计要求。为确保大坝长期安全运行，根据防渗帷幕质量检查成果，对两岸防渗帷幕进行灌浆补强修复，以有效减小大坝渗流量，并解决帷幕后渗压高的问题。

补强灌浆处理采用两排孔，排距1m，孔距1.5m。右岸趾板上游排深帷幕底线需加深灌至5Lu线，下游排浅帷幕底线灌至岩体弱卸荷底线；左岸趾板上游排深帷幕底线需灌至原帷幕底线，下游排浅帷幕底线灌至岩体弱卸荷底线。

左、右岸防渗墙下帷幕补强结合防渗墙缺陷处理进行，在防渗墙上游侧布置一排灌浆孔，孔距1.5m，防渗墙中心线布置一排灌浆孔，孔距1.5m，两排孔排距为1m。为对防渗墙与基岩接触带形成较好的保护，上游排帷幕灌浆起灌高程约为基覆分界面以上15m。右防渗墙上游排深帷幕底线需加深灌至5Lu线，下游排浅帷幕底线灌至岩体弱卸荷底线；左岸防渗墙上游排深帷幕底线需灌至原帷幕底线，下游排浅帷幕底线灌至岩体弱卸荷底线。

右岸上层灌浆平洞Y9检查孔最后一段透水率为8.72Lu，不能满足设计要求，因此对Y8检查孔至Y10检查孔之间长30m的上层平洞竖直帷幕进行补强。竖直补强帷幕底高程2903m，最大孔深约31m，两排孔，排距1m，孔距1.5m。

由于右岸下层灌浆平洞以下 150m 深处岩体透水率仍不能满足 5Lu 的设计要求，考虑到帷幕继续加深的投资增加较多、施工难度较大，且右岸下层平洞帷幕具备较好的补灌条件，如二期渗漏处理后渗流量仍很大，可以做进一步的补强灌浆以减小渗流量。根据《碾压式土石坝设计规范》（NB/T 10872—2021）第 7.3.9 条“当坝基相对不透水层埋藏较深或分布无规律时，应根据渗流分析、防渗要求，并结合类似工程经验研究确定帷幕深度。帷幕深度不宜小于该建基部位作用水头的 1/3”，右岸下层灌浆平洞挡水水头约 21m，帷幕深度 31～75m，故暂只对右岸下层灌浆平洞原帷幕范围内不能满足设计要求的区域进行补强灌浆，采用两排孔，排距 1m，孔距 1.5m；帷幕以下中等透水带视蓄水后渗漏情况对大坝安全影响程度再确定是否进行处理。

右岸下层灌浆平洞水平连接帷幕仅 Y29 检查孔最后一段透水率为 9.78Lu，不能满足设计要求，因此对 Y28 检查孔至 Y30 检查孔之间长 30m 的水平帷幕进行补强。水平连接帷幕补强设 6 排孔，其中 2 排孔孔深入岩 10m，4 排孔孔深入岩 5m，孔距为 1.5m。

（2）治理成效。大坝渗漏治理二期处理后，灌浆后检查孔透水率压水试验成果总体满足设计要求；高喷防渗墙检查孔渗透系数满足设计要求；坝面处理工程复合土工膜及其接缝、锚固段等部位以及透水混凝土垫层、喷射混凝土面层等施工项目质量检测结果均满足设计要求。现场检查和监测成果表明，左岸坝后压重平台坡脚未出现渗水现象，廊道内仅有少量渗水，坝基及绕渗渗压较处理前明显降低；但右岸渗压高，右岸廊道渗水、渗漏出逸位置、渗流量、坝基及绕渗孔渗压较处理前变化不明显。目前正常蓄水位时的大坝总渗漏量约为 387L/s，主要来自右岸，总渗漏量较处理前减少约 45%，上游坝面及左岸处理效果显著。计算分析表明，处理后的坝体、坝基渗透稳定总体满足规范要求，坝坡稳定安全系数满足规范要求。

5.4.5　结论

（1）电站自 2008 年蓄水以来，大坝下游坝脚、下游灌浆廊道等部位出现集中渗漏现象，最大渗漏量超过 1000L/s，其后经 5 次渗漏处理，渗漏量有所减少。

（2）大坝渗漏二期治理完成后，大坝左岸坝后压重平台坡脚未出现渗水现象，廊道内仅有少量渗水，坝基及绕渗渗压较处理前明显降低；但右岸渗压高，右岸廊道渗水、渗漏出逸位置、渗流量、坝基及绕渗孔渗压较处理前变化不明显。正常蓄水位时的大坝总渗漏量约为 387L/s，主要来自右岸，总渗漏量较处理前减少约 45%，上游坝面及左岸处理效果显著。

（3）RZH 大坝渗漏治理后右岸渗漏量偏大，由于该工程渗漏情况复杂，在对地质、渗漏通道、水质、监测成果等进行综合分析研究的基础上，仍需研究进一步减小右岸渗漏量的综合治理措施。

5.5 HSG 水电站大坝防渗体系隐患治理

5.5.1 工程简介

HSG 水电站装机容量 72MW。枢纽建筑物主要由 PVC 膜防渗心墙堆石坝、岸边溢洪道、冲沙放空洞、发电引水系统、岸边式地面厂房和开关站组成。PVC 膜防渗心墙堆石坝最大坝高 69.5m。上游坝坡 1:1.7（围堰顶 2661.50m 以下为 1:2.0），下游坝坡分别为 1:1.6、1:1.8 和 1:2.0。大坝从上游向下游分区依次为：上游干砌石护坡、上游堆石区、心墙上游过渡区、土工膜保护层及其防渗层、砾石土心墙区、心墙下游反滤层区（两层）、心墙下游过渡层区、下游堆石区、排水棱体区、反滤区、排水垫层区以及下游干砌石护坡，另外在砾石土心墙与坝基防渗墙、混凝土盖板连接处设置高塑性黏土料区。河床坝基覆盖层最大深度约 97.6m，主要由粉质壤土、砂卵砾石及少量漂、块石等组成，结构层次复杂，总体呈中强透水，坝基第四层中一定范围分布有厚 5～6m 的弱透水土层。

大坝典型剖面图如图 5－20 所示。

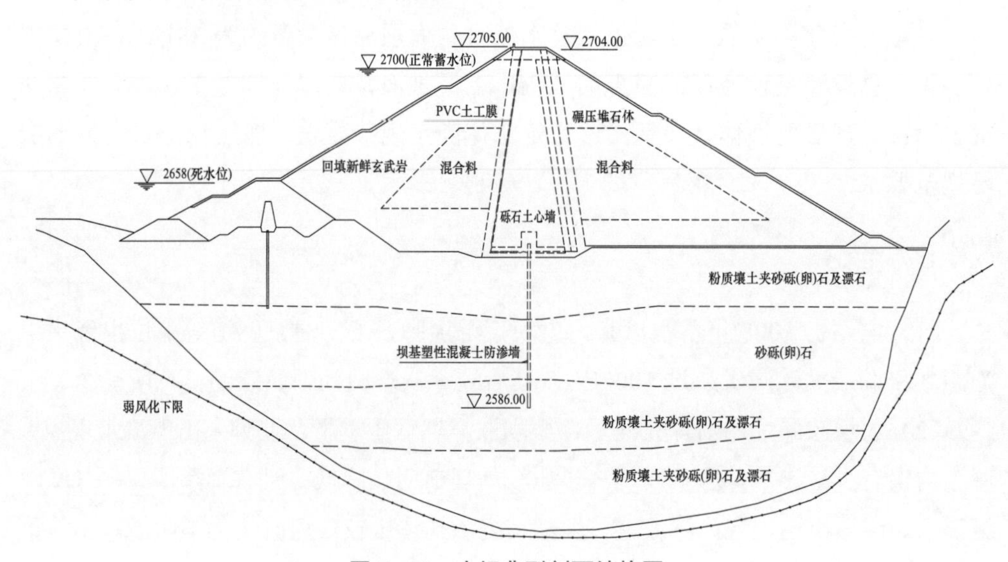

图 5－20　大坝典型剖面结构图

大坝防渗体系由坝体土工膜＋砾石土心墙、坝基覆盖层混凝土防渗墙和坝基岩体灌浆帷幕组成。PVC 防渗膜采用两布一膜布置，膜厚 2mm，土工布要求不小于 $500g/m^2$，PVC 防渗膜上下游侧设置厚度 50cm 的垫层。砾石土心墙顶宽 3m、底宽 24m，两侧坡度约 1:0.16；砾石土采用当地龙玉料场开采料，最大粒径 60mm，大于 5mm 含量不超过 50%，0.075mm 以下含量不小于 15%，小于 0.005mm 的颗粒含量为 2.11%，渗透系数 $k \leqslant 1 \times 10^{-5}$cm/s，渗透允许坡降为 2.7。坝基覆盖层采用塑性混凝土防渗墙防渗，防渗墙布置在坝轴线上，顶部通过高塑性黏土与砾石土心墙连接，并采用螺栓与 PVC 防渗膜锚固，底部伸入坝基第四层的弱透水层以下 5.0m，最大深度 53m 左右，两岸嵌入基岩。坝基两岸岩体采用帷幕灌浆防渗，控制标准为小于或等于 5Lu；嵌入基岩的防渗墙内预埋管进行灌浆。

电站于 2007 年 2 月正式开工建设，2011 年 12 月 16 日下闸蓄水，2012 年 1 月 10 日两台机组全部投入运行。

5.5.2　隐患概况

大坝自蓄水以来，渗流量一直较大，2013 年汛期渗流量开始超过 300L/s，与往年同水位下渗流量有所增加，之后基本稳定在 350～400L/s。针对大坝渗水量偏大的情况，现场对渗漏原因、通道进行了物探检测，并先后于 2014、2017 年两次对右岸基岩帷幕、左岸基岩帷幕进行补强灌浆处理；从补灌后的运行效果看，量水堰渗水量变化不大，两岸基岩帷幕补强灌浆对大坝渗流量改善的效果不明显。

2019 年 5 月 25 日 7 时 30 分左右，大坝坝后量水堰出现浑浊情况，8 时 20 分左右发现大坝轴线桩号约 0＋070m、高程约 2702.5m 处大坝后坝坡出现局部塌陷，现场对塌陷坑进行了抢险加固处理，并将库水位降低至 2665m 左右，之后险情未继续发展。随后，大坝因坝体防渗体存在缺陷且有恶化趋势，大坝结构安全度不满足规范要求，大坝运行性态异常、存在安全风险，被评定为病坝，大坝需要进行除险加固治理。

5.5.3　大坝渗漏原因分析

1. 砾石土心墙料质量分析

（1）钻孔取芯成果。根据钻孔取芯成果，砾石土心墙从上到下可大致分为以下 4 层：

第①层：0～4m 为厚 4m 的块碎石土，块石粒径 15～20cm，含量约占 10%，碎石 2～5cm，含量约占 50%～60%。第②层：4～28m 为厚 24m 的碎砾石土，碎石 2～5cm，少量 10cm 以上，含量约占 40%～50%；砾石 0.5～2cm，含量约占 20%～30%。第③层：28～62m 为厚 34m 块碎石土，块石粒径 20～30cm，最大达 35cm，含量约占 5%～10%；碎石 2～5cm，含量约占 50%～60%。第④层：62～64m，为厚 2m 的黏土夹碎石层，褐黄色，含黏粒较多，岩芯多呈柱状；地震波波速为 1663m/s，呈较松散状。

（2）钻进情况。钻进过程中，不返浆及漏浆现象较普遍，只有少数几段为返浆段。究其原因，主要有以下几方面：① 砾石土心墙粗颗粒中块碎石含量较多，细颗粒中黏粒含量较少，壤土含量较多，透水性较好；② 砾石土心墙粗颗粒中块碎石含量较多，施工机械在碾压过程中，不易将块碎石土碾压密实，因而砾石土心墙的密实度较差，不能很好起到隔水的作用。

（3）成果分析。

1）心墙砾石土的主要指标不能满足碎（砾）石土防渗土料质量技术要求。其中第②层大于 5mm 粒径含量平均值：孔深 6.5～15.7m 为 76.6%、孔深 15.7～28.5m 为 55.1%；黏粒含量平均值：孔深 6.5～15.7m 为 2.7%、孔深 15.7～28.5m 为 5.9%；渗透系数为 $k_{20}=2.78\times10^{-4}$～8.27×10^{-3}cm/s，具有中等透水性。第③层：孔深 28.5～38m，大于 5mm 粒径含量平均值为 88.5%；孔深 38.0～55.0m，大于 5mm 粒径含量 45.0%～84.5%，平均值为 68.3%；渗透系数为 $k_{20}=9.46\times10^{-1}$～2.13×100cm/s，具强～极强透水性。

2）钻孔终孔水位与大坝坝前水位相差仅 2.0～5.0m，上下水位差较小，说明 PVC 防渗膜及砾石土心墙的防渗效果均较差。

2. 土工膜防渗效果分析

原设计考虑到大坝单独采用选定料场的砾石土作为心墙料防渗不是很可靠，因此，大坝以土工膜防渗为主，砾石土心墙仅仅作为对土工膜漏点的补充防渗措施。砾石土心墙置于坝体中央，也可为将来可能的灌浆等加固处理措施预留了合适的位置。如果土工膜基本完好，大坝防渗应该是有保证的。但实际情况是土工膜防渗也存在较大问题。一方面，土工膜宽度很窄，长度很长，焊接缝很多，焊缝施工要求平整摊铺土工膜。土工膜近乎垂直，且必须随坝体同步上升，稍有不慎就使膜局部刺破，且不易发现，留下重大的隐患。另一方面，土工膜又对堆石碾压施工造成很大的干扰，影响土工膜附近土石料碾压质量。

据伪随机流场测试成果，库区渗漏入水点主要呈现为三个条带状分布，分别位于高程 2661.5～2676.5m 坝体斜坡、高程 2656～2661.5m 坝体斜坡、高程 2648～

2656m 坝体斜坡位置。其中坝体高程 2661.5～2676.5m 坝体斜坡渗漏入水点区域从右岸距岸边 10m 处一直延伸到左岸岸边，异常值范围较广。该区域在两次供电测试时均有异常反应，且异常值均偏大，位于 20～55mV 之间，属严重渗漏。坝体高程 2656～2661.5m 处坝体斜坡渗漏入水点异常区域形成一条 140m 长的条带状，属中度渗漏。坝体高程 2648～2656m 坝体斜坡处异常区域形成一条 80m 长的条带状，属轻微渗漏。条带状分布的渗漏入水点异常区域极可能由土工膜焊接缝部位存在渗漏通道所引起。

综合心墙质量及渗漏检测成果可知，大坝砾石土心墙上游 PVC 防渗土工膜局部出现渗漏通道，加之心墙防渗效果较差，造成下游渗流量较大；同时砾石土心墙在长期渗流冲刷的作用下，细颗粒流失，心墙局部出现架空现象，当架空达到一定规模后，坝体发生局部塌陷。

5.5.4　隐患治理方案及成效

1. *初步治理方案及现场灌浆试验*

根据大坝工程隐患实际情况，结合国内外类似工程经验，设计推荐心墙灌浆改性防渗方案作为大坝隐患治理的初步方案。

大坝防渗体采用渗透、充填灌浆的方法进行加固处理。考虑到灌浆压力较小，为保证灌浆效果，采用较密的孔、排距。在坝轴线及上、下游侧处布置 7 排灌浆孔，梅花形布置，排距 0.5m、孔距 1.0～1.5m，河床部位孔底深入高塑性黏土 1.0m，灌浆最大深度约 67m（中间排最大深度 62.5m），两岸靠岸坡段孔深按进入高塑性黏土料 0.5～1.0m 进行控制；通过灌浆充填，重点改善砾石土心墙局部不密实状态，同时有效改善心墙防渗性能，并要求灌后砾石土心墙的渗透系数不大于 1×10^{-5}cm/s。典型剖面图如图 5－21 所示。

实施时首先针对心墙灌浆改性方案开展现场试验，重点对灌浆材料、灌浆工艺和参数、灌浆标准和检查方法等进行试验研究和优选，并对工效和费用进行初步分析。根据现场实际情况，选择具有代表性的坝面塌陷坑与钻孔掉钻现象对应的桩号 0＋070m 附近、河床中部以及右岸部位共 3 个区域进行灌浆试验。

为保证灌浆质量和工效，试验采用孔口封闭法、套管法两种方法进行比较；为使灌注浆液能充填心墙的裂隙和空腔，并且使得浆液结石强度与心墙土料相近，主要选择水泥黏土（或膨润土、粉煤灰）浆液。灌浆压力通过试验确定，以不产生劈裂为原则；1、7 排灌浆最大压力 0.6MPa，其余中间排最大灌浆压力 1.0MPa。

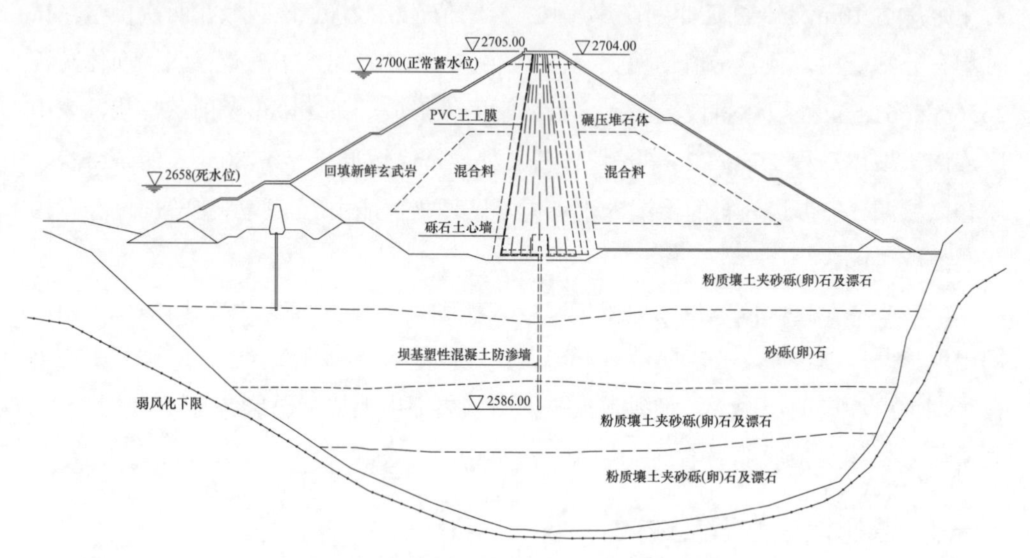

图 5-21　心墙灌浆改性防渗方案剖面图

综合现场试验灌浆成果和灌后检查成果分析，试验 A、B、C 区灌后渗透系数 i 为 10^{-5}～10^{-4}cm/s，相比灌前降低了 2～3 个数量级，但与预期的 $k\leqslant 1\times10^{-5}$cm/s 仍有一定差距，合格率仅 3.03%。灌后心墙在 0.15～0.3MPa 的较低压力下，就可能发生劈裂破坏；灌后心墙存在较明显的不均匀性，局部部位浆液难以灌入，仍呈松散状；灌浆对心墙防渗性能有一定改善，但总体效果一般，未能达到设计预期。

根据试验 C 区灌后检测成果，由于反滤料总体颗粒偏粗，与心墙料不满足反滤关系，当大坝心墙料局部薄弱环节出现渗透破坏而颗粒流失时，反滤料对心墙不能起到反滤保护作用，大坝长期运行存在渗透破坏风险。为满足大坝长期安全运行要求，有必要对大坝隐患治理方案进行进一步深化研究。

2. 深化治理方案设计和施工

（1）深化治理方案设计。结合工程实际情况和类似工程经验，综合考虑坝基覆盖层中弱透水土层厚度、透水性可能存在不均一性、大坝长期运行安全、施工难度和工程投资等，设计选择防渗墙墙底伸入基岩的全封闭方案作为该工程大坝病害治理的推荐方案。典型剖面图如图 5-22 所示。

大坝隐患治理方案主要包括坝体心墙内新建混凝土防渗墙、新建防渗墙后心墙内充填灌浆、新建防渗墙下基岩帷幕灌浆以及坝顶结构拆除、重建等。混凝土防渗墙设在大坝坝体内，底部嵌入基岩，其上游承受很大的水推力，且下游地下水位低，墙体的应力和变形需要十分关注。经三维有限元分析，蓄水影响下，防渗墙向下游的水平位移最大值为 19.7cm，位于心墙内防渗墙中上部；竖向变形为 6cm。水平向拉、压应力最大值均在 C20 混凝土设计抗拉和抗压强度范围内。竖直向压应力最大值在 C20 混凝土设计抗压强度范围内，拉应力局部超限。若采用主拉、压应力值评价结构的受力状态，防渗墙压应力在 C20 混凝土设计抗压强度范围内，但由于防渗墙被基岩约束区强约束造成应力集中等因素的影响，存在拉应力超过 C20 混凝土设计抗拉强度的区域，如图 5－23 和图 5－24 所示。

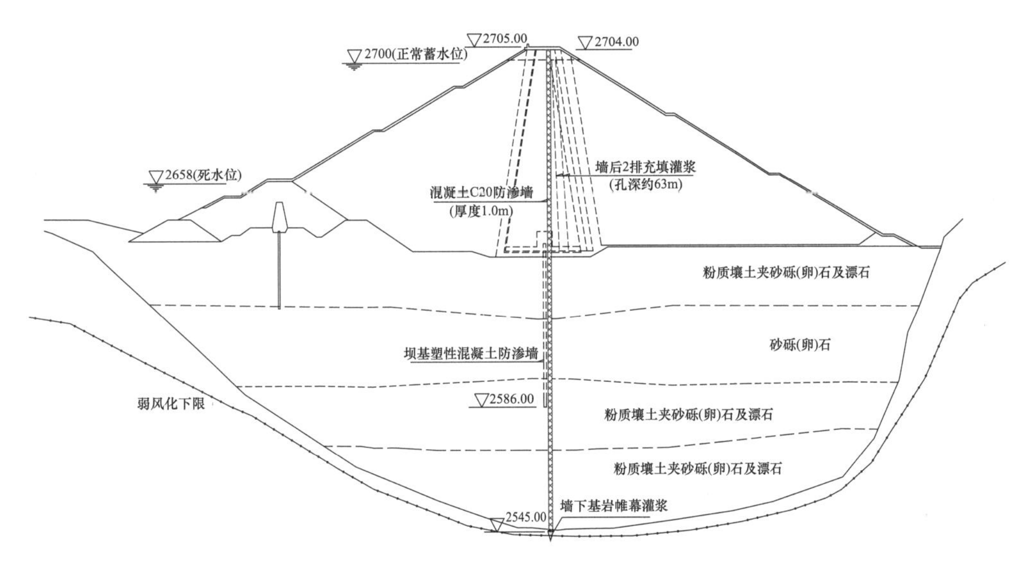

图 5－22　全封闭防渗墙方案剖面图

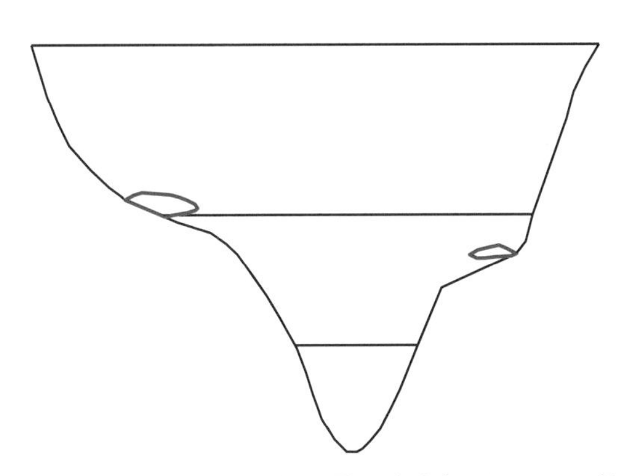

图 5－23　防渗墙轴线剖面竖直应力分量拉应力超过 1.1MPa 的区域示意图

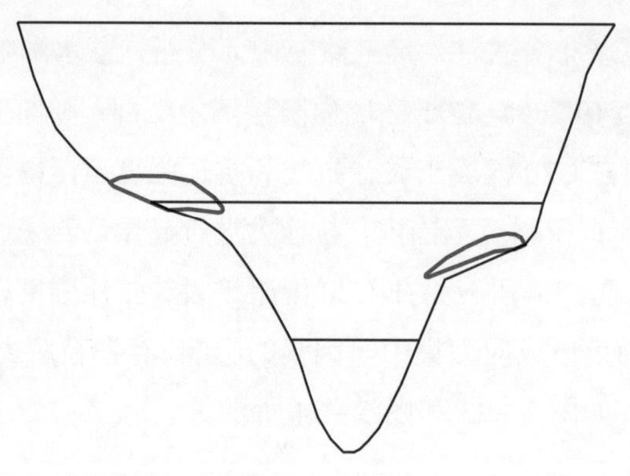

图 5-24 防渗墙轴线剖面主拉应力超过 1.1MPa 的区域示意图

（2）深化治理方案施工。

1）混凝土防渗墙。新建混凝土防渗墙布置在原坝基防渗墙下游侧，两墙净距 0.5m，厚度 1.0m；墙体材料采用 C20 混凝土。防渗墙底按深入基岩 1.0m 控制。主要施工技术特点如下：

a. 固壁泥浆。采用钻井级优质钠基膨润土拌制固壁泥浆，通过优化泥浆配合比，调整泥浆性能指标，新制泥浆具有比重小、黏度大的特点。优质膨润土泥浆在槽孔内形成“外泥皮+桥塞区+侵染区”的孔壁泥浆固壁稳定体系，最大限度地保证了槽孔孔壁的安全。

b. 超深防渗墙孔斜率控制。针对高于规范要求的成槽孔斜指标，通过对防渗墙造孔工艺的研究，采取了冲击钻机与抓斗结合的“钻抓法”施工，采用了冲击钻头加焊金属耐磨块对孔斜的相反方向进行修孔、在孔口安设纠偏轴强制性修孔以及回填块石重新造孔等方式对防渗墙孔形进行纠偏处理，保证了防渗墙成槽孔斜率，提高了预埋灌浆管、接头管的下设成功率，以及为后期顺利完成 164.31m 防渗墙取芯奠定了基础。

c. 防渗墙混凝土浇筑技术。通过对防渗墙混凝土配合比的研究，选择良好级配骨料，优化配合比，延长初凝时间，增大混凝土扩散度，保证了泥浆下超深防渗墙混凝土的成功浇筑。通过提高混凝土砂率，降低混凝土刚度，增强混凝土柔性，提高了混凝土防渗墙的变形能力。防渗墙混凝土采用直升导管法进行浇筑，防渗墙所有槽段混凝土面平均上升速度为 5.66m/h，混凝土面匀速上升，浇筑时各处高差小于 50cm，避免了因混凝土浇筑过快对大坝造成二次破坏的情况。

d. 160m 级预埋灌浆管下设技术。本次隐患治理工程预埋灌浆管间距 1.0m，最大下设深度超 160m。预埋灌浆管采用定位架和桁架结构固定预埋管的方法进行下设，钢管接头处采用套管连接（套管内径略大于预埋管外径）并加强焊接，增加接头刚度，减少变形。加之良好的防渗墙孔形以及高效的气举反循环法清孔换浆技术，预埋灌浆管下设合格率 100%。

e. 陡坡入岩技术。通过对左、右岸陡坡段入岩困难问题的研究，采取了同一槽段由浅至深依次钻进，基岩段由液压潜孔钻机钻打诱导孔，冲击钻配置大重量钻头低冲程高频率冲击入岩的施工方法，成功解决了左、右岸 40°～70° 陡坡段入岩困难的问题，保证了防渗墙的嵌岩深度不小于 1m。

2）心墙充填灌浆。针对大坝砾石土心墙不密实、架空的情况，为避免防渗墙在坝体中施工时出现塌孔、漏浆情况，造孔施工前，在防渗墙下游侧心墙内布置 2 排充填灌浆孔，孔斜分别为 2° 和 4°，排距 1.0m，孔距 2.0m，采用梅花形布置。灌浆采用无压（或低压、≤0.1MPa）自流式充填灌浆；灌浆采用水泥黏土砂浆，水泥：黏土＝1:1～3:1，掺砂量为水泥量的 5%（大注入量时可逐渐增加至 20%），水灰比采用 1:1、0.8:1、0.5:1 三个比级。灌浆方法采用套管法、自下而上分段灌浆，段长 2～3m。心墙充填灌浆示意图如图 5－25 所示。

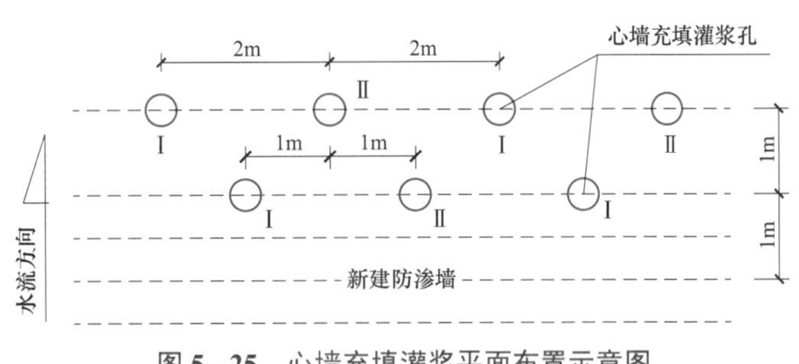

图 5－25　心墙充填灌浆平面布置示意图

3）基岩帷幕灌浆。鉴于新建防渗墙与原两岸灌浆帷幕不在同一平面上（相距 1.5m），且防渗墙造孔施工过程中对基岩的扰动、墙底存在沉渣等，为保证新建防渗墙与原两岸防渗帷幕的可靠连接，对两岸防渗墙底基岩进行灌浆处理。

3. 治理成效

（1）大坝隐患治理前渗水量最大值基本稳定在 350～400L/s，隐患治理实施期间水库水位基本维持在 2665m 以下，下游量水堰未见渗水。2022 年再次蓄水至正常蓄水位 2700m 期间，下游量水堰仍未见渗水，表明新建防渗体系阻水效果明显。大坝下游坡脚处量水堰渗流量过程线如图 5－26 所示。

（2）根据大坝及新建防渗墙应力计算分析成果，受坝址河谷形态影响，新建防渗墙在两岸岸坡陡缓交界处应力状态较为复杂，需要重点关注。因此施工过程中在防渗墙内结合预埋管钢筋桁架布设了双向钢筋计。分析钢筋计监测成果可知：在仪器埋设初期，受上部坝顶结构恢复施工影响，各钢筋计测值存在波动；随着蓄水期间库水位逐渐升高，防渗墙内钢筋应力随之变化，总体表现为左右岸双向受拉、河床中部受压；随着水位达到正常蓄水位，钢筋应力逐渐趋于稳定，目前钢筋计最大压应力约 10MPa、最大拉应力约 5MPa，测值总体较小；2022 年“9·5”泸定地震对新建防渗墙应力无明显影响。

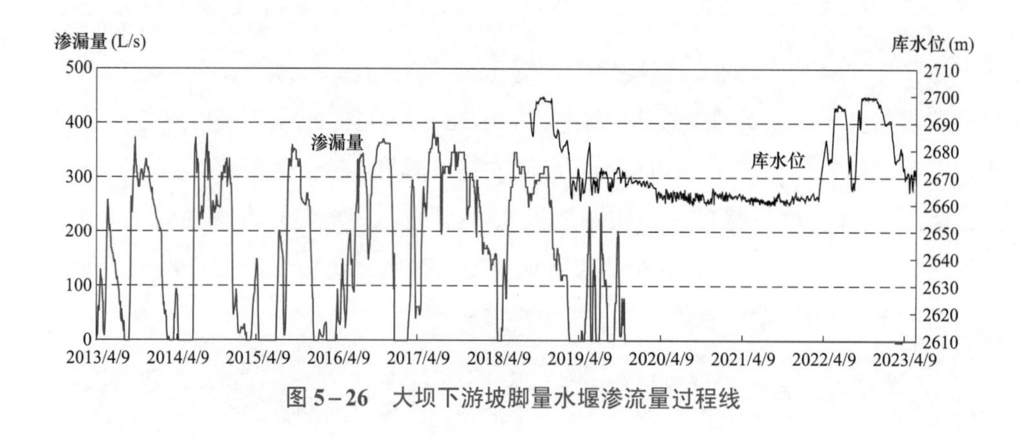

图 5-26　大坝下游坡脚量水堰渗流量过程线

5.5.5　结论

（1）按照该工程隐患治理施工经验，采用水泥黏土灌浆，砾石土灌浆后渗透系数要达到小于 1×10^{-5}cm/s 难度较大，一般情况下小于 5×10^{-4}cm/s 较有保证。

（2）该工程属于首次将超深防渗墙成功应用于大坝除险加固工程中，防渗墙平均孔深约 88m，最深达 161.75m，且是首次从坝顶实施超深防渗墙，穿越近 70m 松散坝体及最大深度达 97.6m 的坝基覆盖层直至基岩，针对超深防渗墙孔斜率控制、陡坡入岩、160m 级预埋灌浆管下设等施工重点、难点技术采取了相应的解决措施。

（3）针对大坝砾石土心墙不密实、普遍较为松散、均匀性差、强透水且多架空的情况，采取了预灌浓浆的施工方案。防渗墙造孔施工前，沿防渗墙轴线在导墙内侧布设两排预灌浓浆孔，分别位于防渗墙上游墙面和下游墙面部位，灌注纯水泥浆。通过该工程施工实践，预灌浓浆对砾石土心墙松散部位进行了有效充填，降低了防渗墙造孔过程中穿越近 70m 松散坝体的塌孔、漏浆风险。

（4）大坝渗漏治理实施完成后、水库再次蓄至正常蓄水位 2700m 对应下游量水堰无渗水，新建防渗体系阻水效果显著，新建防渗墙应力测值较小，大坝渗漏治理实施达到了预期的效果。

（5）由于防渗墙局部存在拉应力超标区域，后续仍要做好水库水位升降速率控制、运行调度及相关预案、日常监测巡视等运行管理工作，发现异常及时分析解决，以确保大坝长期安全运行。

第6章

水电站泄水建筑物工程安全隐患治理实践

6.1 概　述

泄水建筑物是保障水电站枢纽工程运行安全的重要设施，用于从水库向下游进行控制性地放水，并确保下泄的高速水流不会破坏建筑物安全。根据设计任务和运用要求，泄水建筑物分为溢洪道（河岸式溢洪道和河床式溢洪道）和泄水隧洞（坝式泄水孔、水工隧洞、坝下涵管）两大类。溢洪道是开敞式的，除具有正常泄洪能力外，当发生非常洪水时具有较大的超泄能力，可减少洪水翻坝漫溢的可能性；泄水隧洞除向下游泄放洪水外，还可以用于施工导流、供水、排沙、放空水库等。水电站枢纽泄水建筑物在泄水过程中，巨大的水力势能转化为动能，高速水流将会导致建筑物出现冲蚀、空蚀、裂缝等缺陷，严重的可能还会破坏建筑物主体结构，形成工程安全隐患，运行期间加强泄水建筑物隐患排查和治理，确保泄水建筑物安全运行。泄水建筑物及附属设施常见的工程安全隐患及治理技术如下：

1. *混凝土冲刷破坏*

当高速泄流时，溢洪道过流面、消力池、泄洪洞底板等重要部位直接受到水动力的冲击，如果设计不合理或者混凝土质量较差等，容易出现混凝土磨损、破坏等情况。在汛期，下泄的水流中不可避免会夹杂泥沙、块石、杂物等，与受损混凝土进行撞击，则可能会进一步加重泄洪建筑物结构损伤，可能会出现混凝土冲坑、裂隙等严重安全隐患。针对水流冲击导致的混凝土冲刷破坏，主要采用下述方法进行治理。

（1）优化泄洪建筑物结构形式。早期的水电站大坝设计中，对高速水流动力认识不足，泄水建筑物经常存在挑流距离短、流态紊乱等问题，对结构影响较大。所以优化结构体型是解决混凝土冲刷的根本措施，具体可采取的方法有：优化泄洪建筑物体型，延长和加固下游混凝土护底，保证下泄水流流态平顺，冲击点避开溢洪道主体结构基础；在下游合适位置增设二道坝，雍高水位以进行二次消能。

（2）冲刷破坏混凝土修复技术。对于磨损深度小于3cm的缺陷，采用专用的环氧树脂基液处理剂、改性环氧抗冲磨修复材料进行修复。具体工艺为：确定磨损区域；磨损区域混凝土基面清理打磨，清洗并干燥；涂刷环氧树脂基液处理剂，待干燥；铺筑改性环氧抗冲磨修复材料。

对于磨损深度大于3cm的缺陷，采用与原施工同强度等级混凝土回填至距表层2cm，再填筑改性环氧抗冲磨修复材料，同时根据需要布置插筋。具体工艺为：确定磨损区域；磨损区域混凝土基面清理凿毛，清洗并干燥；钢筋处理；回填同强度等级混凝土，洒水养护并干燥处理；涂刷环氧树脂基液处理剂，待干燥；铺筑改性环氧抗冲磨修复材料，养护；混凝土接缝面填涂双组分改性环氧界面剂。

2. 混凝土空蚀破坏

下泄水流在经过不规则结构边界时，流速可能会急剧变大，导致液体内局部压力降低，进而在固液交界面上形成气泡，不稳定的气泡逐渐发展直至溃灭，即为空化。空化过程中，气泡急速产生、扩张和破裂，在水流中形成激波或者微射流，会对混凝土结构造成空蚀破坏。泄水建筑物空蚀的产生主要是由于结构边界不规则导致，比如过流面不平整、弯道非流线型、坡度变化不流畅等。

针对泄水建筑物混凝土空蚀破坏，主要采用下述方法进行治理：

（1）在泄水建筑物的合适位置布设通气孔，平衡由流速变化所引起的区域低压，从根源上避免空泡的产生。

（2）改善泄水建筑物的边界条件，将水流方向发生改变位置改造为流线型，并通过打磨使混凝土过流面光滑、无凸起，避免下泄水流速度的急剧变化。

（3）采用高强度混凝土、钢纤维混凝土、氯酸钙混凝土等材料对空蚀破坏位置进行修复，已有研究表明1.5%的钢纤维混凝土具有较好的韧性和强度，可以有效降低水流空蚀破坏的影响。

3. 泄水建筑物泄洪雾化

泄水建筑物在以大流量、高流速、长挑距的方式进行泄水时，水流在空中发生抛射、掺气并入水碰撞，形成了蕴含巨大能量的水汽混合物，并产生高强度降雨，即为泄洪雾化现象。雾化区内的降雨强度远超特大暴雨，持续时间也往往较长，对临近边坡、枢纽建筑物等结构影响较大，可能引起边坡垮塌、泥石流等危害。针对泄水建筑物挑流雾化对结构的影响，主要采用下述方法进行防治：

（1）以挑流水舌的挑距、挑高、入水宽度、水舌风、溅水量和下游河床冲刷形态为关键指标，优化泄水建筑物挑坎体型，降低挑流雾化的强度或者改善挑流雾化对关键部位的影响。

（2）采用喷射混凝土、锚杆支护、敷设钢筋网等方式对受雾化影响的边坡进行治理，并在边坡上合理设置截排水沟，防止形成较大的地表径流。如条件允许，可进一步在雾化区边坡内设置排水管，降低边坡内部水压力。

4. 泄水建筑物闸门典型隐患问题

与混凝土结构不同，闸门的寿命通常只有30～40年，在运行一定年限后，容易出现锈蚀、气蚀、不良振动等问题，需要经常进行维护和修复。主要治理措施为：

（1）以涂料保护、金属喷镀、电化学保护等措施解决金属闸门锈蚀问题。

（2）采用优化闸门底缘形状、在易气蚀位置增设补气装置、用锰钢或者低合金钢板等耐气蚀材料进行贴面修复等防渗解决金属闸门气蚀的问题。

（3）采用闸门加固增加刚度、优化闸门边缘形状、改变门槽形状等措施解决闸门不良振动问题。

（4）利用闸门检测和复核、闸门加固、闸门启闭机更新改造等来发现和解决闸门结构强度不足、事故门通气孔尺寸偏小、启门不平衡等问题。

6.2 EP水电站溢洪道水毁隐患治理

6.2.1 工程简介

EP水电站总装机容量114MW。水库总库容3.02亿m^3，正常蓄水位550m，死水位520m，调节库容1.53亿m^3，具有年调节能力。

枢纽工程由混凝土面板堆石坝和布置于右岸的溢洪道、发电引水隧洞、岸边地面厂房等主要建筑物组成。混凝土面板堆石坝最大坝高125.6m。溢洪道由引渠、控制段、泄槽和挑流鼻坎等组成，轴线全长187.8m，闸室共设置3孔13m×14m（宽×高）溢流表孔，堰顶高程536m。溢洪道沿线地层岩性主要为粉砂质板岩，局部夹绢云母板岩，风化程度不一，全、强风化岩体完整性差，地基承载能力较低。相关资料表明，岩体属较软岩或软岩，其中绢云母板岩软化特征明显，遇水或长期浸泡后岩体承载能力降低。溢洪道沿线下游侧发育倾倒变形体，变形体内岩体陡倾坡内，岩体破碎，碎裂结构，结构面内充填泥质或岩屑，钻孔揭露溢洪道部分底板地基岩体为倾倒变形体。

工程于 2005 年 9 月开始蓄水，首台机组于 2006 年 4 月投产发电。2010 年 12 月，主体工程基本完工。

6.2.2　隐患概况

2021 年 8 月下旬，受上游特大暴雨影响，电站经历了一次重现期 20 年的洪水，最大入库洪峰流量为 2958m^3/s，溢洪道最大泄量为 2330m^3/s。8 月 30 日，巡视检查发现溢洪道桩号 0+132m 横缝下游侧泄槽末段及鼻坎段左侧底板被冲毁，水流淘刷基础形成长约 45m、宽约 35m、最深约 15m 的冲坑，溢洪道局部冲损照片如图 6-1 所示。现场随即组织开展了应急抢险，对冲坑进行了回填处理。9 月 5～11 日，溢洪道再次泄洪。9 月 6 日，在泄量约 500m^3/s 时，桩号 0+118m～桩号 0+132m 范围内泄槽底板再次发生了破坏，导致基础冲坑范围向上游进一步扩大。9 月 12～15 日，停止泄洪后，现场再次对基础冲坑进行了回填处理。9 月 19～20 日，受上游连续降雨形成洪水影响，水库入库洪峰流量迅速上涨至 2620m^3/s，该场洪水溢洪道最大泄量在 580m^3/s 左右，泄槽底板未发生进一步破坏。

图 6-1　溢洪道泄洪水毁后面貌

6.2.3　破坏原因分析

1. 溢洪道混凝土

（1）外观。

1）控制段边墙及检修平台混凝土表面大片麻面，局部存在蜂窝。

2）泄槽段边墙混凝土破损、露筋严重，多处水平施工缝渗水析钙。底板混凝土存在较大面积的麻面、破损及严重冲蚀，粗骨料大片裸露，部分钢筋裸露锈蚀，属C类磨损空蚀（严重磨损与冲蚀，混凝土粗骨料外露，形成连续的磨损面，钢筋外露）。下部底板与挑流鼻坎连接处已被严重冲毁。

3）挑流鼻坎底板已被严重冲毁，粗骨料大片裸露，左右边墙混凝土大面积破损，钢筋裸露锈蚀。

（2）强度。溢洪道控制段底板混凝土回弹推定强度范围值为21.4～22.8MPa，泄槽段底板混凝土回弹推定强度范围值为21.1～24.1MPa，泄槽段右边墙混凝土回弹推定强度值为22.7MPa，鼻坎边墙混凝土回弹推定强度范围值为23.8～24.1MPa，低于现行规范要求。

控制段边墙混凝土回弹推定强度范围值为26.1～28.6MPa，泄槽段左边墙混凝土回弹推定强度值为27.3MPa，闸墩混凝土回弹推定强度范围值为31.8～33.3MPa，满足现行规范要求。

鼻坎底板混凝土芯样抗压强度值为12.0MPa，低于现行规范要求。

（3）混凝土保护层厚度、碳化深度及钢筋混凝土耐久性评价。溢洪道控制段底板混凝土保护层平均厚度为35mm，控制段边墙混凝土保护层平均厚度为36mm，泄槽段底板混凝土保护层平均厚度为25mm，泄槽段边墙混凝土保护层平均厚度为30mm，鼻坎段边墙混凝土保护层平均厚度为16mm，闸墩混凝土保护层平均厚度为64mm。

溢洪道控制段底板混凝土平均碳化深度为16.5mm，控制段边墙混凝土平均碳化深度为13.0mm，泄槽段底板混凝土平均碳化深度为12.0mm，泄槽段边墙混凝土平均碳化深度为15.0mm，鼻坎段边墙混凝土平均碳化深度为22.0mm，闸墩混凝土平均碳化深度为14.0mm。

鼻坎段边墙混凝土碳化类型为C类碳化（严重碳化：钢筋混凝土碳化深度达到或超过钢筋保护层厚度），其他混凝土碳化类型为B类碳化（一般碳化：钢筋混凝土碳化深度小于钢筋保护层厚度）。泄槽段边墙钢筋A类轻度锈蚀，泄槽段底板钢筋B类中度锈蚀，鼻坎段边墙钢筋C类严重锈蚀。

2. 掺气坎后不能形成稳定空腔问题

溢洪道原设计方案掺气坎布置及体型见表6－1和图6－2。根据水工模型试验观测情况，原设计方案各级流量下的掺气坎空腔长度、空腔积水情况见表6－2。在流量1500m^3/s以上，掺气坎后不能形成稳定空腔，存在不同程度的空腔回水和封堵掺气通道现象，坎下反弧段坝面水流紊动强烈，水流脉动均方根值较大。掺气坎下游至鼻坎坝面脉动压力特性见表6-3。随着流量的增大，反弧段坝面压力均值和脉动均方根值均呈增大趋势，最大时均压力为30.2×9.81kPa，位于底板右侧；脉动压力均方根最大值为6.3×9.81kPa，位于泄槽中心线；左侧底板脉动压力均方根也较大，达6.1×9.81kPa。原设计掺气设施布置及体型有欠缺，需要进行优化。

表6-1　　原设计方案掺气坎布置及体型

掺气坎号（m）	掺气坎形式	坎高（m）	通气井尺寸（m×m）
0+156.60	挑坎式	0.9	1×3

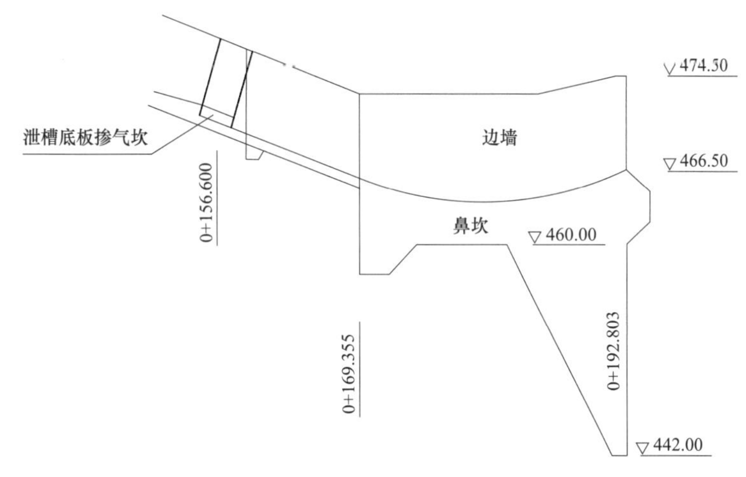

图6-2　原掺气坎及鼻坎布置情况

表6-2　　原方案掺气设施效果

溢洪道泄量（m^3/s）	空腔积水情况			空腔长度（m）	
	左	中	右	左	右
5980	严重	严重	严重	12	8
3980	严重	严重	严重	13	9
2460	轻微	严重	无	15	10
2000	轻微	严重	无	16	10
1000	无	轻微	无	16	11
500	无	无	无	15	11

表 6-3　　掺气坎下游至鼻坎坝面脉动压力特性　　单位：×9.81kPa

测点部位	桩号（m）	高程（m）	$Q=5990m^3/s$		$Q=5483m^3/s$		$Q=3590m^3/s$		$Q=2900m^3/s$	
			均值 P	均方根 σ	均值 P	均方根 σ	均值 P	均方根 σ	均值 P	均方根 σ
鼻坎段左侧底板	0+169.37	465.67	13.1	6.1	11.2	4.4	6.4	2.8	5.0	2.2
	0+180.12	463.67	26.4	3.5	23.2	3.1	18.0	2.8	14.8	2.4
	0+191.80	430.61	19.7	2.3	16.8	2.1	12.5	1.8	10.3	1.5
3 号轴线鼻坎段底板	0+169.37	465.67	25.0	4.4	21.6	5.0	17.2	6.3	11.4	5.2
	0+180.12	463.67	22.3	2.0	19.1	1.7	14.1	1.4	11.3	1.1
	0+186.80	464.44	12.7	1.5	12.2	1.3	8.9	1.0	7.4	0.8
鼻坎段右侧底板	0+167.51	467.53	30.2	3.6	27.4	3.5	21.7	1.7	18.2	1.5
	0+182.10	469.88	14.0	1.4	11.7	1.2	7.4	0.7	5.7	0.6

3. 下游河道冲刷问题

根据水工模型试验结果，原设计方案溢洪道挑射水流落入下游河道后，在水舌落水区左侧形成较大范围的回流，水舌落水区右侧为顺流。随着下泄流量的增大，岸边流速和波浪增大。水舌落水区左侧至堆石坝坝脚一带均为较大回流区，最大回流流速达 12m/s；面板堆石坝右岸坝脚处最大回流流速近 7m/s。水舌落水区右侧最大顺流流速约 10m/s。挑流水舌冲击河道在对岸（左岸）坡脚形成较大涌浪，最大波高为 6m。

溢洪道下泄水流对于河床基岩的冲刷最低点位于河心或对岸坡脚，水舌落水区左侧（上游）河道为淤积区；堆石坝坝脚存在不同程度的淘刷。因此，原设计消能工体型需要进行优化。

综合所述，EP 水电站溢洪道泄槽局部冲毁，主要原因为泄流脉动水压在反弧段掏刷掺气坎混凝土和止水，加上混凝土局部质量缺陷等问题，高速水流击穿止水和破损的混凝土，水流灌入基础，在剧烈的高速水流作用下，泄槽底板和边墙被冲毁，大量水流进入泄槽底板和边墙，水流条件更加紊乱，持续掏刷混凝土、基岩和两岸边坡基础，冲毁范围进一步扩大。消能区掏刷破坏主要原因为挑流鼻坎段体形不合理，导致下游河道回流强度较大，持续掏刷周边护岸基础。

6.2.4 隐患治理方案及成效

1. 溢洪道底板拆除重建

修复方案泄槽纵剖面图如图 6-3 所示。对泄槽底板进行拆除，表面浇筑

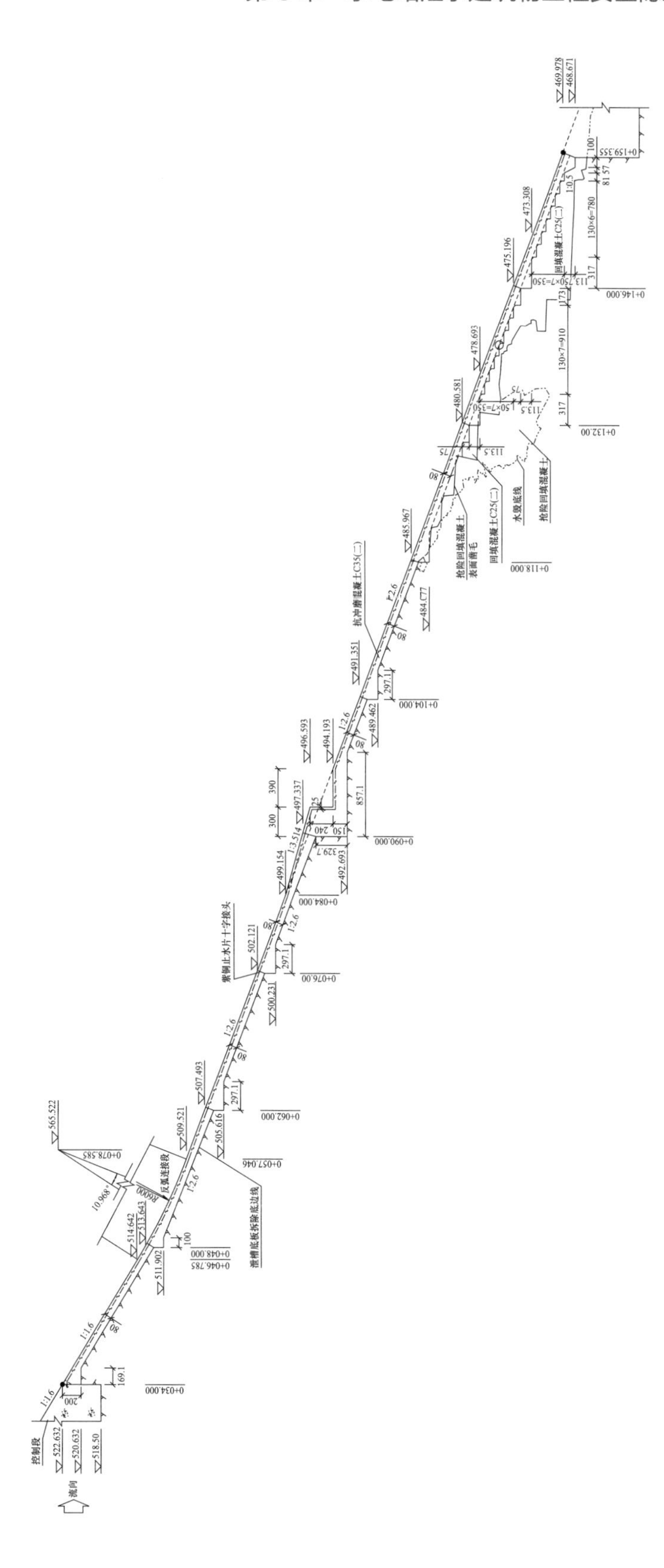

图 6－3　修复方案泄槽纵剖面图

80cm 厚 C35 抗冲耐磨混凝土，布设顶底两层ϕ16 钢筋@16.7cm × 16.7cm，底板采用ϕ32、L = 6m@1.25m × 1.5m 的锚筋与基础连接，表面弯折与泄槽钢筋绑扎连接。

泄槽底板与边墙为分离式结构，靠近边墙 2m 处及底板中部共设置 5 条纵缝，从控制段至鼻坎，以 14m 为间隔设置 10 条横缝，纵缝通条布置，缝面涂抹沥青，缝间设紫铜止水。

在分缝底部均设置透水软管外裹工业滤布。鼻坎段未拆除混凝土内钻孔成孔作为排水通道。将泄槽底板排水管网与控制段底板排水系统相接。新浇混凝土底板与原边墙之间凿毛处理，设置插筋。

拆除桩号 0 + 090m～桩号 0 + 104m 段两侧边墙及鼻坎两侧边墙，恢复衡重式钢筋混凝土挡墙，局部根据水力学计算结果对边墙高度加高。边墙采用 C25 混凝土，采用ϕ32、L = 6m@1.25m 的锚筋与基岩连接。对控制段底板和未拆除的泄槽边墙，涂抹一层抗冲磨材料。泄槽底板拆除段（0 + 090m～0 + 118m）及冲毁后回填混凝土段（0 + 118m～0 + 146m）采用固结灌浆处理，固结灌浆孔排距为 2.5m × 3m，孔深 8m，共布置 15 排。为方便施工，固结灌浆孔按排分序，总体呈梅花形布置，除左右两侧第 1 排和第 15 排为顶角为 10° 的斜孔外，其余均为铅直孔固灌。施工前，拆除 0 + 090.00m～0 + 090.80m 段底板，设止浆槽，采用棉纱或土工布堵塞纵向排水沟（管）口，防止灌浆施工过程中浆窜入排水管网内，造成排水失效。固结灌浆采用有盖重纯压式灌浆法（孔口阻塞），灌浆塞安装在基岩与混凝土接触面上的混凝土内，考虑施工工期紧张，灌浆孔采用全孔一次灌注。灌浆压力：Ⅰ序孔 0.2～0.25MPa；Ⅱ序孔 0.25～0.35MPa，固结灌浆采用强度等级不低于 42.5 级普通硅酸盐水泥。浆液水灰比拟采用 2:1、1:1、0.8:1、0.5:1 等 4 个比级，开灌水灰比 2:1。

2. 掺气设施优化

根据溢洪道水流空化数计算成果，0 + 80m～0 + 100m 范围的坝面流速约 30m/s，水流空化数小于 0.3，应布设掺气设施。原设计方案掺气设施布置于 0 + 152.18m，是明显不合适的。因此重建时将掺气坎布置在 0 + 94.00m 断面，可保护其下游 100m 长的泄槽免于空蚀。其掺气坎具体尺寸见表 6－4 和图 6－4。

表6－4　　优化方案掺气坎布置及体型

掺气坎桩号（m）	掺气坎形式	坎高（m）	通气井尺寸（m×m）
0＋94.00	挑跌坎式	2.4	1.8×2

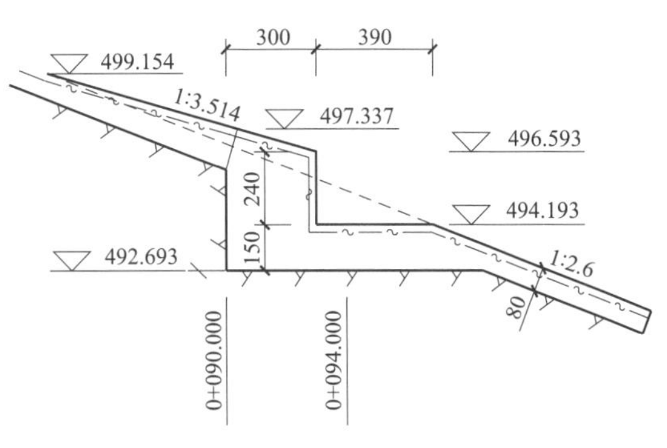

图6－4　优化掺气坎布置及体型

对新掺气坎进行了各级下泄流量的试验，结果表明，掺气坎下均能形成稳定的掺气空腔，空腔长度约20m，无积水现象。掺气挑坎水舌落点后与泄槽坝面平顺衔接，无不良水流流态。新掺气坎方案空腔特征值见表6－5。新掺气坎方案空腔形态（$Q=5980m^3/s$）如图6－5所示。

表6－5　　新掺气坎方案空腔特征值

溢洪道泄量（m^3/s）	积水情况	空腔长度（m）
5980	无	20
3980	无	21
2460	无	22

图6－5　新掺气坎方案空腔形态（$Q=5980m^3/s$）

3. 鼻坎优化体型优化

鼻坎调整为大挑角差动鼻坎，水流经高坎和低槽形成中间高两侧低的挑射水舌形态。修复后溢洪道泄洪情况如图 6-6 所示。水舌在空间上充分拉伸，落水点形态呈 n 形，入水面积增大，入水角度大，大大减轻了对于对岸边坡的顶冲及回流淘刷强度。水工模型试验表明：

（1）在流量低于 300m^3/s 时，水流在鼻坎内形成淹没水跃，沿两侧低槽出口贴壁跌落至护坦上；流量超过 300m^3/s 时，水舌能挑出鼻坎；流量增大到 500m^3/s 以上时，水舌落点可以更远地挑离出护坦外。建议流量大于 500m^3/s 时开始泄洪。

（2）时均压力。两侧低槽均为正压，最大为 32.7×9.81kPa，高坎斜坡面左侧均为正压，右侧末端出现较小负压。

（3）河道流速和波浪。在校核流量条件下，水舌左侧至面板堆石坝坝脚一带最大流速为 5.9m/s，较原方案 11.4m/s 明显减轻。

（4）在消能防冲流量条件下，水舌落水区左侧最大流速为 3.0m/s，右岸坝脚处最大流速 3.2m/s。

（5）岸边波浪波高均在 2m 以内。

（6）下游河道冲刷。与原方案相比，其岸边淘刷深度大大减轻，消能防冲流量条件下左岸边淘刷深度为 8m，校核工况下左岸边淘刷深度为 17m；消能防冲流量以下条件下的堆石坝坝脚均无淘刷。

（7）泄洪雾化影响分析。推测本岸的雾化降雨不会超过天然降雨的中雨量级，对位于右边电站尾水平台及变电站区域的雾化降雨影响有限。

图 6-6　修复后溢洪道泄洪

6.2.5　结论

（1）溢洪道泄槽底板边墙表面起伏，平整度不满足规范要求，混凝土表面存在破损、冲蚀破坏现象，横向结构缝局部张开较宽；鼻坎两侧边墙混凝土大骨料裸露、胶结不密实，边墙多处存在钢筋裸露、混凝土保护层厚度不足等缺陷，混凝土外观质量总体较差。

（2）混凝土回弹仪检测结果显示：溢洪道控制段底板、泄槽段底板和右边墙、鼻坎边墙混凝土回弹推定值低于24MPa，不满足设计要求；鼻坎底板混凝土芯样抗压强度值为12MPa，低于设计要求。参考混凝土回弹检测资料和芯样强度检测值，溢洪道混凝土强度偏低。

（3）根据水力学模型试验复核结果：原溢洪道泄槽末段掺气坎在流量大于1500m^3/s时，坎后不能形成稳定空腔，出现空腔回水封堵掺气通道现象，不能发挥掺气保护作用，坎后水流紊乱，脉动压力较大；挑流鼻坎水舌偏向上游，出流直冲对面凹岸，在消能区上游至坝脚之间河道内形成强度较大的回流。

（4）掺气坎位置不合理、结构缝止水失效、混凝土施工质量缺陷等是造成溢洪道泄槽底板冲毁的主要原因，同时挑流鼻坎体型不尽合理、水流归槽不顺是造成下游河道回流强度较大，坝脚和岸坡局部被淘刷破坏的主要原因。

（5）水库低水位运行，泄洪流量小于500m^3/s时，存在影响护坦现象，但模型试验测量的脉动压力不大。为保障溢洪道泄洪安全，小流量泄洪持续时间建议不超过2h，长时间泄洪按照流量不小于500m^3/s控制。

6.3　WQ水电站深孔泄洪洞隐患治理

6.3.1　工程简介

WQ水电站装机容量为135MW（3×45MW）。水库总库容为2.07亿m^3，为季调节水库，正常蓄水位955.00m，死水位933.50m，设计洪水位956.56m（$P=0.2\%$），校核洪水位957.86m（$P=0.02\%$）。

枢纽工程由混凝土面板堆石坝、溢洪洞、泄洪洞、发电引水隧洞和发电厂房组成。拦河坝采用混凝土面板堆石坝，利用河湾凸岸（右岸）布置泄洪和发电引水系统。泄洪和发电引水系统均布置在右岸，从左往右依次为表孔溢洪洞、深孔泄洪洞、发电引水洞。发电引水洞采用“一洞三机”的布置方式，厂房布置在下游右岸。深孔泄洪洞进口底板高程 902.00m，原设计进口设 4.5m×6.5m 的事故检修闸门和 4.5m×5.0m 的弧形工作闸门各 1 道，隧洞长 523m，最大泄量 632m³/s，出口采用“一”字形扩散型平鼻坎挑流消能。工程于 2007 年 10 月开工，2010 年 9 月下闸蓄水，同年 12 月 3 台机组全部并网发电。2011 年 6 月，主体工程完工。

工程枢纽布置图如图 6－7 所示。

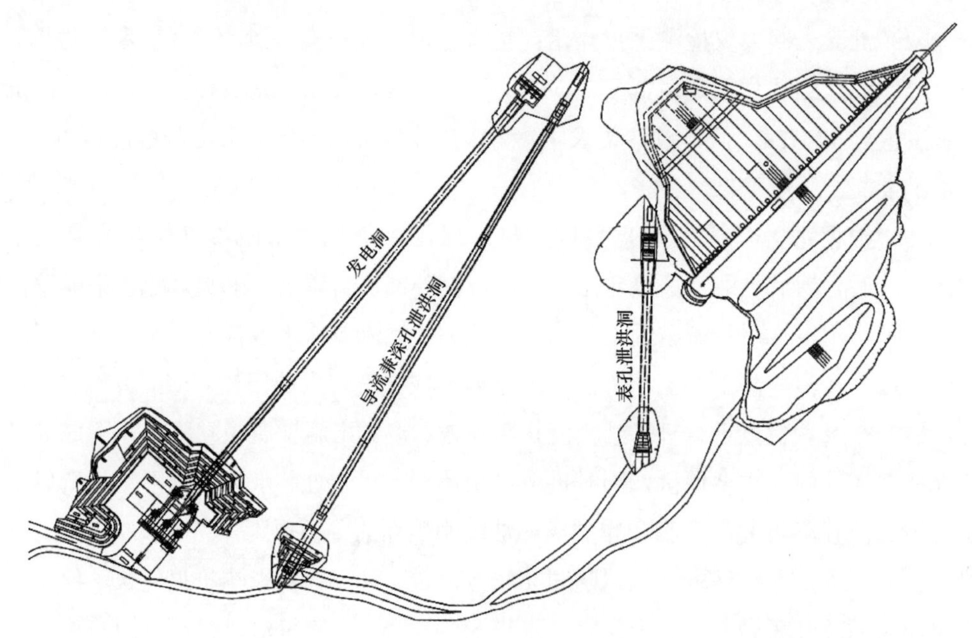

图 6－7　工程枢纽布置图

WQ 水电站扩机工程由深孔泄洪洞改造，在深孔泄洪洞下游（距出口 40m）新建工作闸门井，闸门前 32m 新增侧向引水发电支洞。新建厂房在原厂房左端，利用工作闸门挡水，将水引至新建厂房，厂内安装一台 45MW 的机组（4 号机），扩机机组主厂房与原电站厂房共用一个安装间和桥机。扩机工程 2011 年 9 月开始，2013 年 1 月完工，2013 年 7 月并网发电。扩机工程布置图如图 6－8 所示。

6.3.2　隐患概况

深孔泄洪洞原工作闸门布置在首部，泄洪工况时工作闸门后洞段为无压洞。WQ 水电站扩机工程结合深孔泄洪洞布置，将深孔泄洪洞工作闸门移至尾部，深孔泄洪洞变为有压洞。尽管工程投运以来，深孔泄洪洞没有经历泄洪运行，但从功能上其仍然承担泄洪任务。

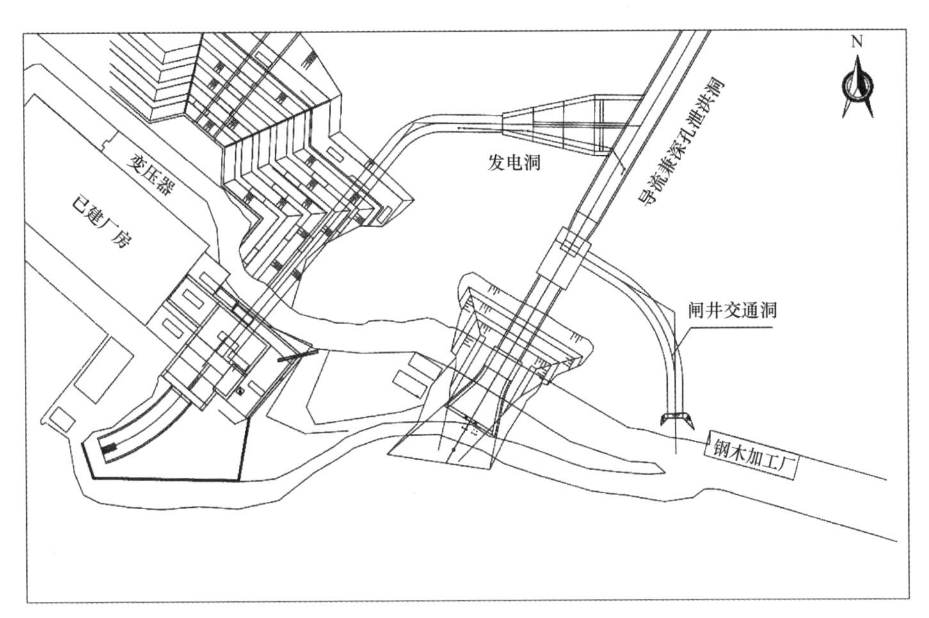

图 6-8　扩机工程布置图

鉴于深孔泄洪洞改变了原设计运行条件，泄洪流态变化较大，且泄流水头较高。深孔泄洪洞改建工作的实施尚缺乏深入的研究论证，存在较大的安全隐患。

6.3.3　模型试验研究分析

1. 模型试验内容

根据隐患治理需要，2021 年 3 月，中国水利水电科学研究院开展了 WQ 水电站深孔泄洪洞改建水工模型试验研究。

试验单位运用物理模型与数学模型相结合的方法，针对 WQ 水电站深孔泄洪洞改建后的上游进气条件、泄流能力、动水压强、河道冲刷等问题进行了研究。主要试验研究内容如下：

（1）针对工程现状布置方案，开展掺气流态复核研究，提出各种运行水位条件下，弧门安全开启高度及其相应的泄量，为工程安全度汛提供参考。

（2）针对上游弧门通气井内掺气流态，研究封堵通气井对于泄洪洞掺气流态的影响，提出最终封堵方案。

（3）针对泄洪洞上游通气井封堵方案，开展泄流能力复核，同时复核低水位条件下弧门开启方式，针对存在问题提出调整方案。

（4）针对电厂引水岔管进口体型调整方案，开展动水压强复核，保证泄洪过程中电站进水结构安全。

（5）针对泄洪洞出口体型方案，开展流态与下游冲刷试验研究，通过出口挑坎体型方案调整，减轻对下游河道冲刷影响。

（6）量测泄洪洞出口水流挑距、入水形态、入水角度等指标，为后续泄洪雾化研究提供参考。

2. 模型试验主要结论

（1）深孔泄洪洞进气流态观察试验。采用水下摄影方式，观察不同运行方式下泄洪洞上游闸室内流态变化。在死水位至校核洪水位范围内，扩机机组运行工况下，泄洪洞为满流状态。但泄洪工况下，下游工作弧门全开时，泄洪洞内会出现明满流交替流动，无法形成有压流动结构。现状深孔泄洪洞下游弧门需要局部开启进行控泄，才能确保洞内形成有压流，但下泄能力有一定幅度的降低。特征水位下弧门运行开度影响汇总表见表6－6。

表6－6　特征水位下弧门运行开度影响汇总表

水位（m）	弧门开度（m）	模型开度（cm）	通气井水位、流态	进气与否
死水位933.5	3.18	10.6	竖井段下缘，水面平稳	不发生进气
	3.30	11.0	斜坡段中部，水面波动	未发生进气
	3.36	11.2	胸墙段中部，水面波动明显	未发生进气
	3.45	11.5	胸墙段中部，水面波动剧烈	临界状态
	3.48	11.6	胸墙段下部，水面波动剧烈	发生进气
正常水位955.0	3.72	12.4	竖井段下缘，水面平稳	不发生进气
	3.78	12.6	斜坡段下部，水面波动	未发生进气
	3.81	12.7	胸墙段下部，水面波动明显	偶有进气
设计水位956.56	3.75	12.5	竖井段下缘，水面平稳	不发生进气
	3.78	12.6	斜坡段中部，水面略有波动	不发生进气
	3.81	12.7	胸墙段下部，水面波动剧烈	偶有进气

（2）引水岔管体型水力特性数值分析。扩机工程岔管改变了原深孔泄洪洞体型，岔管处布置情况如图6－9所示。泄洪工况下，主洞内流速13～15m/s，岔管内水流从断面1流入，然后从断面2流出，形成回流，拦污栅隔墩上游一侧凸边墙附近流速达到11m/s。岔管内隔墩上游侧受到水流冲击，压强超过55m水头，墩头两侧压差达到7m水头，隔墩厚度仅为60cm，存在由压差导致的隔墩破坏威胁。发电工况下，岔管内隔墩两侧压差约1m水头，拦污栅流速指标满足规范要求。

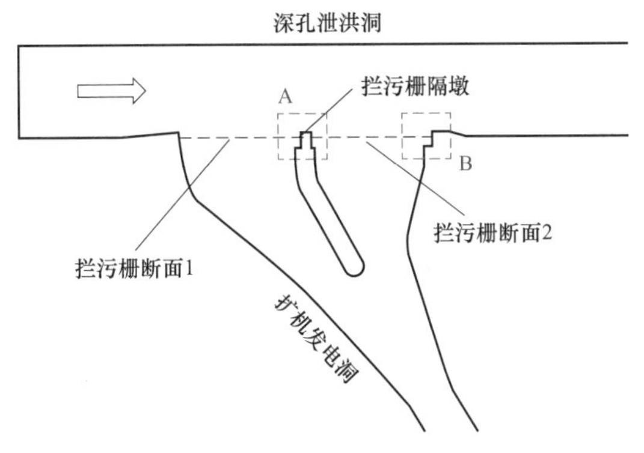

图 6-9　扩机工程引水岔管布置图

（3）下游闸室出口段水翅问题。下游闸室出口采用突扩跌坎体型，左右两侧边墙各扩 1m，跌坎高度为 0.5m，坎下设通气孔。试验表明，泄洪过程中，侧壁水流空腔长度约 15m，但水流再次附壁时，产生明显水翅，起始位置位于洞内。在此过程中，水流击打洞顶，出洞后交汇于挑坎段中部，溅水高度超过 880.40m 高程。

分析表明，对于明渠急流扩散体型，水流与侧壁呈夹角，不可避免地在两侧壁产生冲击波，形成折冲水流。

（4）泄洪洞现状出口体型分析。泄洪洞现状出口采用等宽平底布置方案。试验发现，泄洪洞出口附近形成明显淘刷，冲起的泥沙在下游形成较高的堆丘，对于泄洪洞出口运行安全与电站尾水造成不利影响。

6.3.4　隐患治理方案及成效

1. 隐患治理方案

针对模型试验研究发现的问题，新疆水利水电勘察设计研究院根据水工模型试验研究成果进行改造设计，以保证泄流能力满足要求、保障电站的安全运行。深孔泄洪洞技术改造主要包括以下四个方面。

（1）深孔泄洪洞进口闸井封堵。深孔泄洪洞进口闸井新建混凝土封堵板，原弧形工作门压坡段需部分拆除，压坡段过水断面高度由 5m 扩大至 6m，拆除长度为 4.86m。新建封堵板自老混凝土拆除端至原弧形工作门大梁处，全长 14.85m，厚度 1.83～2.5m，采用 C25、W6、F300 钢筋混凝土衬砌。新建封堵板结构钢筋需植入两侧闸井边墙内，植筋采用ϕ32 钢筋，间距 0.2m，深入老混凝土的长度为 1.7m；

其他新老混凝土接触面设置插筋，插筋采用$\phi32$ 钢筋，间排距 0.5m，长 3.4m，深入老混凝土的长度为 1.7m。同时新老混凝土结合面需要进行凿毛处理，凿毛后需清洗干净，保证新老混凝土可靠结合。进口闸井封堵图如图 6－10 所示。

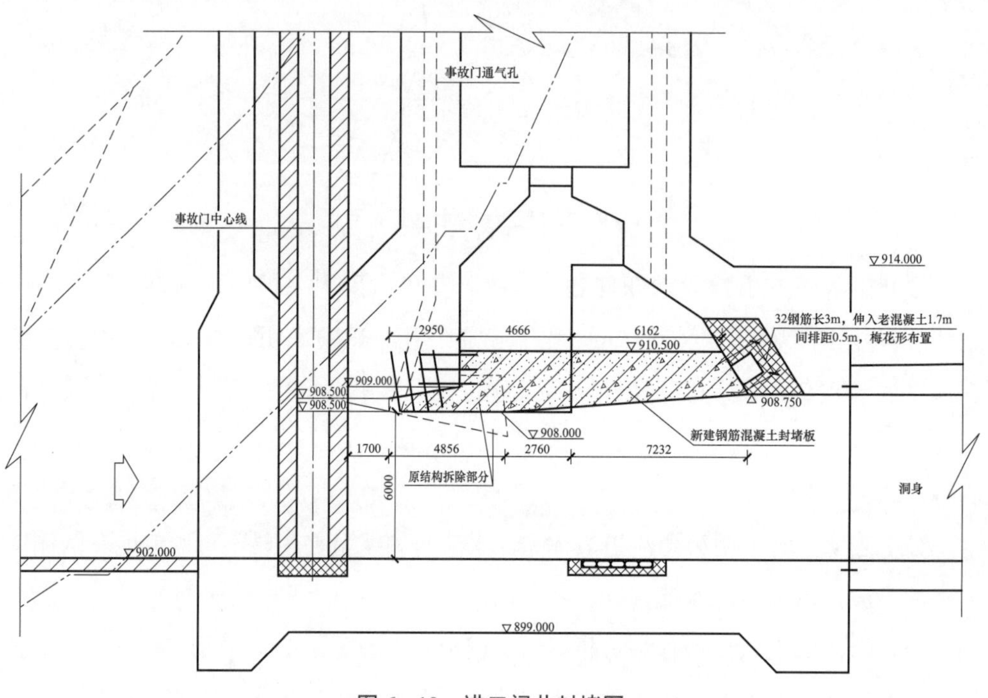

图 6－10　进口闸井封堵图

封堵方案流态试验结果表明：

1）在下游弧门全开条件下，当上游水位达到死水位 933.50m 时，上游闸室段内仍有进气现象。

2）随着水位的上升，上游进气情况明显好转，当上游水位高于泄洪工况起调水位 937.15m 时，上游闸室段进气现象消失，进口段转为有压流，下游弧门可全开运行。

（2）扩机发电洞岔口拦污栅改建。扩机发电洞岔口位于深孔泄洪洞桩号深 0+440.89m 处，与深孔泄洪洞轴线垂直布置。原拦污栅共 2 孔，单孔宽 8.0m，高 4.5m。本次改造保持原拦污栅孔口形式不变，仅调整拦污栅位置，拦污栅沿发电洞轴线方向向下游移动 1100mm 布置，并将原拦污栅中隔墩拆除。新建拦污栅位置处，影响新建拦污栅结构尺寸的老混凝土应全部拆除（主要拆除新建拦污栅四周圆弧渐变段），拆除混凝土表面采用环氧砂浆抹平，磨平面不得侵占新建拦污栅结构尺寸。

拦污栅下游两侧新建C25、W6混凝土挡块，挡块长0.5m，宽0.8m，高4.5m。原两孔拦污栅结构范围内的中墩需全部拆除，拆除长度为1.1m（拆除至新建拦污栅上游结构面处），并采用环氧砂浆抹平。具体如图6-11所示。

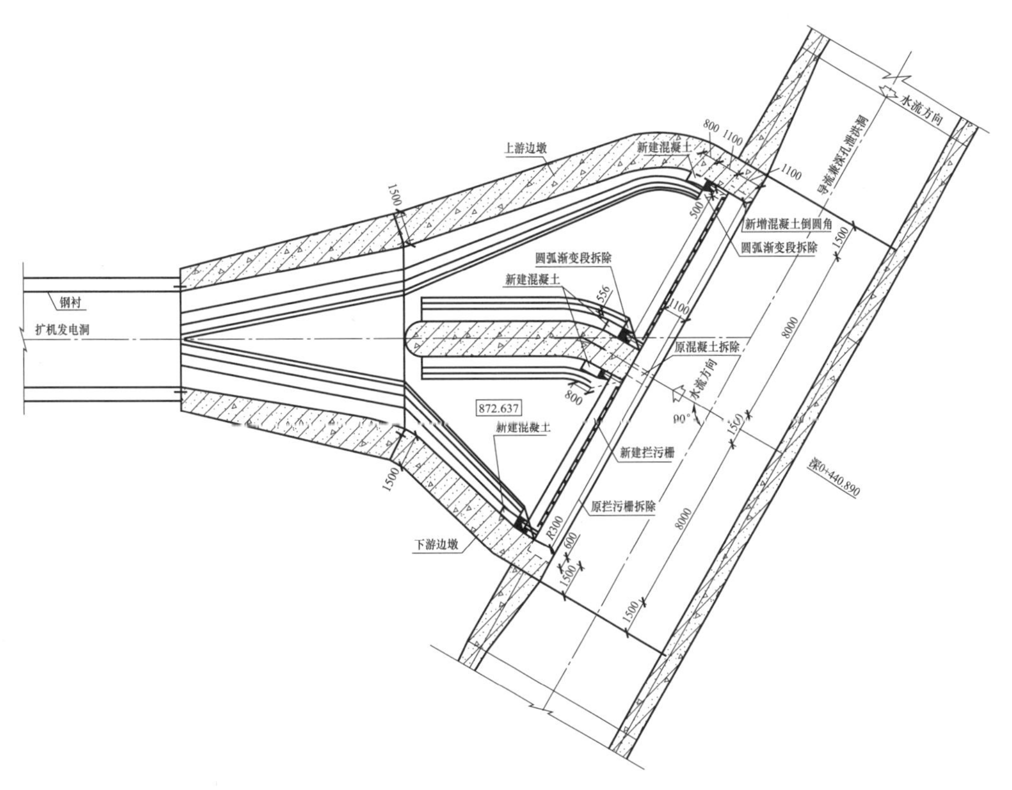

图6-11　闸口拦污栅隔墩改建图

流场与压强计算结果分析表明，泄洪工况下，将中隔墩墩头后撤1.1m后，泄洪时主洞内流速12～13m/s，岔管内下游进口形成回流区，下游侧边墙附近流速较大，量值4m/s。泄洪水流不再撞击拦污栅中隔墩，隔墩两侧压差约为0.5m水头，相较于原方案得到明显改善，下游进口边墩受水流冲击，冲击水头约4.5m。发电工况下，流态与原方案基本相似。

（3）泄洪洞工作闸井下游无压洞身体型优化。为改善泄洪洞工作闸门井下游无压洞的不利流态，采用渐扩体型，将工作闸井后部无压洞深0+500.063m～深0+529.310m段两侧边墙增设一层0.3～1.0m厚的C40钢筋混凝土衬砌，长度29.3m，底板保持原体型不变。具体如图6-12所示。

试验表明，在校核洪水工况下，扩散段未发生脱壁流动，水流再附壁位置下移至洞口0+522m～0+529m桩号之间，水翅起始位置处于明流洞出口，交汇于扩散段出口下游，溅水高度低于两岸880.40m高程，泄洪流态得到改善。

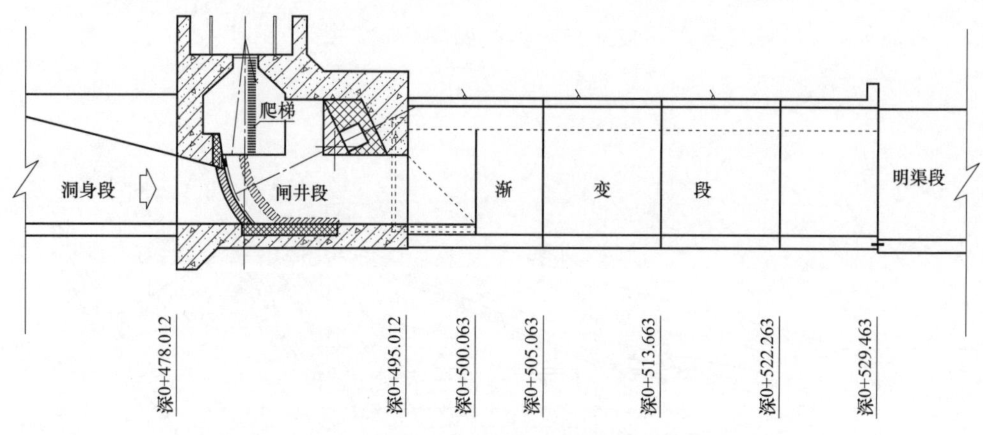

图6-12　无压洞身体型优化结构图

（4）新建深孔泄洪洞出口挑坎。深孔泄洪洞出口接新建明渠段，长7.0m，为整体式矩形断面，底宽6.9m，边墙高8.73m，采用C40、W6、F200钢筋混凝土衬砌，底板厚1.2m，边墙厚1.0m。明渠两侧回填C15混凝土，明渠与下游挑坎之间的结构缝内设一道紫铜止水，距迎水面300mm。明渠下游为新建挑坎段，采用斜切扩散挑坎体型，挑坎底弧半径40m，左侧挑坎底长10.34m，左侧出口挑角14°，右侧挑坎底长12.48m，右侧出口挑角17°，出口扩散角度14.6°。两侧边墙厚2.5m，采用C40、F300、W6 抗冲磨混凝土。明渠段及挑坎底部基础采用锚杆及固结灌浆进行加固处理。挑坎下游设C25混凝土护坦。出口挑坎结构图如图6-13所示。

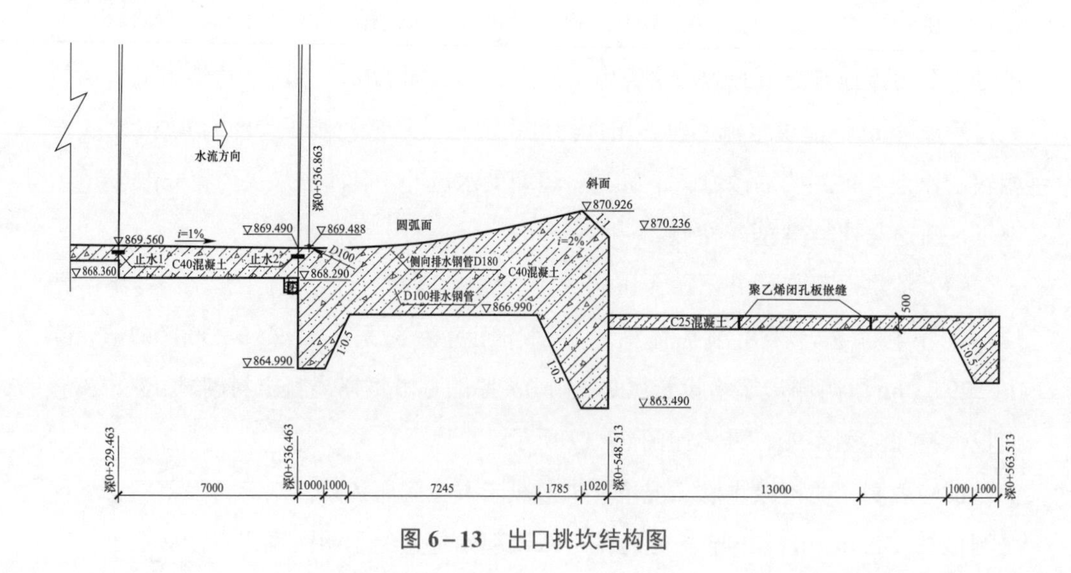

图6-13　出口挑坎结构图

2. 成效

（1）试验表明：在起调水位 937.15m 运行条件下，下游弧门全开时：

1）水舌横向扩散良好，水舌外缘挑距 42m，水下冲击点靠近本岸，仅有部分表面余能波及对岸山体。

2）水舌入水冲刷坑位于挑坎下游 29m，冲坑最深点高程 863m，相对冲深 3.0m，消能效果良好。冲起的泥砂在下游形成淤积体，淤积高度 3.5m，在回流作用下位置相对稳定，距离电厂尾水出口约 90m。

（2）在校核水位 957.86m 运行条件下，下游弧门全开时：

1）水舌横向扩散良好，水舌外缘挑距 47m，水下冲击点靠近本岸，表面余能波及对岸山体。

2）水舌入水冲刷坑位于挑坎下游 25m，冲坑最深点高程 861m，相对冲深 5.0m，消能效果良好。冲起的泥沙在下游形成淤积体，淤积高度 5.5m，在回流作用下位置相对稳定，距离电厂尾水出口约 77m。

因此，泄洪洞单独泄洪，下游水位较低时，流态为挑流消能，挑距和冲坑位置相对较远；当深孔与表孔联合泄洪时，泄洪流量较大，水位上升，下游出现挑流与面流混合流态，挑距与冲坑位置较近。大流量泄洪下可保证水流扩散消能安全。

6.3.5　结论

（1）针对 WQ 水电站深孔泄洪洞兼作发电洞改建方案，运用物理模型与数学模型相结合的方法，开展上游进气流态、泄流能力、动水压力、河道冲刷、泄洪雾化等问题的综合分析研究，通过方案比选，对存在的问题采取了有效的措施，保证了大坝的安全运行。

（2）2022 年 10 月 15 日，深孔泄洪洞改造工程全部完成，深孔泄洪洞恢复泄洪能力，下泄能力满足最大泄量 632m^3/s 的设计要求，解决了深孔泄洪洞流态、压差及泄洪安全等问题。

6.4　ML 水电站泄洪消能防护工程隐患治理

6.4.1　工程简介

ML 水电站总装机容量为 65MW。水库总库容为 1158.4 万 m^3，为日调节水库，正常蓄水位和设计洪水位为 815.00m，死水位为 806.00m，校核洪水位为 817.83m。

工程首部枢纽包括拦河坝和电站取水口。拦河坝为混凝土重力坝，坝顶高程818.50m，最大坝高 49.5m，坝顶轴线长 128.86m，坝顶宽 6.0m，河床坝基开挖至弱风化灰岩。坝身布置有泄水建筑物，由 2 个溢流表孔、3 个冲沙底孔及 1 个排污孔组成。溢流表孔的功能是泄洪，冲沙底孔功能是泄洪、冲沙和放空水库，排污孔主要用于排漂、排污。1、2 号溢流表孔分别位于三、四坝段，堰顶高程均为 806.50m，孔口尺寸均为 11m×9.5m（宽×高，下同），每孔设一扇弧形工作闸门，表孔不设检修闸门。1、2、3 号冲沙底孔分别位于二、三、四坝段，3 个冲沙底孔均采用窄高式孔口，孔口尺寸 6m×8m，进口底板高程 786.00m，采用坝身有压泄洪孔的布置方式；每孔进口设平板事故检修闸门一道，出口设弧形工作闸门一道。排污孔布置于 2 号溢流表孔与 3 号冲沙底孔之间，堰顶高程813.50m，孔口净宽 3.5m，设置一道 3.5m×1.5m 的叠梁门。泄洪建筑物设计洪水位最大泄流量为 2879m^3/s，校核洪水位最大泄流量为 4282m^3/s，采用底流消能。

工程于 2006 年 6 月开工，2009 年 12 月下闸蓄水，同月首台机组发电。2010 年 1 月，全部机组投产发电。2012 年 9 月，工程竣工安全鉴定完成。

6.4.2 消能防护工程 2015 年加固处理

1. 消能防护工程检查情况

2014 年汛后检查发现下游消力池底板混凝土冲刷破坏，2015 年 1 月对消力池冲刷损坏情况进行了详细检查，具体情况如下：

（1）消力池底板大面积被冲毁，形成了长 60m、宽 47m、深 3～6m 的冲坑。

（2）坝趾下游冲刷尚未至建基高程，消力池两侧混凝土衬护完好；消力池底板靠岸坡部位虽未被冲毁，但下部基础已被淘刷，影响两侧混凝土衬护及岸坡稳定。

（3）消力池下游左岸边坡由于地震原因导致大约长 40m 段的边坡出现滑坡，消力池出口下游右岸坡顶由于过多倾倒开挖渣料导致局部边坡产生塌滑。

消能防护工程 2015 年 1 月检查照片如图 6－14 所示。

考虑到 2015 年汛前对 ML 消力池永久处理的目标较难实现，大坝运行单位采取临时防洪度汛措施确保电站大坝安全度汛。2015 年 12 月汛后抽干检查发现，消力池底板已被完全冲毁，河床中部砂卵砾石层淘刷深度最深处已超过 8.0m，池底两侧基岩均已出露；两侧岸坡混凝土衬护完好，但衬护部位基础多处淘刷。现场情况如图 6－15 所示。

图 6-14　消能防护工程 2015 年 1 月检查照片

图 6-15　消能防护工程 2015 年 12 月检查照片

2. 冲刷破坏原因分析

溢流表孔和泄洪冲沙底孔均采用底流消能，由于消力池底板以下为砂卵砾石层，混凝土底板无法锚固在砂卵砾石层上，而小流量泄洪时池内水深较浅，无法形成稳定水跃，在水流冲击和脉动水压力综合作用下，导致混凝土底板及尾坎混凝土结构局部冲刷破坏而引起消力池底板整体被冲毁。

3. 加固治理

2015 年汛期，汛前采取了临时处理措施，对消力池内冲坑采取抛投大块石护脚加固处理，抛石后对底板及两侧坡脚表面采取柔性钢筋石笼串联加固。同时，云南省水利水电勘测设计研究院进行了多方案比选研究，最终选取的处理方案如下：

（1）为防止消力池两侧混凝土衬护破坏，拆除原两岸底板未被破坏的遗留板块，在两岸基岩上浇筑高度为3.5m的C30混凝土护坡挡墙与原混凝土衬护相接。

（2）消力池末端增设4m高的C30钢筋混凝土重力式挡墙（尾坎），该尾坎置于砂卵砾石层上。

（3）为保护坝趾基础不被淘刷，在消力池上游段紧靠坝趾部位增设C30混凝土重力式挡墙护脚。

（4）除尾坎挡墙外，其余挡墙均布置了基础锚杆进锚固。

（5）消力池中部为泥盆系中统中段的弱风化灰岩，未进行任何处理。

（6）新、老混凝土之间设置BW－Ⅱ遇水膨胀止水条；新浇筑混凝土之间的分缝设置止水铜片、橡胶止水带和BW－Ⅱ遇水膨胀止水条。

（7）为保证边坡稳定，分别在消力池下游左、右岸岸坡坡脚增设高度4、6m的护岸挡墙。

2015年12月下旬，施工单位进场施工；2016年3月底，消力池加固治理工作完成。消能防护工程2016年3月修复完工照片如图6－16所示。

图6－16　消能防护工程2016年3月修复完工照片

4. 治理效果评价

经上述治理后，2016年汛期检查发现消力池末端的混凝土挡墙（尾坎）冲刷破坏；2017年3月，进行了抽干检查，发现消力池两侧新增的护坡挡墙基础多处淘刷，消力池上游端紧靠坝趾增设的护脚挡墙基础多处淘刷，消力池中部冲刷坑继续发展，由治理完成时的6.0m增至最深15.0m。从运行情况看，2015年加固治理未达到预期效果，分析主要是由于消力池尾坎挡墙置于砂卵石层基础及消力池底部未进行衬护所致。

6.4.3　消能防护工程2018年加固治理

1. 消能防护工程检查情况

2016年汛期检查发现消力池末端挡墙（尾坎）基础淘刷导致倒塌，2017年3月进行了抽干检查，具体情况如图6-17～图6-20所示。

（1）2015年消力池末端增设的挡墙（尾坎）砂卵石层基础淘刷，挡墙出现倒塌。

（2）2015年坝趾新增护脚挡墙混凝土整体完好，但表层局部混凝土破损，钢筋出露；挡墙岩石基础存在两处淘空，回淘深度约1.0m。

（3）2015年消力池两侧新增的护坡挡墙混凝土结构完好，但护坡挡墙基础在F3断层部位出现淘刷，回淘深度约0.5m。

（4）消力池中部冲刷继续发展，由6.0m增至15.0m，尤其F3断层部位冲坑最深。

图6-17　消能防护工程2017年3月检查照片1

图 6-18 消能防护工程 2017 年 3 月检查照片 2

图 6-19 消能防护工程 2017 年 3 月检查照片 3

图 6-20 消能防护工程 2017 年 3 月检查照片 4

2. 冲刷破坏原因分析

2016年修复后的消力池底板中部未进行处理，因其地形条件复杂，泄洪水流紊乱，且基岩软弱破碎，泄洪过程中紊动水流搅动消力池中的砂卵砾石不断淘刷上游和两岸挡墙基础下方基岩形成孔洞；消力池末端挡墙（尾坎）基础置于砂卵砾石层上，在泄洪时基础淘空，最终导致挡墙倒塌。

3. 治理必要性

消力池内已形成大的冲坑，池内地形起伏大，基岩层状结构发育，坝趾护脚及左岸混凝土护坡挡墙的底部基础（尤其 f_3 断层处）被淘蚀已出现局部孔洞；同时，由于河床已形成深槽，泄洪时在水流冲击下向两侧的淘刷将进一步加剧，影响坝趾混凝土护脚、左岸以及右岸护坡挡墙的稳定。坝趾混凝土护脚一旦冲毁将影响坝趾结构安全，左、右岸混凝土护坡挡墙一旦倒塌将造成消力池内水流流态紊乱而淘刷坝趾，影响大坝安全。因此，挖除消力池内砂卵砾石层，在基岩上浇筑混凝土底板和尾坎并锚固在底部岩体上的加固处理是必要的。

4. 加固治理

为2017年安全度汛考虑，汛前对坝趾护脚挡墙及两侧护坡挡墙基础基岩淘刷形成的孔洞进行了回填封堵，并对溢流面露筋部位进行了修复处理。同时，云南省水利水电勘测设计研究院进行了下游消能防护加固治理专项设计工作，最终选取的处理方案如图6-21和图6-22所示。

（1）消力池最上游面高程774.00m的下游贴坡平台混凝土采用平滑弧线连接，以确保过流通畅和避免水流冲刷破坏。

（2）消力池地基清除冲毁的混凝土底板和残留砂卵砾石层，对出露的断层破碎带按1.5倍宽度挖深置换C15混凝土处理，并采用C15混凝土回填至设计基础面高程766.95m。C15混凝土与基岩之间设置长度为6m、直径25mm锚筋，间、排距2.5m，锚入岩石深度3.0m。

（3）消力池总长71.70m，消力池底板顶面高程768.95m。底板表面采用厚2.0m的C30钢筋混凝土与底部C15混凝采用直径25mm的L形锚筋进行锚固；锚筋在混凝土的锚固长度（未计入L形短边长度）不小于4m，锚筋间、排距2.5m，锚筋顶部与底板面层钢筋网搭接（搭接长度应满足规范要求，下同）或焊接。消力池尾坎置于弱风化基岩上，并采用直径25mm的L形锚筋锚固在基岩上，锚筋锚入基岩的长度不小于4m，锚筋顶部与尾坎面层钢筋网搭接或焊接；消力池尾坎下游河床表面铺设厚2.0m、长度均为20.0m的钢筋石笼和大块石护底。

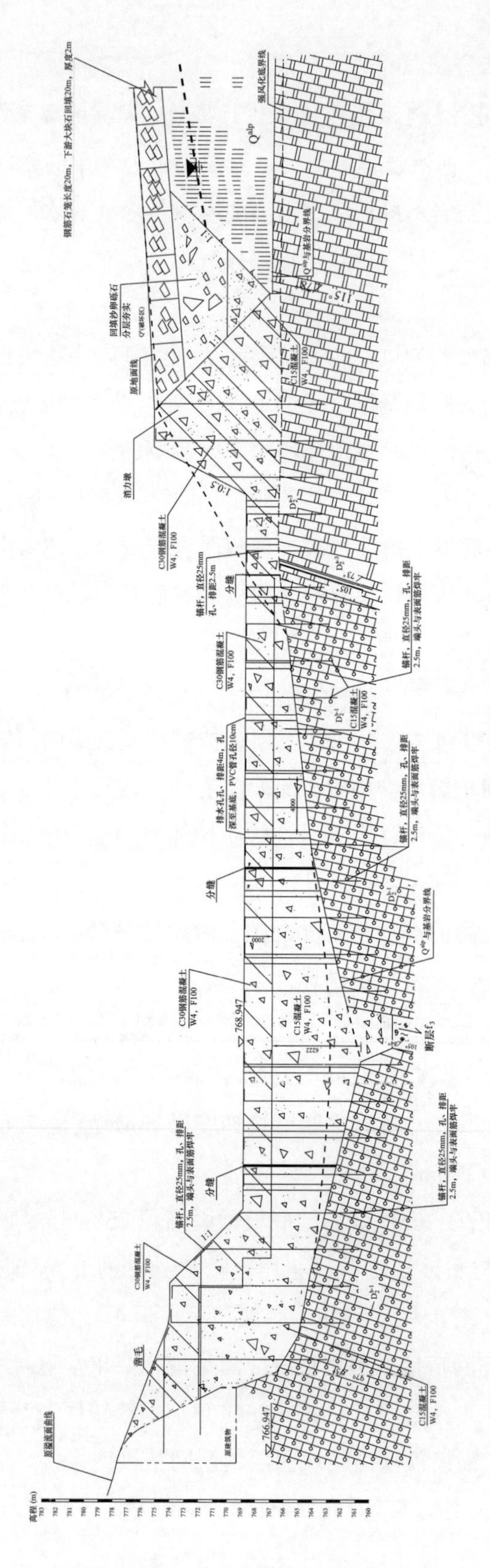

图 6-21　消能防护工程 2018 年 1 月加固处理图 1

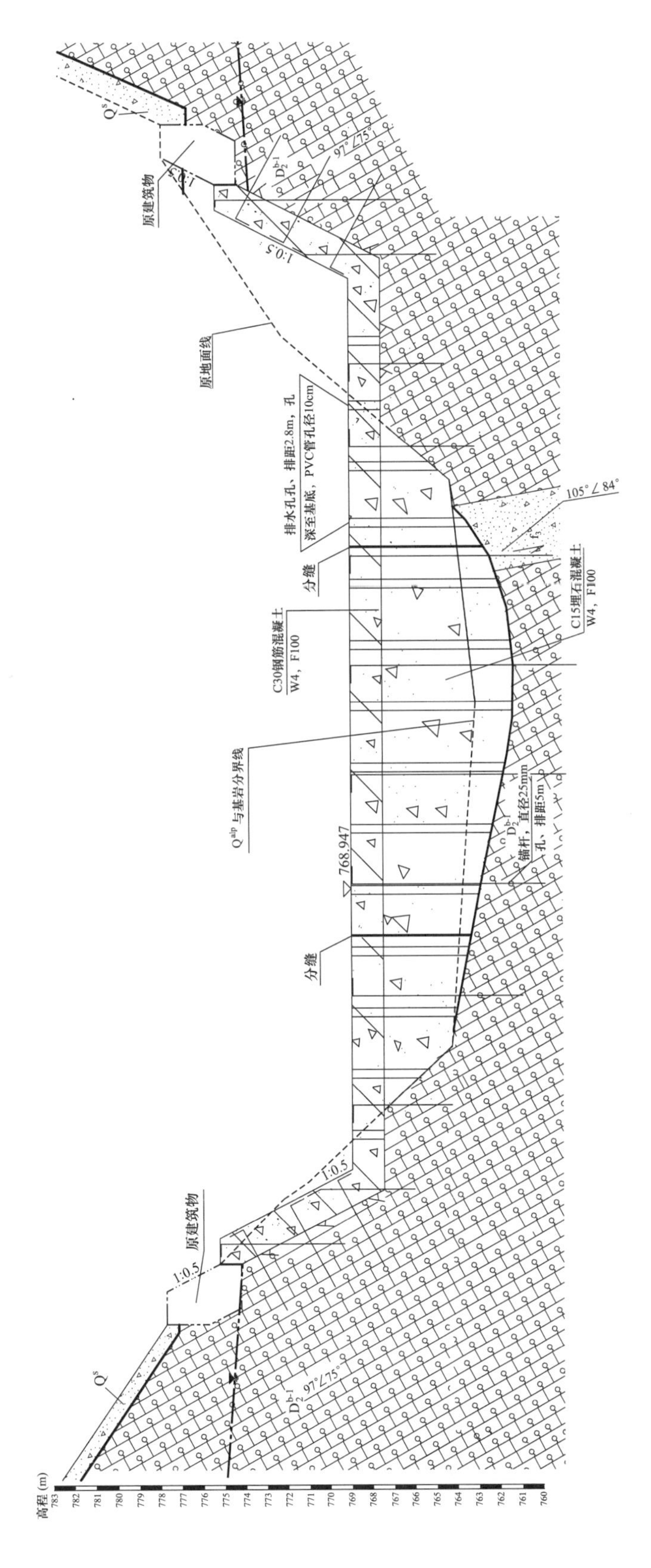

图 6-22　消能防护工程 2018 年 1 月加固处理图 2

（4）消力池上游在坝趾混凝土护脚下游面增加衬护厚度，并在新、老混凝土之间采取三排锚筋连接。锚筋直径25mm，间、排距2.5m，锚入老坝体混凝土深度均不小于3m，并与新浇筑混凝土面层钢筋搭接或焊接。

（5）消力池两侧采用1.5m厚的C30混凝土板护砌。两侧混凝土板置于基岩上，与上部未破坏护岸挡墙之间埋设膨胀止水条，基础设置直径25mm锚筋伸入贴坡混凝土面层钢筋网并与之焊接。锚筋间、排距2.5m，入岩深度3.0m。

（6）新、老混凝土接触面埋设三层BW－Ⅱ遇水膨胀止水条；新混凝土之间的分缝埋设止水铜片、橡胶止水带和BW－Ⅱ遇水膨胀止水条。

该方案于2018年2月进场施工，2018年5月底完成消力池加固治理工作。治理完成后现场情况如图6－23所示。

图6－23　消能防护工程2018年5月加固处理完成后照片

2018年12月26日，开始对消力池底板断层进行灌浆处理，2019年3月6日，灌浆完成。灌浆孔的间距为2m×2m，灌浆孔深入基岩6m，灌浆压力为0.3～0.5MPa，单耗86.9kg/m。通过检查孔压水试验（总量5%），透水率q为2.51～4.37Lu，质量满足设计要求。

5. *治理效果评价*

消力池于2018年5月完成了加固治理工作，在2019年3月完成消力池地基断层破碎带固结灌浆。经多次泄洪考验，现场检查表明，消力池结构整体完好，未发现明显冲刷损坏现象，治理效果良好。2019 年 1 月消力池抽干检查照片如图 6－24 所示。

图 6－24　消能防护工程 2019 年 1 月检查照片

6.4.4　结论

（1）消力池在 2015 年第一次修复只对坝趾和周边基岩边坡进行支护，但未对消力池底板进行支护，导致原河床内的砂卵砾石被冲走后，水流直接作用于下部基岩。2016 年汛期巡视检查发现，新建的出口混凝土挡墙（尾坎）及右岸部分浆砌石挡墙等部位遭受洪水的冲刷破坏，基础下部个别位置（尤其 f_3 断层处）基岩受水流淘蚀出现孔洞，消力坎混凝土挡墙（挡墙基础置于砂卵砾石层上）垮塌，消力池中部淘蚀深度由修复前的 6m 左右增至最深处超过 15m。

（2）从水流对基岩的冲刷情况看，消力池内的软弱结构面和断层破碎带均被不同程度地淘空，这对消力池两岸边墙和坝体的稳定不利。为确保消力池和大坝的稳定和安全，必须对已建边墙基础和底板进行全面支护和衬砌，挖除消力池内砂卵砾石层，在基岩上浇筑混凝土底板、边墙和尾坎，采用锚杆使消力池的新建筑物锚固在底部岩体上，进行比较彻底的加固处理是必要的。

（3）2018 年消力池第二次修复完成后，经受住了 2018 年汛期洪水和冲排沙的考验，消力池底板、边墙、坝后连接过流面未受到明显损坏。通过修复消力池尾坎形成近 7m 深的水垫，有效保护了浸泡于水下的软弱基岩，显著降低了泄洪对底板的冲刷，保证了大坝基础、消力池底板及边墙的安全，修复取得了良好的效果。

6.5 MT 水电站下游海漫隐患治理

6.5.1 工程简介

MT 水电站总装机容量 105MW。水库总库容 3000 万 m^3，属日调节水库，正常蓄水位 406.00m，正常蓄水位以下库容 1800 万 m^3，设计洪水位 407.85m，校核洪水位 410.10m，死水位 405.70m。电站枢纽建筑物主要由挡、泄水建筑物及发电建筑物等建筑物组成。自左至右分别布置有左岸混凝土接头坝段（下游安装间、副厂房、升压站及电站生活区）、主厂房、非溢流混凝土连接坝段、冲沙闸、泄洪闸和右岸混凝土接头坝段。混凝土闸坝最大坝高 22.8m，坝顶长 554.55m。

泄洪建筑物为 17 孔泄洪闸、6 孔冲沙闸。闸底板高程 397.00m，闸室长 23.0m，孔口尺寸为 12.0m×9.0m（宽×高），闸墩顶高程 410.80m。泄洪冲沙闸总长 359.0m，分成 12 个闸室段。闸室下游设置消力池和防冲槽与下游河道衔接，基础防渗采用混凝土防渗墙。泄洪闸、冲沙闸底板厚 4m，底板建基高程 393.00m，基础置于砂卵石层上，闸底板上、下游设置齿墙。闸底板表层采用 0.5m 厚 C40 抗冲耐磨混凝土，其余为 C20 混凝土。泄洪闸、冲沙闸主要由上游铺盖、闸室、消力池、海漫及防冲槽等组成，冲沙闸顺水流方向总长 194.00m，泄洪闸顺水流方向总长 160.00m，海漫后接防冲槽。

冲沙闸消力池分为二级消能：第一级消力池长 51m，消力池底板高程 392.00m；第二级消力池长 31m，消力池底板高程 393.00m。冲沙闸消力池与泄洪闸消力池间由导墙分开。消力池建基面高程 389.50～390.50m，基础置于砂卵石层。冲沙闸剖面图如图 6－25 所示。

泄洪闸消力池为一级消能，消力池长 51m，其底板高程为 393.00m，中间由导墙分隔成 3 厢，每厢依次由 5 孔闸、6 孔闸和 6 孔闸组成。消力池建基面高程为 390.50m，基础置于砂卵石层。泄洪闸剖面图如图 6－26 所示。

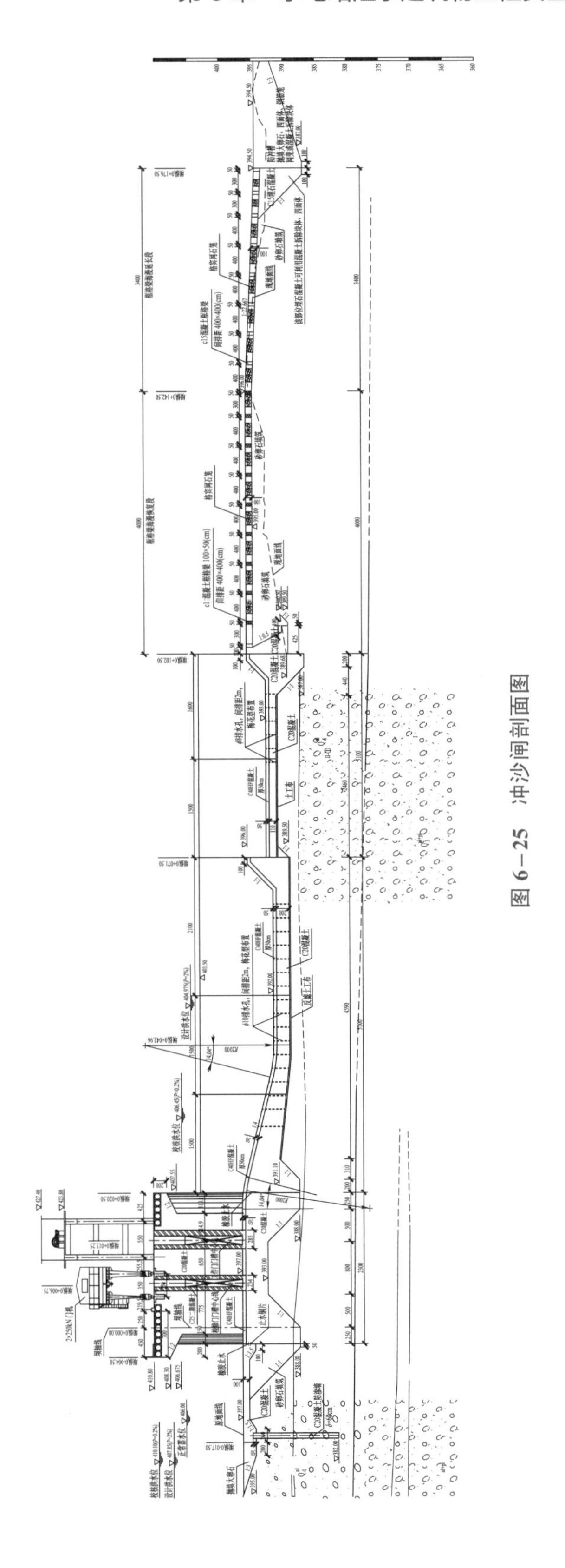

图 6－25　冲沙闸剖面图

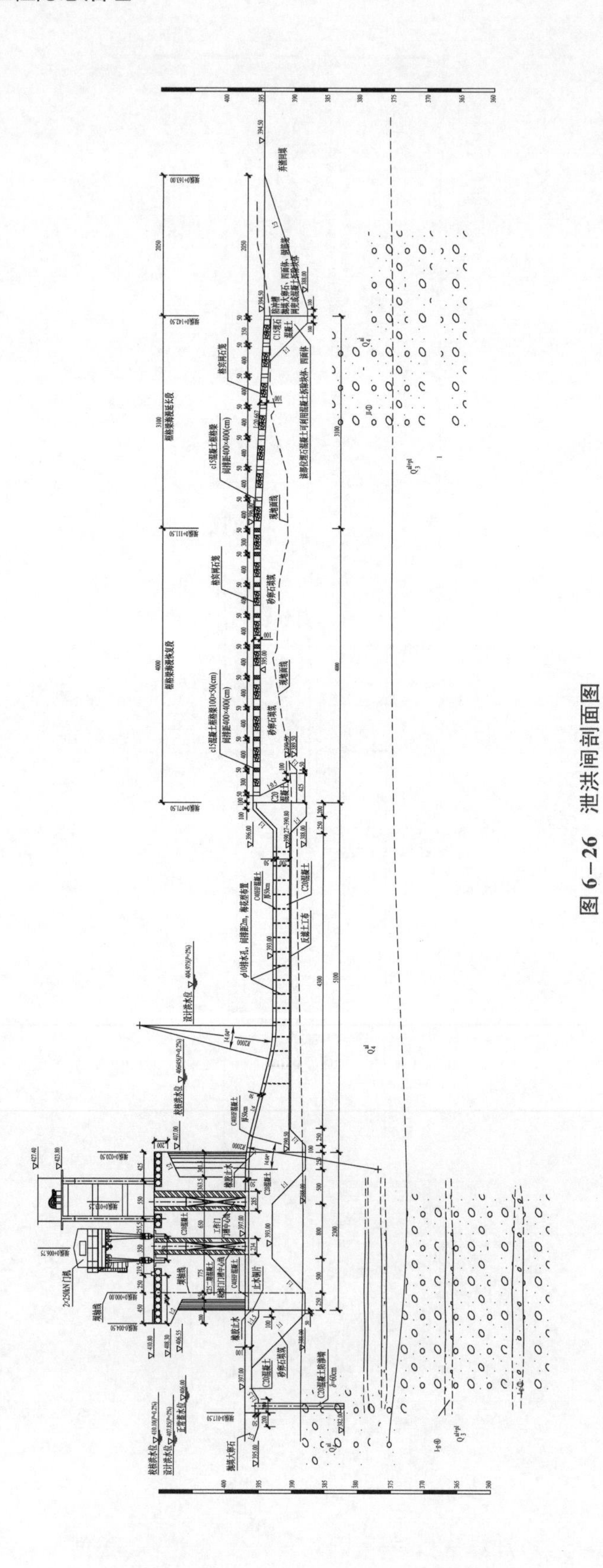

图 6-26　泄洪闸剖面图

工程于 2009 年 12 月 1 日开工；2013 年 11 月 29 日，下闸蓄水；2013 年 12 月 13 日，首台机组发电；2014 年 1 月 6 日，全部机组投产。

6.5.2　隐患问题

工程投运后，2015、2016、2017 年连续多年汛后检查发现海漫出现不同程度的冲刷破损、变形等异常，并进行了相应的工程防护处理。

2018 年汛期，该工程遭遇了 6 次 4000m^3/s 以上洪峰流量，其中最大洪峰流量 8240m^3/s。2018 年 7 月 3 日，发现 6 号冲沙闸与 7 号泄洪闸间下游导水墙末段（长约 20m）整体断裂；3～6 号冲沙闸下游海漫出现整体下沉，顺水流向垮塌约 70m（海漫总长 74m），垮塌下沉最大深度约 8.5m。8 月 6 日，8～10 号泄洪闸下游海漫、13～15 号泄洪闸下游海漫及 16～19 号泄洪闸下游海漫先后出现严重损毁破坏、整体下沉，对工程安全运行造成较大的影响。2018 年冲沙闸下游海漫破坏情况和泄洪闸海漫受损情况如图 6－27 和图 6－28 所示。

图 6－27　冲沙闸下游海漫破坏情况

6.5.3　破坏原因分析

MT 水电站自 2013 年底投产发电以来，尾水渠下游河段存在采砂现象。2016 年汛期，泄洪冲沙闸海漫发生严重冲刷破坏，汛后下游河道地形图测量表明河床高

图 6-28　泄洪闸海漫受损情况

程较 2012 年下降 2～4m，局部下切 5～7m。2017 年汛前，对海漫末端防冲槽进行了全面修复加固处理。2018 年汛前，尾水渠下游河段未见砂石开采，运行单位对海漫末端防冲墙做了支挡结构加固防护。2018 年汛期，电站泄洪冲沙闸下游海漫再次发生大规模破坏。经分析认为海漫冲刷破坏的主要原因如下：

（1）2016 年汛期海漫出现较大程度破坏与下游河床采砂导致河床下切直接相关。2016 年汛期洪水频率高，冲刷强度大。汛期最大洪峰流量 9300m^3/s，整个汛期共经历 4000m^3/s 以上洪峰 9 次，仅 2016 年 7 月就经历 4000m^3/s 以上洪峰 7 次。泄洪冲沙闸下游河床由于地方采砂导致河床严重下切，导致泄洪冲沙闸泄流时上、下游水位差加大，水流流速加大；消力池出池水跃与下游河床水面不能平顺衔接，消能不充分；在海漫末端形成跌水，水流紊乱，流态差，冲刷破坏严重。

（2）2018 年海漫大规模破坏，仍与 2016 年汛期河床整体下切关系密切。由于之前海漫修复仅局限于其末端的防冲槽加固保护，并未从根源上解决海漫末端已形成的跌水、水流不能衔接和消能不充分的问题。从 2018 年 8 月地形复测及水位流量复核成果看，2018 年与 2016 年相比整体变化不明显，但存在较大的冲淤变化。2018 年汛期最大洪峰流量为 8240m^3/s，共经历 4000m^3/s 以上洪峰 15 次，洪水强度大于 2016 年，河床整体下切且长时间泄洪导致海漫破坏。

6.5.4　隐患治理方案及成效

工程下游由于采砂后河床下切较为严重，泄洪消能海漫、末端齿墙及防冲槽破坏严重，在泄洪冲沙闸消力池末端形成跌水，水位落差近4～5m。为彻底解决本工程消能防冲建筑物存在的工程隐患，需要新增加消能防冲措施来消除河床下切新增加的能量。因此，采取了拆除原框格梁海漫，在泄洪闸、冲沙闸原消力池末端各新增一级消力池的治理方案，布置方案如图6-29和图6-30所示。

新增消力池采用底流消能。经过计算，新增加一级消能方案消力池总长度51m，消力池深度为3m，底板厚2.5m，过流面设0.5m厚C40W4F50抗冲耐磨混凝土，下部为C25W4F50钢筋混凝土。新增消力池紧接原消力池末端设置2m水平段，水平段后接1:1的斜坡和消力池底板相接。消力池底板建基高程384.50m，基础置于卵砾石中密层上。消力池尾坎高程与河床高程基本一致，为390.00m。消力池内设ϕ80mm的排水孔，孔内填塞土工布包裹的级配连续的反滤卵石，孔排距2.0m，梅花形布置。消力池段末端设8m深齿墙，齿墙建基高程382.00m，齿墙采用C25 W4F50钢筋混凝土。池末以1:0.5的斜坡尾坎与下游相接。消力池末端齿墙下游设置C30W4F50钢筋混凝土防冲墙，墙宽1.2m，墙深21.50m（高程方向368.00～389.50m）。消力池后设防冲槽，防冲槽底部程384.50m，防冲槽深5.5m，槽内抛填四面体或框格梁混凝土拆除块体。

2019年3月工程隐患完成治理，泄洪消能建筑物经历了多个汛期的泄洪运行考验，目前泄洪消能建筑物运行总体正常。

6.5.5　结论

（1）对于建基于深厚覆盖的闸坝，下游防冲问题是工程安全的关键。受社会经济活动影响，原有的下游河道高程受采砂等影响出现河道下切、水位下降等情况，原设计的下游水位等边界条件发生明显变化，这是在前期设计过程中需要考虑的。

（2）MT冲沙闸下游设置一级消力池（长51m）、二级消力池（长31m）、框格梁海漫（长74m），海漫末端设置7.5m深的四面体防冲槽；泄洪闸设置一级消力池（长51m）、框格梁海漫（长71m），海漫末端设置6.5m深的四面体防冲槽。从消能防冲建筑物布置上而言，MT闸坝下游消能防冲保护范围是足够的，但范围越大，出现问题的概率就越大。消能防冲建筑物主要目的是保护上游拦河坝，紧邻闸坝的消能防冲建筑物只要足够坚固，范围小也可达到保护拦河坝的效果。若防冲建筑物范围过大，结构本身不够坚固，出现破坏，需要付出较大的代价。

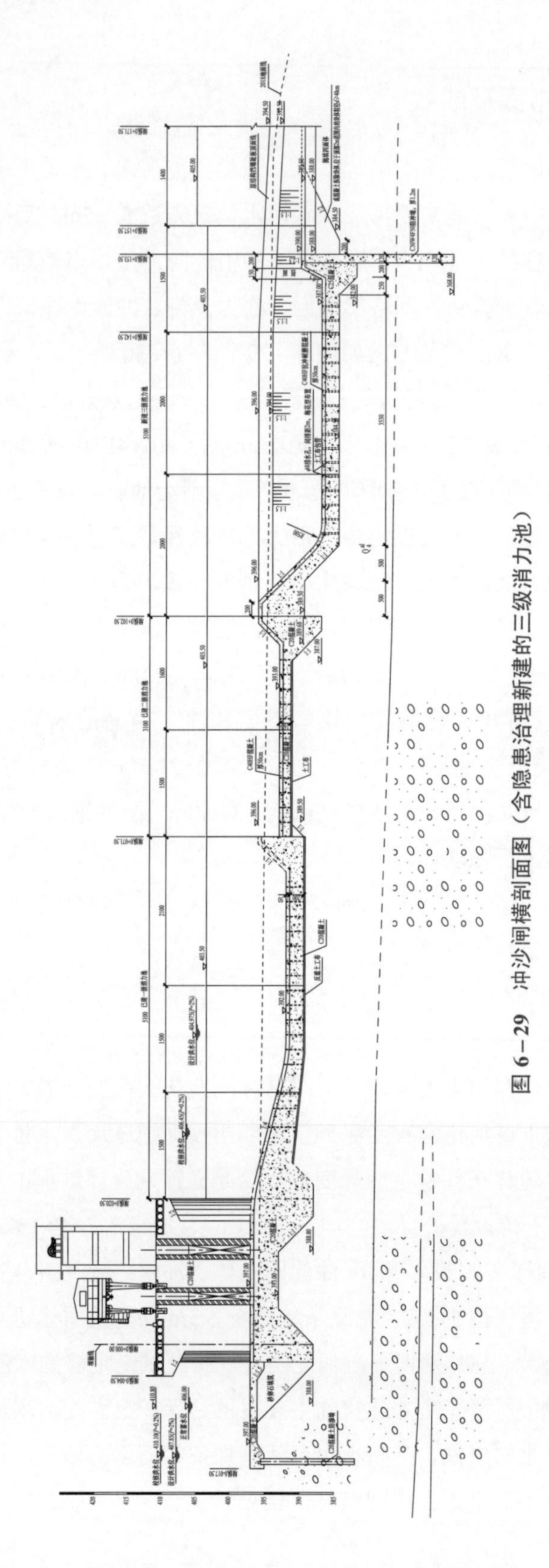

图6-29　冲沙闸横剖面图（含隐患治理新建的三级消力池）

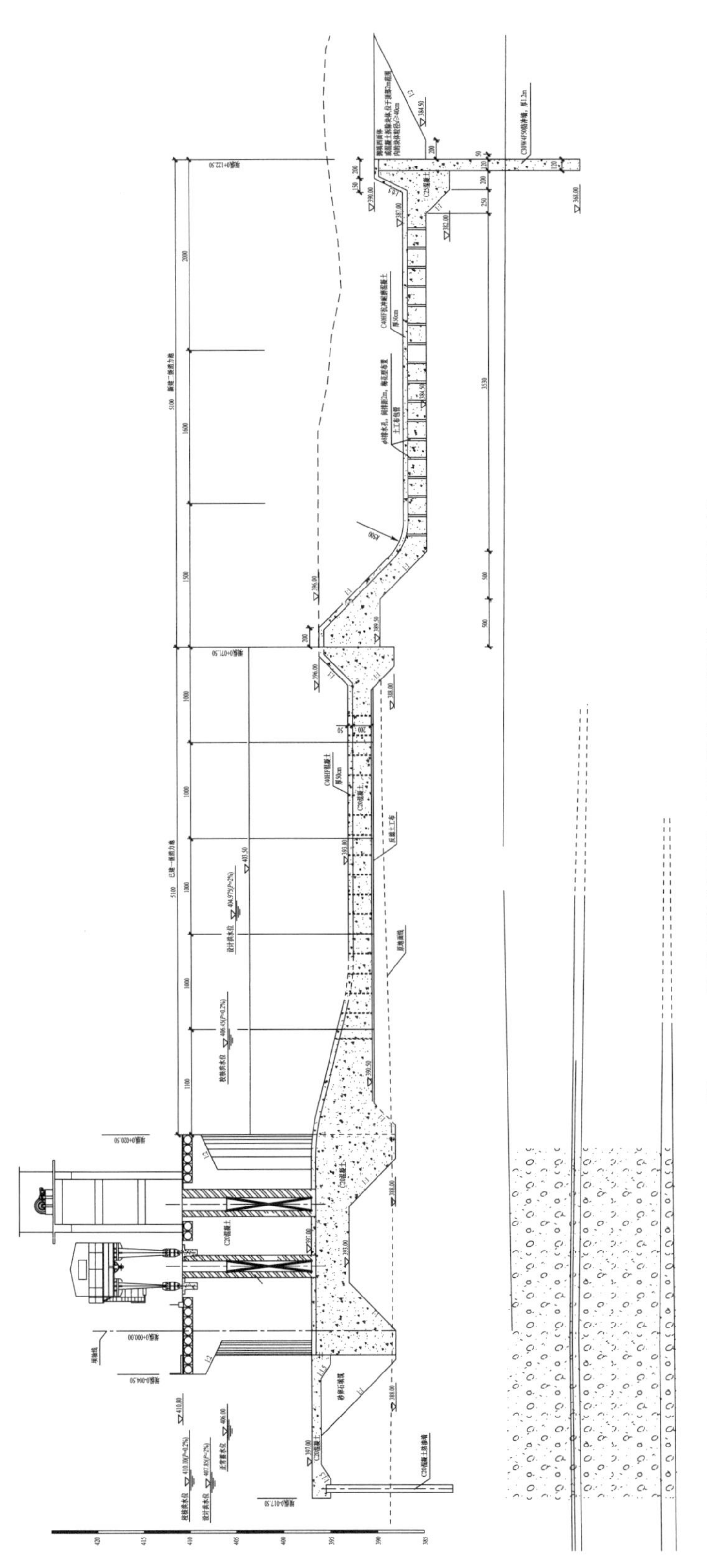

图 6-30　泄洪闸横剖面图（含隐患治理新建的二级消力池）

（3）水闸工程上下水头差一般不大，水流对消力池、护坦或海漫等末端以淘刷形式为主，消力池、护坦或海漫等末端保护以竖直方向防冲墙或防冲齿槽效果最佳。本工程海漫末端原设计设有防冲齿槽，但受下游河道下切边界条件的改变，原防冲齿槽保护深度已不能满足要求。

《水闸设计规范》（NB/T 35023—2014）中 4.4.2 条规定："山区、丘陵区河流一般河道坡降较大，其消能设施的布置形式应按不同水力条件经比较后确定。当河道泥沙含量大，水流挟带有较大粒径卵砾石推移质下泄通过水闸时，可采用斜坡式护坦与下游河道急流衔接，护坦上不宜设置消能工，底板面层应采取抗冲耐磨措施，末端应设防冲齿槽或防冲墙。"对应的条文说明："山区河流一般坡降较陡，河水中挟带大量泥沙，特别在汛期河流推移质泥沙中有较大块石、卵石，随洪水下泄，如果过闸水流采用底流式消力池水跃消能，则推移质对消力池底板的磨损很大，底板及尾坎极易破坏。近年来很多山区水闸工程实际采用的是闸后斜坡护坦急流式水面衔接，同时加强护坦的抗冲磨保护；在护坦末端形成的较深冲坑，应设置深齿槽、防冲墙或防冲沉井加以保护，以防止淘刷护坦基础。深齿槽、防冲墙或防冲沉井的深度应大于贴壁冲坑的深度。部分工程在护坦后还设置有海漫以防止冲坑的扩大。"因此，对于深厚覆盖层、山区河流，设计阶段应充分考虑下游冲刷、社会经济活动等因素造成的河道下切引起的工程问题，同时应设置深度和强度足够的下游竖向防冲措施。

6.6 JAQ 水电站泄洪消能建筑物隐患治理

6.6.1 工程简介

JAQ 水电站工程开发任务为发电，总装机容量为 2400MW。水库总库容 9.13 亿 m^3，调节库容 3.46 亿 m^3，具有周调节性能，正常蓄水位为 1418.00m，死水位为 1398.00m。

枢纽工程主要由碾压混凝土重力坝、表孔溢洪道及其消能设施、右泄洪冲沙底孔、左冲沙底孔、发电进水口及坝后厂房等建筑物组成。水电站枢纽航拍图如图 6－31 所示。碾压混凝土重力坝最大坝高 160.0m，坝顶高程 1424.00m，坝顶长度 640.0m。泄洪及冲沙建筑物由表孔溢洪道、右泄洪冲沙底孔、左冲沙底孔组成。表孔溢洪道共 5 孔，堰顶高程 1398.00m，堰面为 WES 曲线，溢流坝段后接泄槽、跌坎式消力池和海漫，采用底流消能，最大泄流量约 14925m^3/s，占泄洪总量的 85%；

右泄洪冲沙底孔共2孔，采用挑流消能，最大泄流量约2694m³/s。左冲沙底孔不承担泄洪任务，设计过流能力为566.1m³/s。溢洪道泄槽及消力池地基为弱～微风化玄武岩、火山角砾熔岩及t_{1c}凝灰岩，以Ⅲ类～Ⅳ类岩体为主。

工程于2003年12月开工；2010年11月，水库下闸蓄水；2012年8月，四台机组全部投产发电。

图6－31　JAQ水电站枢纽航拍图

6.6.2　隐患概况

自2010年11月蓄水以来，表孔溢洪道泄槽和消力池底板发生多次冲损（历次泄洪损坏部位见图6－32）。2011年、2012年冲损主要发生在高程1276.50m底板及其上游侧1:2斜坡部位表层。2017年7月，泄槽1:10段底板和1:3段底板均发生较为严重的抗冲磨层冲坏现象。

运行以来泄槽及消力池冲损虽然仅涉及表层抗冲耐磨层，但考虑到蓄水至今泄洪流量总体较小，表孔溢洪道整体布置、体型可能还存在一定的水力安全风险。表孔溢洪道历次泄洪破坏显示，表孔溢洪道布置较为复杂，设计体型有改进余地，掺气坎体型设置不能保证形成稳定的空腔，使得流态复杂混乱，引起结构振动，雾化增强；同时表孔闸门运行频繁加剧了消力池流态复杂性。

表孔溢洪道历次泄洪损坏经修复后运行正常，但表孔溢洪道体型复杂、水流流态紊乱，表孔溢洪道泄槽底板和消力池存在继续损坏风险。

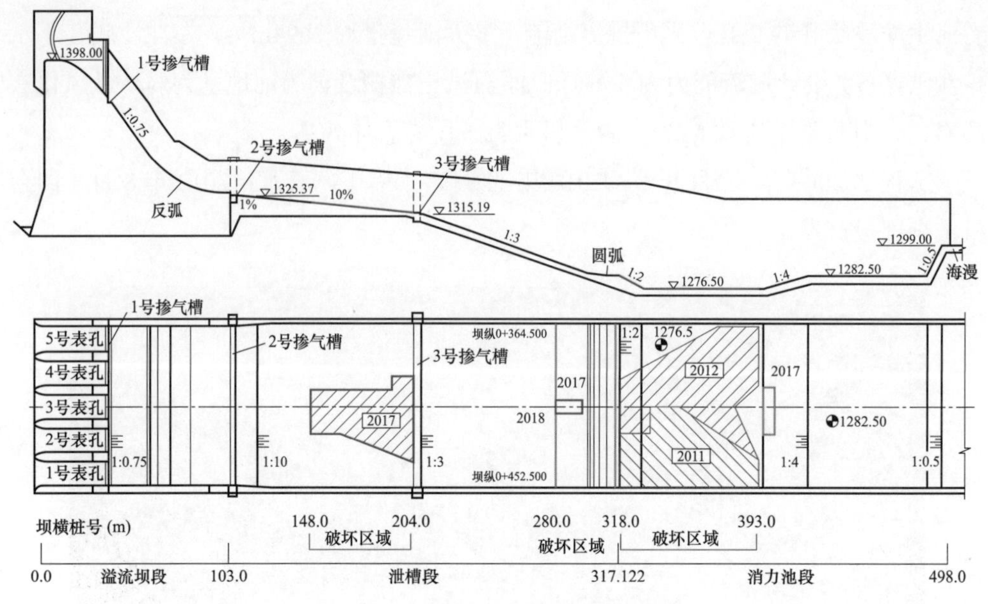

图 6－32　表孔溢洪道损坏部位示意图

6.6.3　表孔溢洪道及消力池冲损原因分析

表孔溢洪道及消力池冲损主要原因有：

（1）由于表孔溢洪道泄槽底板抗冲磨硅粉混凝土与基础混凝土物理力学和热力学性能存在差异，施工过程中，工程进度因各种原因存在延误，导致两层混凝土浇筑间隔时间较长（部分分块的间歇时间已超过一年半），两种混凝土层间存在薄弱面。另外对损毁段基础混凝土表面的检查表明，施工过程中存在老混凝土表面凿毛不到位的情况。

（2）原型观测成果表明，泄槽 1:3 斜坡段底板在水流冲击下，由于抗冲磨混凝土与基础混凝土间存在局部脱空，抗冲磨混凝土有一定振动产生，最大振幅为 0.851mm，并导致混凝土层间薄弱面进一步发展。

（3）抗冲磨混凝土层损毁范围的检查结果表明，板块分缝缝宽等部位存在局部缺陷，在泄洪高速水流引起的动水压力和脉动压力作用下，邻近分块的抗冲磨层混凝土发生抬动和剪切移动，分缝处止水失效，高速水流窜入结构缝内，流速水头随即转变为压力拽动面板，反复作用以致层间结合差的面板个别分块被顶托变形凸起。只要其中一块出现凸起，流态即刻会发生很大变化，顶托抬动作用会大大加剧，其他块将产生连锁效应。

（4）表孔溢洪道历次泄洪破坏表明，表孔溢洪道布置较为复杂，设计体型有改进余地，掺气坎体型设置不能保证形成稳定的空腔，使得流态复杂混乱，引起结构振动，雾化增强；同时表孔闸门运行频繁，加剧了消力池流态复杂性，增大了结构振动源。

综上所述，表孔溢洪道泄洪运行出现的泄槽和消力池底板损坏问题，其主要原因是面层抗冲磨混凝土与基础混凝土之间浇筑间隔时间长，造成面层抗冲磨混凝土与基础混凝土连接薄弱，在高速水流的作用下出现局部损坏。另外溢洪道体型复杂、水流流态紊乱、表孔闸门运行频繁，加剧了消力池流态复杂性，增大了结构振动源。

6.6.4　隐患治理方案及成效

工程自2010年蓄水，2012年汛后检查发现表孔溢洪道的溢流面局部有冲蚀情况，大多为表层麻面、原修复层损坏，冲蚀冲坑、露筋等。在历年的泄洪运行过程中，表孔溢洪道溢流面、泄槽1:10斜坡段、1:3斜坡段以及消力池等部位均发生过不同程度的冲蚀破坏现象，已开展过多次修复。2018年以前溢洪道泄槽和消力池缺陷治理方案主要采用局部破损部位恢复原设计体形，2021年对溢洪道泄槽和消力池开展体型优化、整体修复治理。

1. 2018年局部破损部位修复

（1）表孔溢洪道。2013—2018年，每年对表孔溢洪道进行不同程度的维护修补，主要在表孔闸室段、1:0.75直线段、反弧段底部和左、右边墙、1:10斜坡段和1:3斜坡段底板等部位有冲蚀破坏，其中2017年7月22日发现溢洪道1:10斜坡段底板（损坏面积约为2300m^2）、1:3斜坡段底板（损坏面积3250m^2）发生较为严重的抗冲磨层冲坏现象（检查照片见图6－33）。对溢流面混凝土表层范围较小、较浅的孔洞、蜂窝等缺陷，采用环氧基液＋环氧砂浆＋环氧胶泥或环氧砂浆的修补方法进行填补

(a) 1:10斜坡段

(b) 1:3斜坡段

图6－33　2017年7月表孔溢洪道泄槽段检查照片

处理；对于缺陷范围较大、局部稍深部位的孔洞、蜂窝等缺陷，按照深层填补原级配混凝土（C9050W8F150 二级配）+环氧基液+环氧砂浆（2cm 厚）+环氧胶泥（2mm 厚）的修补方法进行处理，对裂缝进行灌浆处理。经过 2019 年、2020 年汛期检验，总体上效果良好，未发现较大的损坏，仅发现几处小范围表层冲蚀现象。

（2）消力池。2011 年汛后抽干检查发现消力池（坝横 0+318.00m～0+393.00m、坝纵 0+364.50m～0+452.50m）底板抗冲磨面层混凝土从近底部的跌坎（1:3 变坡为 1:2）部位开始，出现较大面积的冲蚀损毁情况，损坏范围约 2600m^2。由于缺少充足的工程修复时间，2012 年汛期维持现状下泄洪运行。2012 年汛期泄洪最大流量为 6267m^3/s，汛后再次对消力池进行抽干检查，发现底部抗冲磨层损坏面积扩大（检查照片见图 6－34），为此对消力池抗冲磨层进行了修复。修复方案不再完全恢复抗冲磨混凝土，重点对消力池局部体型进行调整，即消力池底板高程调整为 1275.50m，清除位于 1:2 斜坡段和消力池高程 1276.50m 池底平台区域的抗冲磨混凝土，基础混凝土表面进行平整，采用环氧砂浆表面防护，对消力池基础混凝土采用预应力锚杆加强锚固，并采取封堵消力池前部水流高紊动区的排水孔、保留后部低脉动压力区及两侧排水孔等工程措施减小脉动压力对消力池底板的影响。经 2013 年、2014 年、2016 年汛后检查，消力池总体情况较好，未发现明显冲蚀、磨损情况，对个别部位表层不同程度冲蚀性磨损进行修补，修补效果较好。

(a) 2012年3月

(b) 2012年11月

图 6－34　2012 年汛后消力池检查照片

2017 年汛后抽水检查发现消力池底板表层有大面积冲蚀性磨损，池底后沿与 1:4 斜坡相交段抗冲磨层损坏约 300m^2（检查照片见图 6－35）；2018 年汛前对冲蚀磨损部位采用棕钢玉环氧砂浆或环氧砂浆分区进行了修补，并对消力池底板与边墙相交部位采用环氧混凝土进行了贴脚处理。2019 年和 2020 年汛前均开展过水下摄像检查，消力池经历 2018—2020 年汛期的泄洪考验，底板未发现进一步破坏。

图 6－35　2017 年汛后消力池检查照片

2. 2021 年表孔溢洪道泄槽和消力池体型优化、全面修复方案治理

根据国家能源局大坝安全监察中心大坝安全定期检查审查意见，从保证溢洪道长期安全运行考虑，需要对溢洪道泄槽损坏修复及体型优化。电站运行单位组织开展了表孔溢洪道泄槽水力学模型试验研究、泄槽底板全面的物探检查和溢洪道泄槽修复及体型优化工程设计。

物探成果表明，泄槽 1:100 和 1:10 斜坡段共发现 9 块存在脱空现象（面积 32.4～216.5m^2），25 块不密实现象（面积为 5.6～154.4m^2）；泄槽 1:3 斜坡段共发现 12 块不密实现象（面积为 1.6～26.8m^2），不密实部位分布相对分散。脱空及不密实部位如图 6－36 所示。

2021 年泄槽修复及体型优化工程治理方案主要包括泄槽 1:10 和 1:3 斜坡段、消力池底板修复，2 号掺气槽新增排水洞和明渠。泄槽修复及体型优化布置如图 6－37 所示。

（1）泄槽 1:10、1:3 斜坡段修复方案以恢复原设计体型为主。将基础混凝土表面已涂环氧砂浆及周边过渡混凝土或脱空区域混凝土全部拆除，重新浇筑抗冲磨混凝土；新浇筑混凝土表面深度凿毛后采用环氧砂浆保护，增加该段混凝土表面抗冲磨性能；新老混凝土界面设置抗滑、抗抬键槽，对老混凝土进行深度凿毛，增强连接效果；新浇抗冲层板块内配置钢筋，提高板块的整体及局部抗上抬性能；加强缝面处理：结构缝埋设止水铜片或 GBW 止水板，封面填充聚氨酯，缝周涂抹环氧砂浆。

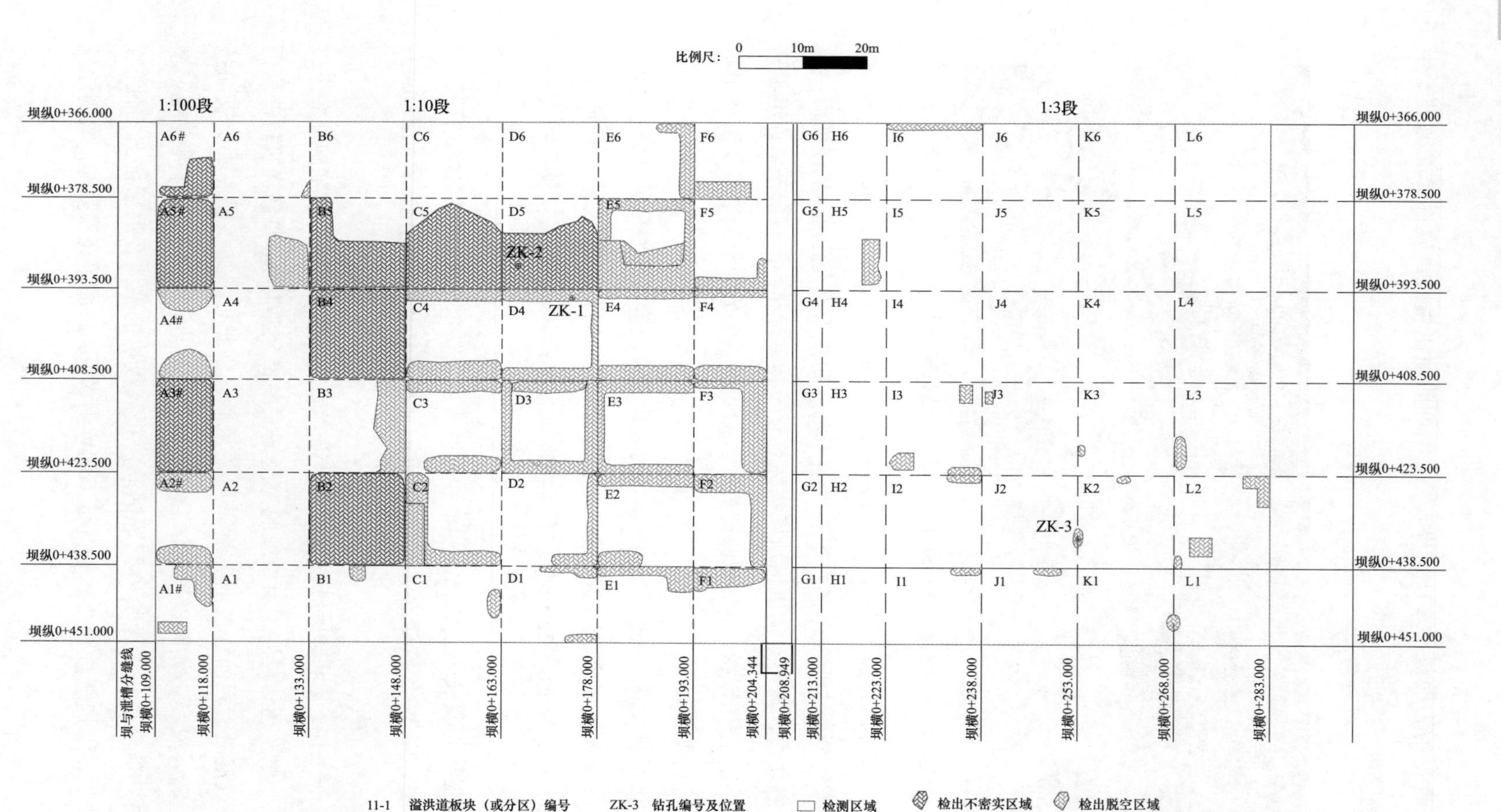

图 6－36 表孔溢洪道泄槽底板脱空检测成果图

（2）2 号掺气槽新增排水洞和明渠。2 号掺气槽排水设计为泄槽右岸自由出流，右岸边坡内设置排水廊道，排水廊道避开右岸边坡支护锚索及右岸边坡内导流洞及扩机地下厂房系统布置，由右岸高程 1320m 马道出露后，调整为排水沟槽（结合右岸 1320m 马道排水布置）引排至下游海漫出口附近排入河道。排水廊道断面为城门洞型 2.5m×3m（宽×高），采用锚喷支护，排水隧洞采用 40cm 厚 C25 混凝土衬砌，洞顶进行回填灌浆并设置排水孔。

（3）消力池底板修复。消力池底板存在零星破损区域，为了提高整体抗冲磨性能，相邻零星破损区采用区域整体环氧砂浆修复，结构缝渗水区域进行聚氨酯化学灌浆封闭处理，结构缝内嵌缝材料采用聚氨酯密封胶处理。

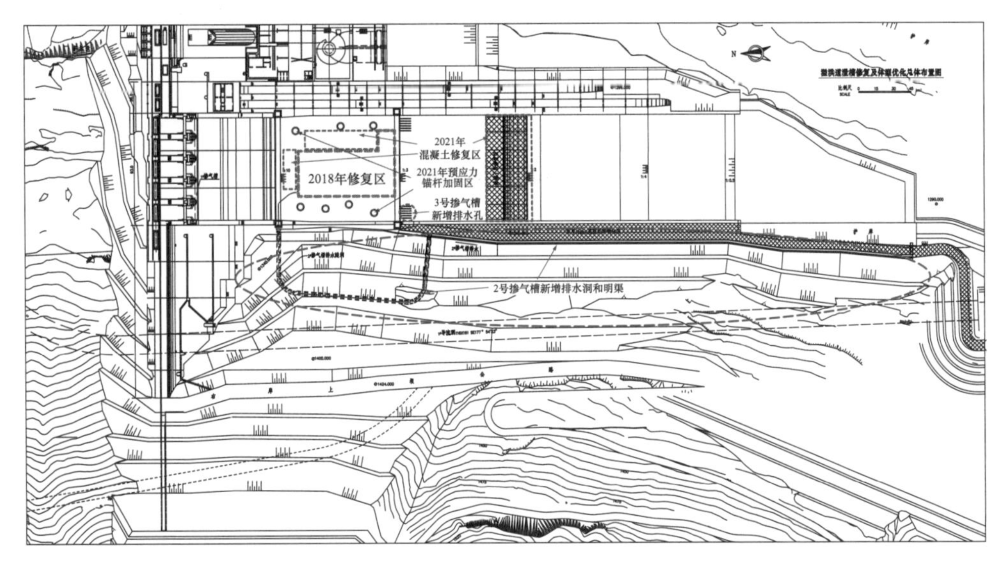

图 6－37　2021 年泄槽修复及体型优化平面布置示意图

工程于 2021 年 11 月开展表孔溢洪道泄槽修复及体型优化工程施工，2022 年 7 月完工验收。治理完成情况如图 6－38 所示。治理后经历 2022 年（最大下泄流量 4653m^3/s）、2023 年（最大下泄流量 4569m^3/s）汛期的泄洪考验，表孔溢流道仅直线段、反弧段底板、泄槽 1:10 段底板分缝处等局部存在轻微冲蚀、磨损等情况，其他未见异常。

6.6.5　结论

（1）表孔溢洪道泄洪运行出现的泄槽和消力池底板损坏问题，其主要原因是面层抗冲磨混凝土与基础混凝土之间浇筑间隔时间长，造成面层抗冲磨混凝土与基础混凝土连接薄弱，在高速水流的作用下出现局部损坏。

图 6－38　2022 年溢洪道治理完成照片

（2）2021 年泄槽 1:10、1:3 斜坡段在恢复原设计体型的基础上，在新老混凝土界面加强凿毛、锚固、设置抗滑抗抬键槽以增强新老混凝土的连接效果，并加强结构缝的止水措施。治理后经历 2022 年、2023 年汛期的泄洪考验（最大下泄流量 4653m^3/s），表孔溢流道仅直线段、反弧段底板、泄槽 1:10 段底板分缝处等局部存在轻微冲蚀、磨损等情况，其他未见异常。

（3）鉴于表孔溢洪道运行以来泄洪损坏较为频繁，表层抗冲磨混凝土和下层混凝土间存在薄弱面，泄洪时水流紊乱、振动等现象较为明显，且运行以来泄洪流量总体较小，表孔溢洪道泄槽底板和消力池存在损坏风险。因此泄洪时应加强巡视检查，发现冲蚀破坏及时采取应对措施。

6.7　水工金属结构隐患治理案例

6.7.1　某大坝溢洪道闸门启闭机隐患治理

1. 基本情况

我国华北某水电站采用引水式开发，电站装机容量为 30MW，水库总库容为

377 万 m^3，为不完全日调节水库。首部枢纽溢流坝段设有 14 孔泄洪闸，20 世纪 70 年代下闸蓄水运行，经过几十年的运行，闸门外观检查和安全检测发现的主要问题有：

（1）工作闸门面板、纵梁、支臂等构件均存在局部变形。

（2）各闸门均存在严重腐蚀情况，纵梁腹板、小横梁局部已发现蚀穿现象。

（3）各闸门局部焊缝外观质量较差，存在焊瘤、凹陷等缺陷。

（4）各闸门侧轮均腐蚀严重，多数锈死不转动。

（5）各闸门止水压板及其固定螺栓均腐蚀严重，检修闸门止水橡皮老化、龟裂，局部破损，漏水严重。

（6）工作闸门门槽下部、止水座板、底槛腐蚀严重。

（7）复核计算结果发现，面板实测厚度小于计算所需厚度，水平次梁、主梁等计算应力略大于材料容许应力，不满足规范要求。

启闭机存在的缺陷主要有：

（1）由于未设启闭机室，露天布置，环境恶劣，维护保养困难，启闭机整体腐蚀较重，部分构件锈蚀严重。

（2）制动器弹簧锈蚀，表面起皮，制动轮表面密集蚀坑，存在沿圆周分布划痕，制动轮摩擦面与摩擦片接触不均匀。

（3）减速器密封部件老化，齿面局部腐蚀，可见锈斑，沿轴承轻微渗漏。

（4）钢丝绳润滑不良，油脂干结，处于水位变动区位置已出现腐蚀情况。

（5）启闭机控制设备简陋，保护装置不全。

2. 事件简况

2023 年，由于工程所处流域发生暴雨洪水，泄洪闸门供电系统损坏无法将闸门开至最大位置，同时库区坝前堆积大量树木、储气罐、汽车等大体积漂浮物，在洪水作用下存在撞顶闸门情况，泄洪期间两扇闸门被冲走。

3. 处理情况及原因分析

事件发生后，结合对闸门和启闭机更新改造的需求，对所有闸门和启闭机进行了更换，同时增设了无电应急操作系统。泄洪闸门启闭机的供电电源可靠性进一步得到了加强。

本次事件的发生主要是由局地发生超强降雨引起。受台风“杜苏芮”残余环流的影响，连续的极端强降雨使河湖水位暴涨、多处区域诱发山洪，地方电力保障系统遭受严重破坏，作为应急的电源的柴油发电机在本次洪灾中也未能幸免。同时闸门和启闭机本身也运行年限较长，结构存在局部缺陷，也是造成其在恶劣运行条件下造成破坏的原因之一。

6.7.2 某水电站导流洞闸门冲走事件及处理

1. 基本情况

我国西南水电站总装机容量为2160MW，水库总库容为17.18亿m^3，具有日调节功能。电站枢纽主要由左右岸挡水坝、河床溢流表孔和底孔、右岸引水发电系统等建筑物组成。大坝为碾压混凝土重力坝，最大坝高140m，坝顶高程1288.00m。坝身泄水建筑物为5个表孔和2个底孔。水库正常蓄水位为1223.00m。

工程采用枯期导流方式，枯水期围堰挡水、隧洞导流，汛期导流洞与基坑或坝体缺口联合泄洪度汛。为解决导流洞下闸及水库初期蓄水期间的下游生态用水问题，在大坝12号坝段左底孔下部设置临时生态放水孔（底板高程1130.00m），断面尺寸为6m×8.5m（宽×高），出口段断面尺寸为6m×7m。设计过流时间约2d，相应过流量为400～820m^3/s。

2. 事件简况

根据工程建设安排，2013年4月30日，该水电站导流洞下闸，生态放水孔过水；5月1日，临时生态放水孔下闸，下闸后由大坝底孔泄水；5月坝前最高水位1178.00m。6月19日，底孔开始控泄，库水位从1194.54m开始继续抬升；6月27日，水位蓄至1210.57m，表孔开始泄洪。2013年6月29日凌晨2:40左右，生态放水孔闸门破坏，出流达1200 m^3/s，此时水库水位1211.20m，比正常蓄水位尚低11.8m。

3. 处理情况及原因分析

事故发生后，经反复研究论证，确定了枯期打开导流洞，待水位降至1147.00m以下对生态放水孔孔口实施拍门，进而进行永久封堵的综合处理方案。2014年1月12日，生态孔孔口拍门成功，水库恢复蓄水，同年5月生态放水孔永久封堵全部完成。

经研究分析，造成该闸门破坏的主要原因是闸门面板材质不合格——闸门所用钢材和型材由8个不同的厂家生产，面板中部存在断续夹层的严重材质缺陷（在闸门第3节25mm面板上，5805mm×2200mm范围内检测的165个测点中仅18个测点合格）。此外，施工单位部分焊缝焊接质量存在缺陷、部分次要焊缝未按图施工，设计单位对闸门细部构造考虑不周、对通气孔过流的非设计工况估计不足，监造单位未能及时纠正施工错误，也是造成事故发生的重要因素。

6.8 国外大坝泄洪建筑物隐患治理案例

6.8.1 美国瓦纳普姆（Wanapum）大坝溢洪道裂缝治理

1. 隐患基本情况

瓦纳普姆水电站建于20世纪60年代，是哥伦比亚河干流上具有发电、防洪、航运、灌溉等综合效益的大型水利枢纽，位于美国华盛顿州中部（见图6－39）。大坝由土坝与混凝土重力坝组成，坝顶全长为2602m，最大坝高59m，泄水设施为溢洪道，设有12个溢流孔，每孔配有15.2m×21.3m（宽×高）的弧形闸门，闸门下方为宽约19.8m、高约16.8m的双曲型混凝土底座。2014年2月，日常巡检中发现溢洪道顶部的桥面路缘和扶手间存在轻微的错动，进一步测量显示4号溢流段的闸墩顶部已经向下游移动了超过5cm，随后对溢洪道进行潜水检查，发现了一条长19.8m、宽5.1cm的裂缝。在发现隐患问题后，大坝运行单位立即将库水位降低约8.2m，并组织专家分析溢洪道裂缝产生的原因和具体治理措施。

图6－39 瓦纳普姆大坝

2. 隐患治理方案

通过对设计、施工等资料进行整理、分析发现，溢洪道裂缝产生的根本原因是在最初设计时没有考虑到极端荷载下可能会出现的拉应力，并且出现裂缝结构是在高温天气所进行的混凝土浇筑。根据隐患原因和裂缝情况，选择在损伤位置钻孔布设后张预应力锚杆的修复方案，具体为在 4 号溢流段的闸墩位置安装 3 个 61 股预应力锚杆，在底座上游侧安装 8 根直径 7.62cm 的预应力锚杆，在闸门上游靠近横接缝位置安装 12 根直径 7.62cm 和 5.72cm 的预应力锚杆，以抵消温度应力和扬压力的影响（见图 6－40）。另外，为了满足静态工作荷载下的倾覆和滑动稳定性要求，在底座下游面安装 20 根直径 7.62cm 的预应力锚杆，将受损的混凝土闸门底座“缝合”回结构整体。具体治理方案如下：

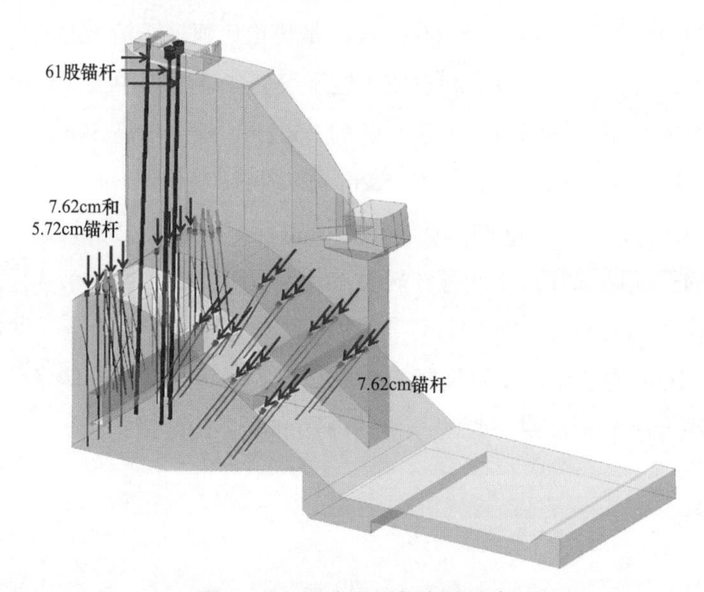

图 6－40　预应力锚杆布设方案

（1）结构打孔。在该隐患治理工程中，技术要求最高的是在结构上钻取直径 40.6cm 的深孔以布设预应力锚杆。首先，使用先进的 HQ 钻孔取芯系统钻取穿过混凝土和基岩的导孔，导孔深度约为 79.2m，同时每钻深 3m 便采用专门的方位对准和陀螺仪设备进行导孔对准校正；然后，在 3 台 1300 CFM 空气压缩机的助力下，采用定制的冲击钻设备，将导孔逐步拓宽至 40.6cm。

（2）护套安装。为了保证预应力锚杆的高效防腐性，将直径 25.4cm 的一体式塑料波纹管护套底部采用堵头封闭，安装到孔眼中，随后在护套和孔眼的空隙中进行分阶段注浆（每 8h 注浆 3m），以最大限度地降低护套挤压变形的可能性。

（3）锚杆安装。最初设计的锚杆安装方法是采用直径 2.4m 的适用于多股锚杆的大型卷线机，但由于效率较低，在安装第一根锚杆后便更换了新的安装方案，即借助上游水库中船舶上的起重机，并辅以特殊的提升装置，可在中点位置将整根锚杆进行提升后置于护套中。

（4）锚杆预拉及注浆。在孔洞两侧采用锚具将锚杆进行固定，然后借助 2200t 的单冲程千斤顶将预应力筋拉伸 54.1cm，预加设定的拉应力；随即，采用微孔注浆法向护套内的空隙中进行注浆，水泥浆体的水灰比为 0.45:1，并添加一定量的高效减水剂提高浆体的流动性。

6.8.2　赞比亚卡富埃峡（Kafue Gorge）大坝溢洪道闸门卡阻治理

1. 隐患基本情况

卡富埃峡水电站建造于 1969 年至 1971 年间，位于赞比亚境内的赞比西河支流卡富埃河上，在卡富埃桥下游 26km 处，坝型为堆石坝，最大坝高 50m，坝顶长度 375m，泄水建筑物为混凝土溢洪道，设置 4 孔叠梁闸门（宽 14m、高 11.5m），泄流量为 4250m^3/s。1988 年，大坝首次出现溢洪道闸门卡阻问题，采取紧急措施使闸门恢复了正常运行，但是溢洪道混凝土膨胀和开裂的迹象仍在持续。2011 年，在对溢洪道闸门进行修复施工后，发现叠梁闸门的其中一块闸板再次出现卡阻现象。2012 年，赞比亚国家电力公司和瑞典斯维科公司进行隐患问题联合调查，潜水员在溢洪道上游发现了大面积裂缝，部分裂缝宽度达 5cm，并通过材料实验证实该位置混凝土受到碱硅酸反应的影响，强度明显降低，另外混凝土膨胀导致闸板导轨上出现了最大 2cm 的水平错位。

2. 隐患治理方案

针对溢洪道混凝土鼓胀、裂缝和闸门卡阻的问题，瑞典斯维科公司基于施工难度设计了多种备选的处置方案，具体如下：

（1）溢洪道混凝土鼓胀、裂缝问题。

1）布设后张预应力锚杆。为了提高溢洪道混凝土结构的一体性，可采用在结构中布设后张预应力锚杆的治理方法。锚杆需满足可在溢洪道顶部进行检测的要求，并且需每间隔 5～10 年进行一次测试，验证其是否符合预设的性能。同时，锚杆需与上游坝趾成一定的角度，这样可以保证预应力筋具有更好的延展性，降低出现结构滑动破坏的可能性。在锚杆安装过程中，由于闸墩和基础中裂缝内部存在一定的水压，可能存在渗漏的风险，需要引起注意。

2）覆盖钢筋混凝土。首先，对溢洪道水上、水下的所有裂缝采用注射水泥浆的方式进行修补，然后在溢洪道上游面填筑一层新的加强钢筋混凝土进行修复。

3）闸墩拆除重建。将两个严重开裂的闸墩进行拆除重建，这个方案施工难度最大，需要沉箱法或者建造围堰，同时在修复期间还要对溢洪道桥和闸门进行支撑，但也能保证溢洪道具有更长的使用寿命。

（2）拆除卡阻的闸门。

1）采用重型起重机拉出。由潜水员将起重绳固定在卡阻的闸门上，使用额定荷载 40t 的起重机将其提升，测试是否可以成功将其拆除，但同时需要考虑溢洪道桥是否可以承受相应的冲击力。

2）水下切割闸门。由于缺乏闸门卡阻的详细信息，并且闸门在滑槽内的空隙非常有限，所以考虑在闸门上游侧进行切割，然后再进行可控的闸门吊装拆除。在这个方案中，闸门切割和提升轮次进行，直至闸门可顺利提起则不必再进行切割，尽量降低切割的施工难度，并保证闸门的完整性，以便再次利用。

3）拆除闸门滑槽周围的混凝土。拆除向外侧膨胀挤压闸门滑槽变形位置的混凝土，以释放闸门中的应力，进而将其拆除。采用在水下水力喷射的方式将相应位置混凝土拆除，然后将闸门滑槽重新调直对准，采用新的锚杆固定进混凝土中，最后进行钢筋混凝土的浇筑和修复。

在综合考虑各备选方案成本、工期、使用寿命等情况下，瑞典斯维科公司最终采用布设后张预应力锚杆的方案处置溢洪道混凝土鼓胀、裂缝问题，并选择水下切割闸门的方案治理卡阻的问题。

6.8.3 美国福尔瑟姆（Folsom）大坝泄洪闸门隐患治理

1. 工程简介

福尔瑟姆（Folsom）水电站位于美国加利福尼亚州萨克拉门托市东北约 40km 处的美国河（American River）上。工程具有防洪、发电、灌溉和市政供水工程等多项任务，电站总装机容量为 198.7MW。拦河大坝位于美国河南北岔口的交界处，由陆军工程兵团建造，建成后移交给垦务局运行。大坝的建设始于 1951 年，主坝于 1955 年 5 月 17 日完成浇筑，当年 9 月首台机组投产发电。1956 年 5 月 5 日，电站正式投入使用，并于 5 月 14 日移交给垦务局。为了将萨克拉门托的防洪能力提高到 200 年一遇的防洪能力，工程兵团于 2017 年 10 月新建了一条辅助溢洪道以增加泄洪能力。

大坝蓄水形成福尔瑟姆湖，水库控制流域面积为 4860km^2，正常蓄水位库容 12.05 亿 m^3，总库容 13.41 亿 m^3。电站挡水建筑物由混凝土重力坝和两侧土坝组成，大坝高 100m，长 430m，两侧是土坝。泄洪建筑物为位于混凝土重力坝上的 8 孔溢洪表孔，由 8 孔弧形泄洪闸门控制泄流，最大下泄流量为 16100m^3/s。福尔瑟姆大坝下游视图如图 6－41 所示。

图 6－41　福尔瑟姆大坝下游视图

溢流表孔弧形闸门高 15.5m，宽 12.8m，弧形面板半径 14.33m，整个闸门重量为 87t，泄洪过程 3 号闸门曾出现运行事故。泄洪弧形闸门剖面图如图 6－42 所示。

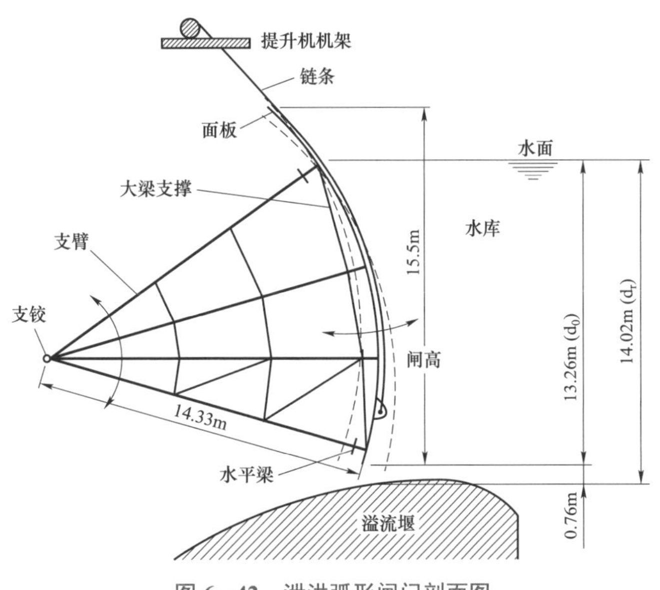

图 6－42　泄洪弧形闸门剖面图

2. 泄洪闸门运行事故

1995 年 7 月 17 日，福尔瑟姆水电站机组关闭，电站运行人员准备开启溢洪道 3 号闸门以维持下游河道流量。当闸门开度达到约 0.7m 时，闸门出现异常振动并伴有刺耳的噪声。约 5s 滞后 3 号弧形闸门最低和第二低支柱之间的斜支撑失效断裂，随后弧门闸门完全打开水库无控制泄放，最大下泄流量达 1100m³/s，水库约 40%的蓄水量通过破坏的闸门下泄。闸门失事图如图 6－43 所示。事件发生后，福尔瑟姆大坝运营商立即通知下游梯级电站闸门运行故障信息，同时前往下游 11km 处的宁布斯大坝（Nimbus Dam）协助现场人员应对上游水库无控制泄放的洪水。

图 6－43　闸门失事图

福尔瑟姆大坝运营商在发现闸门故障后立即采取了紧急行动，防止了宁布斯大坝的漫溢，并且福尔瑟姆湖释放的水被安全地泄放至下游。闸门运行事故的后果仅限于闸门破坏损坏和水库水量损失。

3. 泄洪闸门安全隐患

溢洪道闸门发生故障后，垦务局组建调查小组经过长达一年的调查，将事件原因归咎于设计缺陷：设计单位陆军工程兵团在闸门分析中没有考虑闸门支铰销轴摩擦力。闸门运行近 40 年未发生故障，表明故障的发生与闸门长时间运行维护有关，闸门投运以来逐渐老化，闸门支铰销轴和轴瓦交界面处的摩擦系数逐渐增加，摩擦力产生的力矩成为支铰的阻力矩。此外，垦务局日常运行维护采用的润滑剂是一种新型环保润滑剂，不符合陆军工程师兵团原来的设计规格，由于防水性不足，导致水进入销轴界面并引起腐蚀，导致摩擦增加。

根据事故调查报告，事件的直接原因是支铰摩擦过度，支铰设计中没有考虑到这种由于锈蚀造成的额外摩擦力，轴销所承受的过载导致门支柱的负载增加。闸门支柱主要是受压构件，但销轴接口处摩擦在闸门运行期间会产生弯曲应力，构件产生的载荷超过了支柱连接螺栓的承受能力，从而损害了闸门的结构完整性。闸门破坏前后对比图如图 6－44 所示。

图 6－44　闸门破坏前后对比图

4. 闸门隐患治理

事故发生后，3 号闸门被替换，新换的闸门支撑构件的断面由 T 形改成宽翼缘形式，并且在支铰上安装了自润滑轴瓦。同时，对其余 7 孔弧形闸门按现行设计标准进行了加固改造。闸门修复耗资约 2000 万美元。闸门投入运行后，采用预防维护措施，包括每年进行 2 次闸门全过程运行，同时在运行前后定期给支铰灌注润滑油。

5. 结论

福尔瑟姆泄洪闸门事故虽没有造成人员伤亡，对行业大坝泄洪闸门安全产生了重大影响。故障发生后，加州大坝安全部（DSOD）指示州管辖范围内的大坝所有者全面检查、调查和评估其弧形闸门的结构完整性。联邦机构特别是局、美国陆军工程兵团和联邦能源监管委员会开始了类似的项目，以评估其管辖范围内的大坝弧形闸门安全性。

20 世纪 60 年代以前，许多弧形闸门的设计都没有考虑支铰的转动力矩。对于设计忽略了支铰转动力矩的弧形闸门，可以采用增设加强板的方法，因为闸门需要足够的刚度以阻止可能出现的共振现象。如果对闸门在某些运行条件下是否会发生振动没有把握，则建议在闸门上安装过载指示器，并对其输出的信号进行分析。振动时，闸门结构可能发生疲劳破坏，要对闸门进行全过程的监控。

第 7 章

水电站边坡问题及泥石流灾害治理实践

7.1 概 述

7.1.1 边坡问题治理

水电站工程边坡及近坝库岸稳定问题是威胁水电站大坝运行安全的常见隐患。水电站工程库岸边坡的地质构造通常较为复杂，边坡高陡且规模巨大，一旦出现问题，往往会引发重大的工程影响和财产生命损失。1963 年，意大利的瓦伊昂水库岸坡发生大面积整体滑坡，长约 2km、宽约 1.6km 范围内的 2.6 亿 m^3 的滑坡体以 110km/h 的速度冲入水库，5000 万 m^3 库水越过坝顶砸向下游，造成了约 2000 余人的死亡，其他经济损失不可估量。2018 年，西藏昌都市江达县波罗乡境内的金沙江右岸发生大体积山体滑坡，造成金沙江断流并形成堰塞湖，堰塞湖水位不断上涨，严重威胁下游人民生命财产和下游梯级水电站工程的建设和运行安全。2022 年 6 月 1 日，四川雅安发生 6.1 级地震，地震诱发民治电站山体滑坡并形成堰塞体，河道水位急剧壅高导致电站厂房出现尾水倒灌，严重影响电站正常运行和下游人民正常生活。由此可见，边坡治理是水电站大坝运行安全管理的重要工作。

水利水电工程边坡稳定问题成因复杂，内因包括初始地应力高、地质环境复杂、边坡高陡规模大等，外因包括施工扰动、水库蓄水、强降雨等。因此，边坡治理是一项综合性强、技术要求高的工作，需要综合考虑地质条件、环境因素、工程实际情况等具体开展。边坡治理应遵循“安全、经济、环保、实用”的原则，治理技术主要包括以下几类：

（1）开挖减载及压脚措施。规模较小的不稳定坡体，可采用全部挖除；厚度较大的边坡，可考虑改变坡形、坡脚压重等措施增加稳定性。

（2）加固及防护措施。对于不稳定的边坡，可采用锚杆、锚索、抗滑桩、挡土墙等方式进行加固；对于较破碎的坡体，可采用注浆、微型桩等方式进行加固；对于较陡的边坡，可采用挂网、喷浆等方式进行防护，防止坡面坍塌；对于易风化的边坡，可采用抹面、勾缝等方式进行加固。

（3）排水措施。建立地面排水系统，防止地表水渗入坡体，降低滑坡和泥石流的风险，同时设置截水沟和排水沟，将地表水引出。边坡地下截、排水工程措施主要采用排水洞、排水孔等。

（4）生态环境保护措施：在可能的情况下，可在边坡上种植耐旱、耐寒、生长迅速的植被，以稳定边坡、防止水土流失。

（5）动态监测。无论是在治理过程中还是治理后，应对边坡安全进行动态监测，及时发现和处理潜在的问题。

7.1.2 泥石流灾害治理

泥石流也是威胁水电站大坝运行安全的重要因素。2019 年 8 月，四川太平驿水电站大坝下游右岸 200m 处的彻底关沟发生大规模泥石流，在大坝下游形成壅塞体，致使河道水位抬高而一度淹没大坝，泄洪闸门等金属结构损毁、部分建筑物损坏，造成大坝运行安全的重大险情。2010 年 8 月 7 日，甘肃舟曲发生特大泥石流灾害，导致重大人员伤亡，同时泥石流堵塞嘉陵江上游支流白龙江，形成堰塞湖，对下游水电站大坝产生了重大威胁。2013 年 7 月，四川甘孜九龙县突降暴雨，洪坝河滨东水电站上游发生泥石流导致河道淤积，对滨东水电站厂房运行安全造成严重影响。

泥石流通常在陡坡或山区地形发生，发生泥石流的自然原因包括岩体风化、土壤松动等，外部触发原因包括强降雨、地震、冰川融化等，人为因素主要是人类活动引起不合理的工程活动和植被破坏。由于诱发泥石流灾害的不确定因素多、监测手段有限、理论模型不完善，现阶段泥石流的预测难度较大，因此泥石流的治理技术以工程防护和生物防护为主，“稳、拦、排、停”相互结合。泥石流灾害防治的主要技术如下：

（1）监测预警系统。建立一个高效的泥石流监测预警系统是泥石流灾害防治的重要手段，包括地质监测、气象监测、预警信息发布等功能，确保大坝安全管理人员以及周边居民能够提前做好应急准备。

（2）拦挡坝。在泥石流易发区的上游，根据地形条件和泥石流规模，建设适当数量和规模的拦挡坝，以有效拦截泥石流中的固体物质，降低泥石流流速和规模，减少泥石流对水电站大坝安全的威胁。

（3）排水沟工程。通过在泥石流易发地修建和改造排水沟，确保雨水和地表水能够顺畅排出，减少积水引发的泥石流风险。

（4）恢复植被。通过种植树木、草皮等植被，增强地表的固土能力，减少水土流失，降低泥石流发生的可能性。同时，植被还能改善生态环境，提高区域的气候调节能力。

（5）削坡减载。对于坡度陡峭、易引发泥石流的山坡，采取削坡减载的措施。通过削去部分坡体，改善坡体的稳定性，降低泥石流发生概率。

（6）泥石流导流。在泥石流易发区下游，建设泥石流导流设施，如导流槽、导流坝等，从而减少泥石流对水电站大坝安全的威胁。

本章节结合国内近年水电站大坝边坡问题及泥石流灾害典型案例，介绍相应治理实践情况，为类似工程提供参考。

7.2 GP 滑坡体治理

7.2.1 工程简介

电站枢纽建筑物由混凝土双曲拱坝、坝身泄洪建筑物、坝后水垫塘、右岸塔式进水口和地下引水发电系统组成。大坝坝顶高程 2460m，最大坝高 250m。泄洪建筑物由 3 个溢流表孔、2 个泄洪深孔及 1 个底孔组成。引水系统采用“单机单管”、尾水系统采用“三机一室一洞”的布置形式，地下厂房采用右岸中部坝肩式布置型式，主厂房断面尺寸为 311.0m×27.8m×74.84m（长×宽×高）。

工程于 2003 年 11 月开工建设；2009 年 3 月，工程下闸蓄水；2021 年 12 月，全部机组投产发电。2021 年 2 月，工程竣工安全鉴定完成。2023 年 9 月，工程竣工验收完成。

7.2.2 GP 岸坡变形体概况

GP 变形体位于电站右岸坝前斜坡的顶部石门沟上游～黄花沟之间，坡高 650～700m，距离大坝约 900～1700m，属于近坝库岸。岸坡顶部平台地面高程一般为

2930～2950m，台面长 750m，宽 50～290m。GP 岸坡变形体是以倾倒变形为主、多种变形机制影响的超大型花岗岩岩质边坡，为 B 类 Ⅰ 级边坡，体积达 1.02 亿 m^3，地表分布多条冲沟及山梁，其中双树沟、黄花沟、石门沟规模相对较大，1、2、3、4 号冲沟规模较小。各冲沟切割深度一般 50～90m，黄花沟、双树沟切割深达 130～300m。GP 岸坡变形体沟梁分布及全貌如图 7－1 所示。

图 7－1　GP 岸坡变形体沟梁分布及全貌

20 世纪 80 年代初，水电站开展前期勘测工作时发现右岸坝前 GP 岸顶存在一高 20m 左右的陡坎，陡坎下部为一较宽阔的平台，平台上有多条塌陷槽和落水洞。1989 年对此段岸坡进行了专门地质调查和测绘，确定为一错落体：后缘边界为陡坎、底部边界为地表高程 2750m 左右缓倾岸内的 Hf104，上下游侧边界为深切冲沟。前期综合分析认为：GP 错落体在天然条件下无新的变形，处于整体基本稳定状态；由于底部控制面 Hf104 高于正常蓄水位近 300m，且缓倾岸里，蓄水不会对其稳定性产生直接影响。

自水库 2009 年 3 月蓄水以来，GP 岸坡变形破坏迹象明显，顶部平台整体下错，拉裂、陷落带发育，前缘拉裂、倾倒严重，2～5 号梁及 1 号梁上部等均出现了大量的倾倒、拉裂、表层崩塌塌落等破坏现象，但表部塌方量不大，以少量掉块为主，迄今变形仍在持续。GP 岸坡变形初期，随着水库水位的不断抬升，岸坡表部测点变形速率较大，其中岸坡顶部 3 号梁前缘最大综合位移量观测点 K1 日综合变形速率达到 92mm/d。GP 岸坡变形体分区如图 7－2 所示。

GP 岸坡变形体规模巨大，距电站枢纽建筑物较近，岸坡稳定性对工程安全影响较大。考虑水库蓄水以来该滑坡变形破坏迹象明显，针对该边坡隐患问题采用一系列成因研究和隐患治理工作。

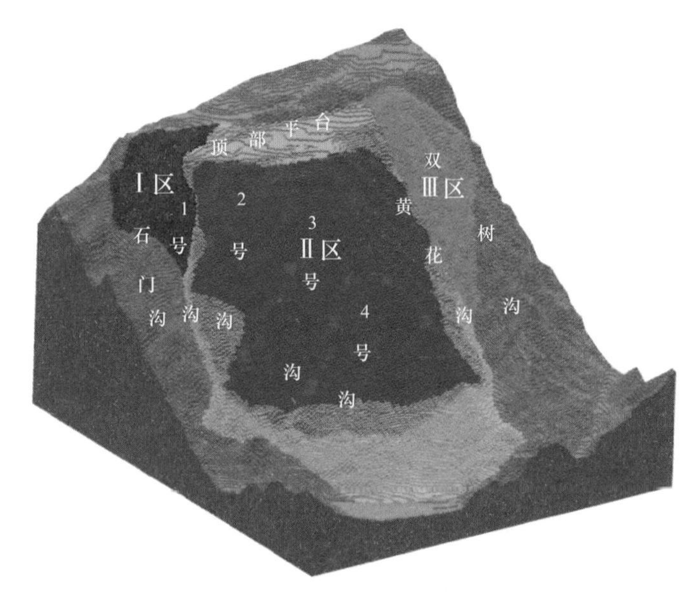

图 7－2　GP 岸坡变形体分区

7.2.3　GP 岸坡地质条件

GP 岸坡为总体呈向河床凸出的弧形坡体，大致走向 NE30°，谷底到岸顶相对高差 700m，坡度下缓上陡，总体 2750m 以上近 50°，以下平均坡度 33°～47°，平均坡度约 43°。

GP 岸坡地层岩性为花岗岩，中粗粒结构。区域性 LXW 断裂从变形体上游下部通过，GP 岸坡变形体位于该断裂上盘，变形体岩体内断层、裂隙发育，对边坡变形起控制作用的主要有下列四组：① N30°E/NW∠60°～80°，顺坡陡倾坡外，为后缘控制面；② NNW～SN/NEE～E∠60°～70°，与岸坡小角度相交，陡倾坡内；③ N30°～60°E/NW∠40°，主要为顺坡中等倾角裂隙；④ N30°E～N20°W/SE～SW∠20°～35°，为一组缓倾坡内的断层、裂隙，如 Hf104、Hf107、Hf111、Hf112 等。勘探平洞揭露，GP 岸坡变形体花岗岩岩体中存在明显的蚀变现象，蚀变花岗岩条带主要发育在 LXW 断裂带上盘，集中分布在 4 号梁、5 号梁、黄花沟两侧等部位。蚀变带多沿断裂构造发育，且主要沿 NNW 和 NNE 两个方向展布，主要集中分布的范围上游边界为 LXW 断裂，下游边界位于 4 号梁。蚀变岩体岩石大部分已变色，多呈肉红色或砖红色，只有局部岩块保持原有颜色；锤击哑声，岩石部分变酥、易碎，局部用镐撬可以挖动，坚硬部分需爆破；岩体较破碎，胶结差；洞壁岩体波速为2200～4500m/s，一般为2500～3000m/s，钻孔中的波速一般为4200～5400m/s。

岸坡变形体岩体拉裂变形明显，松动破碎岩体和崩坡积体普遍发育。勘探揭示，岸坡自表及里岩体结构主要包括散体、碎裂、块裂、镶嵌－次块状（块状）结构，其中散体结构主要分布于2～5号山梁山脊、顶部平台表层，一般厚度小于30m，现已松动、拉裂、垮塌，碎裂结构分布于散体结构岩体下部，主要为板裂倾倒岩体，高程2750m以下水平厚度40～60m，以上厚度大于100m，略深于沟底，相当于Ⅳ级岩体，局部浅层属于Ⅴ级。

GP岸坡发育的地下水类型主要为裂隙潜水，受大气降水的补给，排泄于黄河。地表调查表明，区内地下水不发育。勘探表明岸坡地下水主要分布在岸坡深部，高程2460m勘探平洞桩号0+464m及附近钻孔中有所揭露，而岸坡表部水平埋深较浅部位的钻孔中地下水位与正常蓄水位2452m齐平，表明岸坡水平埋深较大部位地下水位高于2460m高程，而浅部与库水位连通。

7.2.4 GP岸坡变形成因分析

1. 地质勘探

自2009年3月水库蓄水后发现GP岸坡出现明显的变形迹象以来，针对GP岸坡的地质勘探共完成钻孔5454.9m/34孔、5层平硐8571.93m/33硐。地质勘探分析主要结论如下：

（1）GP岸坡变形体是地质历史时期形成的巨大变形体。

（2）GP岸坡未发现贯通性的中缓倾岸外、并切出坡面的控制性软弱滑移面，印证了GP岸坡的变形不是受贯通性的统一滑面控制滑移性变形，说明GP岸坡整体滑动失稳可能性小。

（3）勘探中发现局部有张开较宽的拉裂缝，勘探时沿走向进行了专门的追踪勘探，发现拉裂缝延伸不长后就逐渐演变为闭合状的裂隙，进一步印证了GP库岸深部变形边界受结构面控制的贯通性较差，深部边界呈多条裂隙组合衔接状。

（4）揭露3号梁以上游的2700m以下的后缘边界，较前期预测有一定加深。4号梁、5号梁部位发现了大范围的蚀变岩体，其深度低于现代河床，岩体特性总体差于下游的1～3号梁岩体。

（5）GP岸坡静力工况以倾倒变形、分散解体垮塌为主，地震工况以表面强倾倒带局部折断滑动失稳和解体崩塌为主，整体失稳可能性小。

（6）GP 岸坡变形体未发现贯通性的中倾坡外控制性底滑面，变形体不具备整体滑动失稳的边界条件。岸坡浅表部岩体松动破碎，可能的主要失稳破坏模式为浅表层拉裂松动岩体分梁分块解体式失稳。GP 岸坡变形体没有沿控制性结构面整体滑移的现象，水位稳定后变形速率明显下降，但仍未收敛，目前处于蠕变状态。

2. 安全监测

2009 年以来，GP 岸坡顶部平台、岸坡表部、五层地勘硐内部监测等部位布置了较全面的人工监测和自动化安全监测系统。监测范围包括鸡冠梁、1 号梁向上游至双黄梁岸坡及顶部平台等部位。监测项目主要分为常规监测、专项监测、坝址区环境量监测三大类，测点总数为 746 个。监测系统运行稳定，数据可靠，监测精度满足现行规范和安全监测要求。GP 岸坡变形监测项目与测点统计见表 7-1。

表 7-1　　GP 岸坡变形监测项目与测点统计表

序号	监测类别	监测项目	测点		监测方式	监测频次
			数量	单位		
1	环境量	降雨、气温、风向、风速、气压、湿度	各 1	项	自动化	多次/日
2	表部变形	I 区 GPS 监测	11	个	自动化	4 次/日
3		GP 岸坡顶部平台 GPS 监测	19	个	自动化	4 次/日
4		GP 岸坡顶部平台棱镜监测	28	个	人工	1 次/周
5		GP 岸坡棱镜监测	42	个	人工	1 次/周
6		GP 岸坡免棱镜监测	23	个	人工	2 次/月
7	内部变形	地勘硐内导线测量	144	个	人工	1 次/月
8	内部垂直变形	地勘硐内水准测量	206	个	人工	1 次/月
9		地勘硐内静力水准	152	个	自动化	1 次/日
10	内部倾斜变形	地勘硐内测斜测量	15	个	人工	2 次/月
11	内部岩体倾斜变形	地勘硐内双轴倾斜仪监测	2	套	自动化	1 次/日
12	内部水平位移监测	地勘硐内杆式位移计监测	57	个	自动化	1 次/日
13	岩体张拉、压缩变形	地勘硐内多点变位计监测	12	套	自动化	1 次/日
14	砂浆条带开裂变形	地勘硐内测缝计监测	9	个	自动化	1 次/日
15	岩体的拉裂变形监测	地勘硐内裂缝计监测	11	个	自动化	1 次/日
16	地下水位监测	地勘硐内渗压计监测	9	支	自动化	1 次/日

（1）GP 岸坡变形主要发生在岸坡顶部 2～4 号山梁前缘一带。鸡冠梁、青石梁及下游区无明显变形趋势。2015 年 10 月水库水位抬升至正常蓄水位 2452m 以来，绝大部分地表测点呈匀速变形状态。

（2）2009 年，建立顶部平台观测点；2009 年 3 月～2015 年 9 月，随着水库水位抬升，岸坡顶部 3 号梁前缘表部位移量最大的 K1 测点位移量值及位移速率较大；2015 年 10 月，库水位蓄至正常蓄水位后，K1 测点位移量值明显减小，位移速率明显减缓。截至 2023 年 10 月，最大综合位移量的观测点为 K1 点，位移量达 44.759m；月均综合位移速率为 2.59mm/d；水平综合位移量达 34.137m，月均水平位移速率为 2.12mm/d；垂直位移量达－28.948m（下沉为负），月均垂直位移速率为－1.50mm/d。平台其余测点综合位移速率在－0.09～1.51mm/d 之间。GP 岸坡表部测点 K1 累计综合位移量过程线如图 7－3 所示，K1 累计综合位移速率过程线如图 7－4 所示。

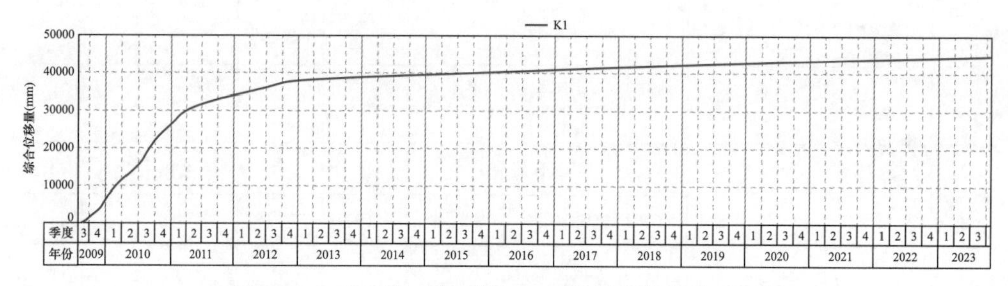

图 7－3　GP 岸坡表部测点 K1 累计综合位移量过程线

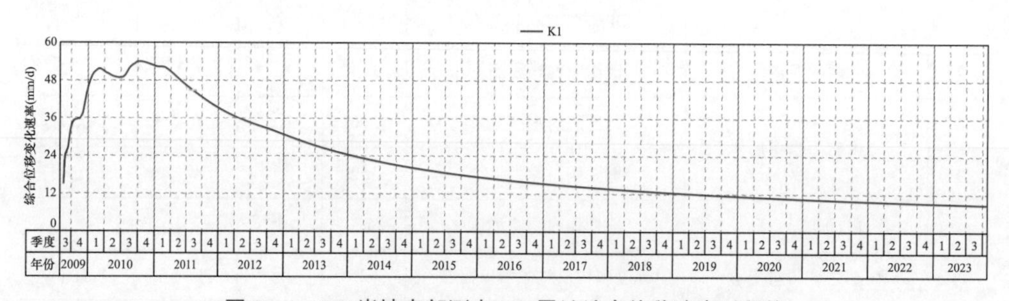

图 7－4　GP 岸坡表部测点 K1 累计综合位移速率过程线

（3）自 2009 年起测至今，岸坡 1 号梁 2852m 高程以上发生了较明显变形，最大综合位移发生在 2913m 高程的 P001 测点，累计综合位移量为 0.8m，近三年综合位移速率在 0.02mm/d 以下，但变形速率受库水位变化影响不明显。1 号梁 2800m 高程以下岸坡表部测点无明显变形趋势。

（4）地勘平硐 2484m 高程（PD10）硐内深部测点水平位移近三年平均变形速率 0～0.05mm/d；2600m 高程（PD9）深部测点水平位移平均变形速率 0.02～1.0mm/d；其余 3 层（2700m 高程、2800m 高程、2877m 高程）平硐内近三年监测项目测值平稳，无明显变化。

（5）变形监测成果表明，库岸的变形速率与库水位的抬升或下降速率密切相关。库水位抬升且速率较快时，库岸变形速率加快。库水位下降时，库岸变形速率降低。通过控制库水位抬升速率，可以实现控制库岸的变形速率。一定的降雨量只在数天内影响边坡的变形速率。同一时刻，从低高程至高高程，坡面变形速率增加；库岸内部随着深度增加，变形减小明显。

（6）钻孔测斜仪监测表明，没有发现库岸深部有剪切滑移变形；地下水监测表明，在 2460m 高程以下时，水库水位抬升时，库岸内地下水位在数小时内即与库水位齐平。

3. GP 岸坡变形成因分析

GP 岸坡变形体成因机制十分复杂。GP 岸坡变形体位于区域性 LXW 断裂带上盘，岸坡地形凸出、零乱，沟梁相间，岩性为花岗岩，多组结构面发育，浅表岩体破碎，顶部平台曾下错约 12m。不同高程的勘探平硐及钻孔揭示，岸坡岩体中结构面发育，完整性差，卸荷强烈，存在明显的岩体松弛、松动现象，4 号、5 号梁中、低高程部位分布有较大范围的蚀变岩体，蚀变岩体性状差，遇水软化明显。

水库蓄水以来，GP 岸坡变形体变形破坏迹象明显，顶部平台整体进一步下错，拉裂、陷落带发育，前缘拉裂、倾倒变形严重，2～5 号梁及双黄梁上部等均出现了大量的倾倒、拉裂、表层崩塌塌落破坏等现象，岸坡变形与水库蓄水明显相关。根据岸坡地形地质条件及变形破坏特征和监测资料综合分析，岸坡变形成因机制可归结如下：

（1）岸坡岩体结构面发育，受二陡一缓结构面的切割，使得边坡岩体形成了似板裂状结构，易产生倾倒变形破坏，中、低高程又分布有大范围的强烈蚀变花岗岩。这是边坡产生变形破坏的主要内在因素。

（2）GP 岸坡历史上曾产生过下错变形，其底部边界最低大体已至现代河床高程。

（3）水库蓄水及降雨是岸坡产生变形破坏的主要诱因。在库水位抬升过程中，库水渗入岸坡岩体中，导致岩体及结构面充填物强度降低，尤其是蚀变带岩体遇水软化，使得被水浸泡部位的部分岩体产生屈服，加之有效应力降低，蠕变加剧，引起岸坡上部岩体开裂、下错、倾倒以及浅表部岩体塌滑。在库水水位稳定后，岩体由于前一阶段的变形产生压紧，强度有所恢复，变形速率变慢或趋于稳定。

（4）在空间分布上，由于表层岩体破碎程度较大，受有效应力降低的影响较大，且受内部岩体变形影响也较小，所以表现出浸水后变形体浅表部岩体表面变形大、向岸里逐渐变小的趋势。上部岩体也因牵引产生的变形而导致浅表部裂隙损伤开裂严重，倾倒变形程度增大。

（5）1 号山梁岩体卸荷较浅，整体稳定。2～5 号山梁虽岩体破碎，拉裂、倾倒及浅层塌滑破坏严重，但变形体中未发现贯通性的中倾坡外的控制性底滑面，边坡不具备整体滑动失稳的边界条件，主要失稳模式为浅表层拉裂松动岩体的分梁分块解体式失稳和蚀变岩体的分散解体式失稳。

7.2.5 涌浪风险分析

采用刚体极限平衡法、有限元法、DDA 方法、离散元方法等多种方法进行稳定分析，不同方法的计算结果均表明 GP 库岸在静力工况下整体稳定，局部破坏不可避免。库岸变形主要受陡倾坡内结构面控制，不稳定体主要集中在库岸 3 号梁中上部，破坏模式为局部解体破坏，随着变形持续发展或遭受地震，局部可能转化为折断—滑移破坏模型。稳定分析结果显示，静力工况下，一次性下滑方量不超过 100 万 m^3；动力工况下，最大一次下滑方量约为 150 万 m^3，考虑极端地震情况，最大一次失稳方量可能达到 200 万 m^3。

静力工况下，若水库水位抬升到正常蓄水位 2452m，至坝顶高程 2460m 的高差为 8m，考虑到防浪墙高度为 1.2m，故拦截涌浪的高度为 9.2m。假定一次下滑最大方量为 100 万 m^3，由于考虑到滑体在滑落过程中会产生部分解体、滑动过程中会有能量损失，滑速取 30m/s，采用水科院法和潘家铮法计算的涌浪高度分别为 7.02m 和 8.38m。按照多年平均风速 9.98m/s，波浪爬高为 0.9m，叠加后共 9.28m，超过大坝坝顶高程 1.28m，具有一定风险。因此在正常蓄水位下，工程只能承担约 100 万 m^3 块体形成的涌浪。

动力工况下，采用潘家铮法，考虑水平及竖直向地震惯性力作用，高高程发生折断—滑移破坏的不稳定滑块主要分布在 2800m 高程至 2952m 高程，距水面高度在 348～500m，不稳定块体入水速度达到 37～45m/s。在地震作用下，若一次性下滑方量为 150 万 m^3、滑速在 40～45m/s 之间，则坝前涌浪高度在 11.3～15.2m 之间，超过坝顶 3.3～7.2m；一次性下滑方量为 200 万 m^3、滑速在 40～45m/s 之间，则坝前涌浪高度在 13.1～17.5m 之间，超过坝顶 5.1～9.5m。

GP 库岸为近坝库区边坡，十余年的研究成果表明 GP 库岸静力条件下整体稳定，局部失稳不可避免，地震条件下可能产生一定方量的滑移失稳。根据稳定分析成果，GP 库岸失稳不会产生堵江，主要危害是涌浪翻坝危及坝顶、电站进水口、出线站机电设备和表孔弧门安全。

7.2.6　GP 岸坡问题治理

1. 治理方案

相关研究成果显示，GP 岸坡整体稳定，涌浪风险总体可控；地震工况下存在一定漫坝风险，需采用防控措施。GP 库岸风险防控的总体思路为减少或根除涌浪翻坝危害。经比选，不稳定体开挖方案施工人员和设备安全问题突出，施工安全风险相对较大，且投资较高，工期较长，最终选用“监测预警＋坝顶设施防护”方案。主要采取措施如下：

（1）对出线楼下部四周涌浪影响范围内进行封闭，出线楼防浪采用混凝土封闭式围墙，围墙近坝侧高程为 2470.00m，墙厚 1.0m。为保证设备进出，围墙增设密封防水大门。封闭完成后，基本保证出线站完全封闭，防止水流从出线竖井而进入地下厂房。

（2）对坝顶表孔启闭机室、直流电源室、柴油发电机室及油处理室进行防护围挡；围墙围挡顶部高程为 2470.00m，厚度 0.6m，围墙基础需增加锚固措施，围墙背水侧应留出进人门，进人门水密性能分级要求为 6 级。对坝后底孔、深孔启闭机机房、液压和电控设备室，坝顶电梯井进行防护，将门窗替换为水密性能等级达到 6 级的门窗。

（3）电站进水口位于坝前右岸，将进水塔液压机泵站室顶部盖板全部替换为密封防水钢盖板，保证在地震工况下，液压电控室可正常运行，进水口事故闸门可以应急关闭，防止地震时库水涌入厂房。

（4）将原表孔检修闸门改造为工作闸门，另增加 2 扇表孔工作闸门，满足 3 扇表孔弧门损坏后 3 扇工作闸门动水闭门，截断水流。

（5）建立 GP 岸坡自动化监测预警平台监控滑坡动态，开展 GP 岸坡变形体风险评估，针对滑坡风险制定应急预案并落实风险防控措施。

2. 治理成效

（1）GP 岸坡智能监测预警平台＋坝区设施防护措施于 2022 年 12 月全部完成。

自动化监测预警系统采用分级预警和分级管理。风险等级分为极高（Ⅰ)、高（Ⅱ)、中（Ⅲ)、低（Ⅳ）四级，具体分为红色预警（Ⅰ级响应)、橙色预警（Ⅱ级响应)、黄色预警（Ⅲ级响应)、蓝色预警（Ⅳ级响应)。预警系统已纳入现场所有的监测系统，在软件层面对多家供货商不同接口协议的各个采集系统进行集成融合，最大限度实现监测物理量的自动化采集；建立了监测预警体系，实现了主要功能，并配置手机 App 对 GP 岸坡实施在线监测与综合分析，为各级管理人员提供一体化技术支撑和信息管理服务。

（2）LXW 水电站 GP 变形体风险评估报告通过对 32 种不同工况、不同失稳后果风险事件的风险等级分析与评估，表明 GP 变形体在实施工程防护措施后风险等级为“一般风险”，经国内知名高校与科研咨询机构专家评审后认为报告结论合理。

（3）2023 年 9 月，LXW 水电站通过工程竣工验收，结论为“GP 变形体采取监测预警＋坝区设施防护措施”后，可保证当前大坝和电站的运行安全。

7.2.7 结论

（1）自 2009 年 5 月发现 GP 岸坡变形问题以来，开展了大量的勘探、监测、科研工作，组织国内外专家对 GP 岸坡变形对工程安全影响咨询评估十余次，基本查明了 GP 岸坡的变形边界、变形破坏特征和影响范围。

（2）GP 岸坡变形体隐患治理基于大量地质勘探、变形监测、多种方法的数值计算和稳定性分析与评价等研究成果，目前采取的“监测预警＋坝区设施防护”措施总体能保证当前大坝和电站的运行安全。

（3）GP 岸坡变形已持续了 14 年，目前位移最大的测点 K1 变形量已达 44.75m，日综合变形速率降低至 2mm/d 以内。岸坡地表测点以 1～2.0mm/d 速率持续变形，仍未收敛。研究预测 GP 岸坡变形还将持续近 40 年，安全监测与分析工作至关重要。开展长期性安全监测和深化研究，任重而道远。

（4）2015 年 10 月水库蓄至正常蓄水位后，LXW 水库水位一直控制在 2450～2452m 之间运行，GP 岸坡表部位移速率明显减缓，目前整体稳定，风险可控。

（5）随着以 LXW 水电站作为下水库的抽水蓄能电站规划建设与运行，LXW 水库水位日变幅将突破 2m 范围且日内频繁调整，预计水库水位将在 2440～2452m 之间运行，对 GP 岸坡变形体的稳定性势必带来新的挑战和安全风险，需要适时开展水库运行方式相关研究工作。

7.3　DN 水电站近坝库岸治理

7.3.1　工程简介

DN 水电站位于白水江支流黑河上，电站采用混合式开发，总装机容量为 100MW。水库正常蓄水位为 2370.00m，相应库容为 5622 万 m^3，调节库容为 4915 万 m^3，具有年调节性能。电站枢纽主要建筑物包括混凝土面板堆石坝、右岸旋流竖井式泄洪洞、右岸放空洞。枢纽挡、泄水建筑物设计洪水重现期为 100 年，校核洪水重现期为 2000 年。厂房设计洪水重现期为 100 年，校核洪水重现期为 200 年。泄洪建筑物下游消能防冲设计洪水重现期为 30 年。水库大坝为河床趾板建在覆盖层上的混凝土面板堆石坝，最大坝高 112.50m。

工程于 2013 年 3 月开始初期蓄水，4 月机组投产发电。2014 年 9 月，工程开始二期蓄水。

7.3.2　近坝右岸边坡

近坝右岸边坡是指自改线公路隧洞进口至上游 3 号冲沟范围内的边坡，距坝轴线 0.2～0.8km，沿改线公路长约 800m。边坡下部布置有电站取水口及闸门竖井、放空洞进口及闸门竖井。边坡总体呈上、下陡，中间缓，河床至高程 2500m、高程 2700m 以上坡度约 40°～50°，高程 2500～2700m 的坡度约 10°～30°。岩性为板岩和砂岩互层夹少量千枚岩。该段边坡自上游向下游，分为Ⅰ区、Ⅱ区、Ⅲ区：Ⅰ区位于取水口山脊上游至 3 号沟；Ⅱ区自取水口山脊至 1 号沟；Ⅲ区位于 1 号沟与改线公路隧洞进口之间。

坝前右岸边坡河谷为不对称“V”形谷，右岸边坡为层状横向坡和层状顺（反）向坡。岸坡由软硬相间的砂板岩组成，岩层陡倾；受强烈区域构造作用，岩层挤压强烈，次级褶曲、小断层发育。岸坡物理地质作用强烈，浅表部岩体较为破碎，完整性差，横向谷岸坡卸荷强烈，层状顺向岸坡岩体倾倒变形。根据边坡地形地质条件，综合岸坡结构特征、宏观变形现象，平面上将近坝右岸边坡分为Ⅰ区、Ⅱ区、Ⅲ区。Ⅰ区、Ⅲ区为层状横向坡，岩体卸荷强烈，强卸荷水平深度为 70m。Ⅱ区为层状反向坡，按倾倒变形程度将该区分为倾倒变形体区Ⅱ－1 区和倾倒变形现象区Ⅱ－2 区。Ⅱ－1 区倾倒变形体水平厚度约 170m（公路高程附近部分底界面利用 f1

断层），铅直厚度约 89m，总体积约 730 万 m^3。由表及里可分为强倾倒松动破碎带、强倾倒弱松动破碎带、倾倒带、未变形岩体。根据试验结果和反演分析，近坝右岸边坡岩（土）体物理力学参数建议值见表 7-2。

表 7-2　　近坝右岸边坡岩（土）体物理力学参数建议值表

岩（土）体名称	密度		允许承载力	压缩模量	变形模量	抗剪指标（天然）		抗剪指标（饱和）		备注
	天然	饱和				凝聚力	摩擦角	凝聚力	摩擦角	
	ρ_d	ρ_{sat}	F［R］	E_S（0.1～0.2）	E_0	c	φ	c	φ	
	g/cm³		kPa	MPa	GPa	kPa	°	kPa	°	
含漂砂卵砾石层	2.1	2.1	250～350	20～30	/	0	27～29	0	27～29	
黄色粉土	1.59	1.95	/	/	/	45～55	22～24	15～35	18～19	
崩坡积块碎石土 Q4	2.05	2.1	250～300	15～20	/	0～10	25～27	0～10	21～23	
强倾倒松动破碎带	2.35	2.4	500～600	/	0.2～0.5	50～150	25～29	50～110	22～24	Ⅱ-1 区
强倾倒弱松动破碎带	2.45	2.5	600～800	/	0.5～1	180～220	27～30	150～190	22～25	
倾倒带	2.45	2.5	800～1000	/	1～2	240～300	28～30	200～260	23～26	Ⅱ-1、Ⅱ-2 区
断层带	2.45	2.5	600～800	/	0.7～1.5	200～240	28～30	160～200	23～25	Ⅱ-1 区
强卸荷岩体	2.45	2.5	1000～1100	/	1.5～2.5	300～350	30～35	260～300	25～30	Ⅲ区（砂岩为土岩组）
弱卸荷岩体	2.45	2.5	1100～1200	/	2.5～5	350～400	35～40	300～350	30～35	
微新岩体	2.45	2.5	1200～1500	/	5～8	400～450	40～45	350～400	35～40	Ⅱ、Ⅲ区

2013 年，工程初期蓄水后，巡视检查发现近坝右岸边坡表面局部变形开裂。2017 年 8 月 8 日，四川阿坝州九寨沟县发生 7.0 级地震（以下简称九寨沟“8·8”地震），电站坝址距震中 46km。地震发生后，通过震损调查和震后安全评价，发现近坝右岸边坡坡体变形开裂加剧，影响电站正常运行。近坝右岸边坡位置图、分区图和下部临水岸坡分区图如图 7-5～图 7-7 所示。

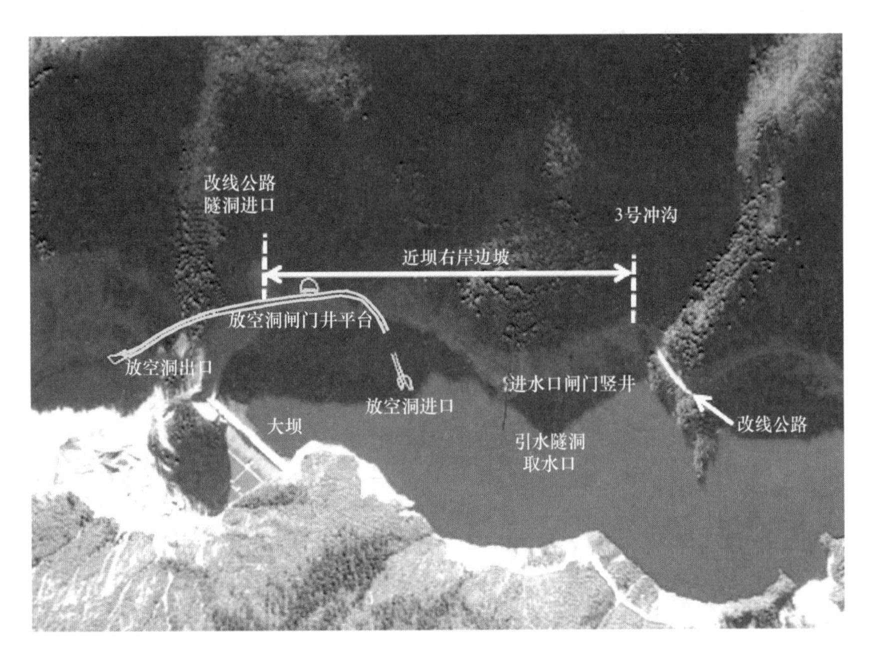

图 7－5　近坝右岸边坡位置图

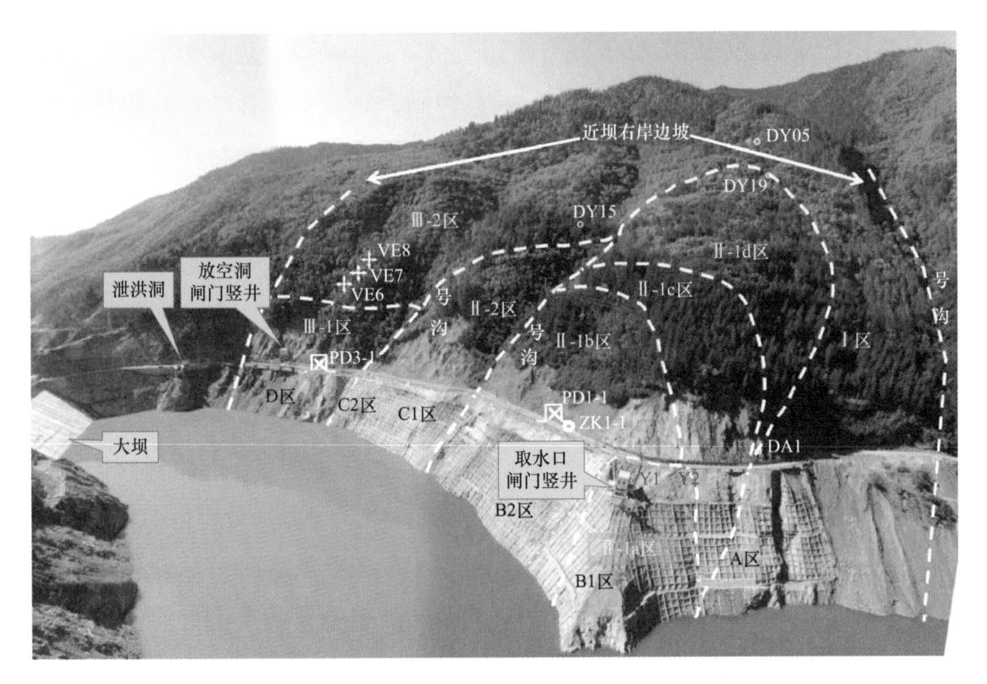

图 7－6　近坝右岸边坡分区图

图 7-7　近坝右岸下部临水岸坡分区图

7.3.3　近坝右岸边坡变形分析

1. 变形体边界

根据边坡高、低部及上、下游探洞及钻孔勘探，右岸边坡变形边界已基本查明。边坡Ⅰ区为层状横向坡，地层岩性为中薄层砂岩与板岩互层，岩体风化卸荷强烈。除公路外侧岸坡有小规模塌岸现象外，未见岸坡有其他明显变形迹象，岸坡处于基本稳定状态。边坡Ⅲ区分布强卸荷带、弱卸荷带，边坡变形主要受后部顺坡向断层 fPD3－1、fPD3－2、fPD3－3 控制，表浅部岩体卸荷强烈，发育有顺坡向结构面，顺坡向软弱结构面延展性较差，岸坡不具备整体滑动变形失稳的条件，岸坡也处于整体基本稳定状态。变形体主要集中在边坡Ⅱ区，Ⅱ区倾倒变形体底界面部分与顺坡向断层 f1 重合，水平和铅直厚度分别约 170m、89m，总方量约 730 万 m^3。由表及里可分为强倾倒松动破碎带、强倾倒弱松动破碎带、强倾倒带和正常岩带。

2. 变形破坏特征

Ⅰ区地震前后未见明显地表开裂变形现象。2013 年 3 月开始一期蓄水后，Ⅱ区高程 2480m 附近发现 A、B 两条拉张裂缝，延伸长度分别为 130、80m，最大开度 0.2～0.3m。2014 年 9 月二期蓄水前，对坡体前缘库水位变幅区进行了锚固处理。二期蓄水直至地震发生前，坡体变形趋缓，未见新的变形迹象。地震发生后，A 裂缝上游侧出现 C、D 两组新增裂缝，延伸长度分别为 90、140m，最大开度 0.2～0.3m；A 裂缝下游侧新增 E 裂缝，延伸 29m。地震发生后对Ⅱ区变形体开展了应急加固处理，处理后坡体变形趋缓。

Ⅲ－1 区一期蓄水初期放空洞闸门竖井高程 2324m 附近井壁混凝土开裂，随水位上升，变形加剧，地震进一步加剧了变形破坏。Ⅲ－2 区未见明显变形迹象。

3. 变形机制

Ⅱ区坡体岩性为板岩与砂岩互层夹少量千枚岩，河流下切过程中，岸坡岩体向临空面发生倾倒变形，形成深厚倾倒变形体。深部边界部分利用顺坡向断层后期在重力作用下发生蠕滑，形成一定的剪切滑移。在公路边坡开挖、水库蓄水及地震作用下，倾倒变形体局部变形复活，变形以浅表部散体结构岩体崩塌、蠕滑为主。坡体稳定性影响因素主要有库水位变化和地震作用，其中库水位变化是岸坡岩体长期蠕动变形的主要诱因，地震作用主要对坡体表面变形有较大影响。

Ⅲ区为横向坡，整体基本稳定，边坡表层卸荷拉裂强烈、内部发育有顺坡向小断层，受库水影响表部强卸荷破碎岩体产生蠕滑剪切变形。

4. 监测资料分析

Ⅱ区蓄水以来最大累计水平变形 1852mm，二期蓄水初期变形速率最大，为 1.11mm/d。随后，第 2 个蓄水周期、地震后一个月、2018 年第 6 个水位下降期、水库放空期最大变形速率分别为 0.81、0.96、0.65、0.35mm/d。Ⅱ区测点水平及垂直位移过程线如图 7－8 和图 7－9 所示。

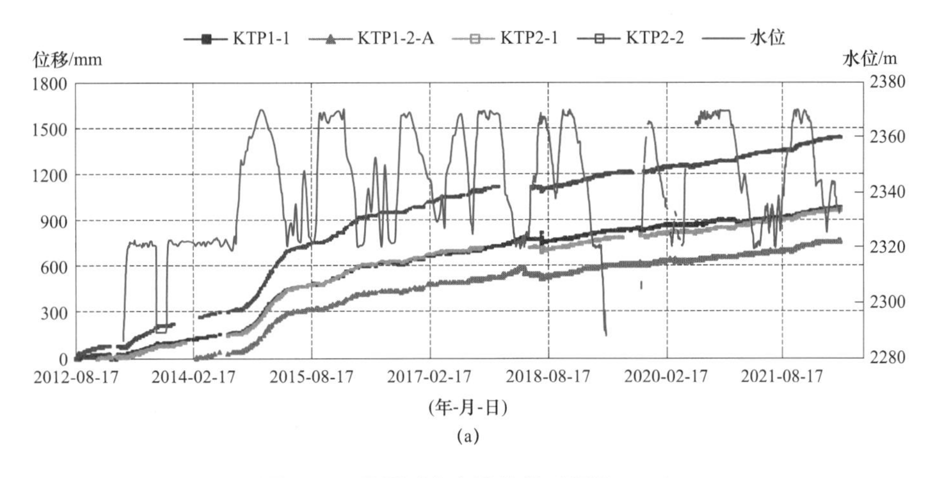

(a)

图 7－8　Ⅱ区测点水平位移过程线（一）

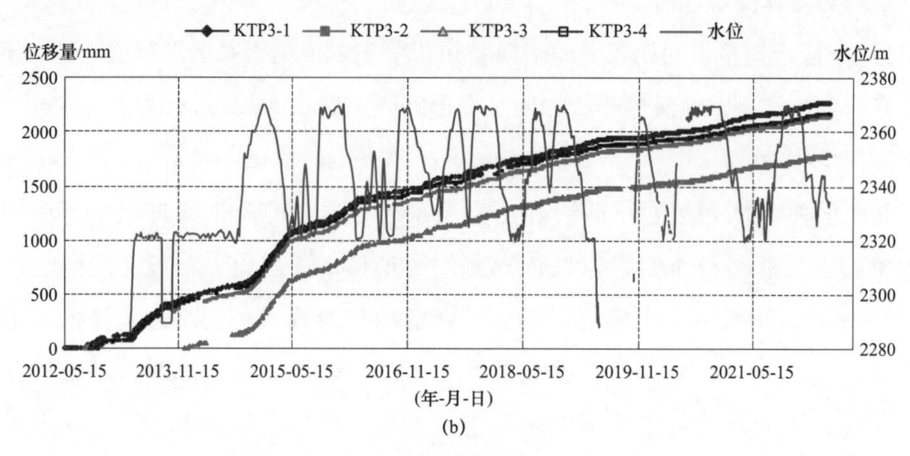

图 7-8　Ⅱ区测点水平位移过程线（二）

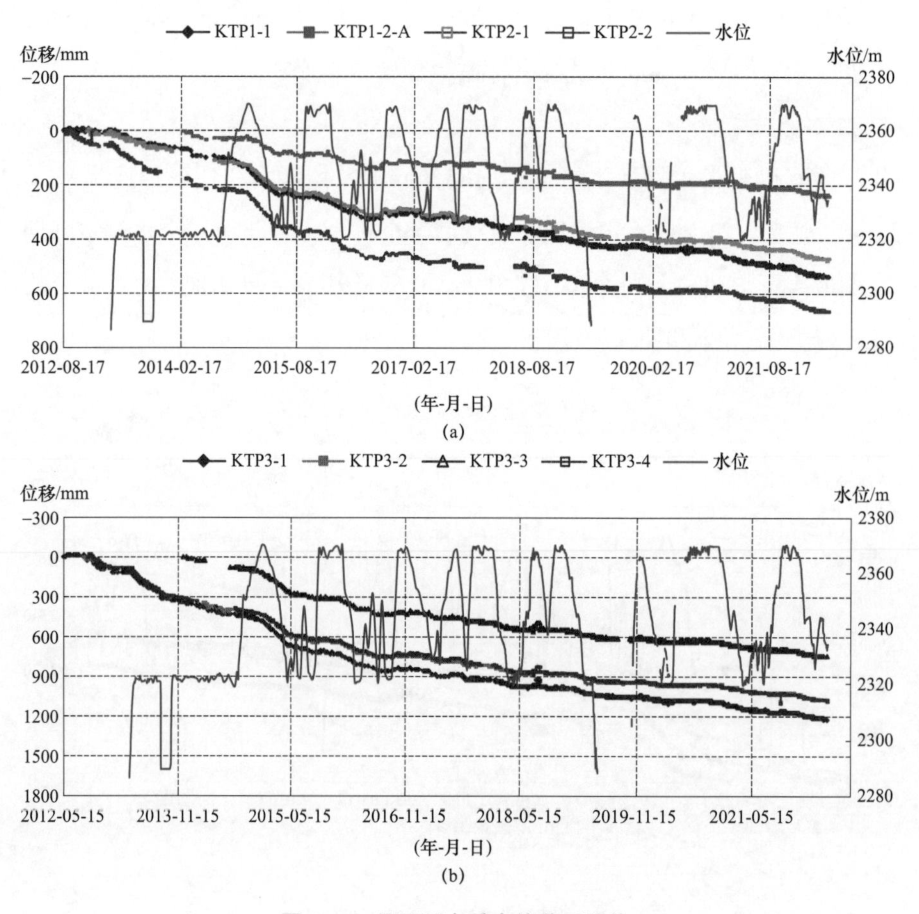

图 7-9　Ⅱ区测点垂直位移过程线

Ⅲ区蓄水以来最大累计水平变形 1283mm，二期蓄水初期变形速率最大，为 0.97mm/d。随后，第 2 个蓄水周期、地震后一个月、2018 年第 6 个水位下降期、水库放空期最大变形速率分别为 0.52、0.74、0.44、0.28mm/d。Ⅲ区测点水平和垂直位移过程线如图 7－10 和图 7－11 所示。

九寨沟“8·8”地震时，边坡变形速率突增，震后一段时间逐渐恢复至震前水平。目前边坡变形速率略呈减小趋势，但仍未收敛。

5. 边坡稳定分析结论

（1）根据边坡位置、重要性及失稳后的危害程度，确定Ⅱ－1a 区边坡和Ⅱ－1b 区边坡分别为 A 类Ⅱ级边坡、B 类Ⅱ级边坡。Ⅱ－1b 区边坡失稳将影响Ⅱ－1a 区边坡的安全。

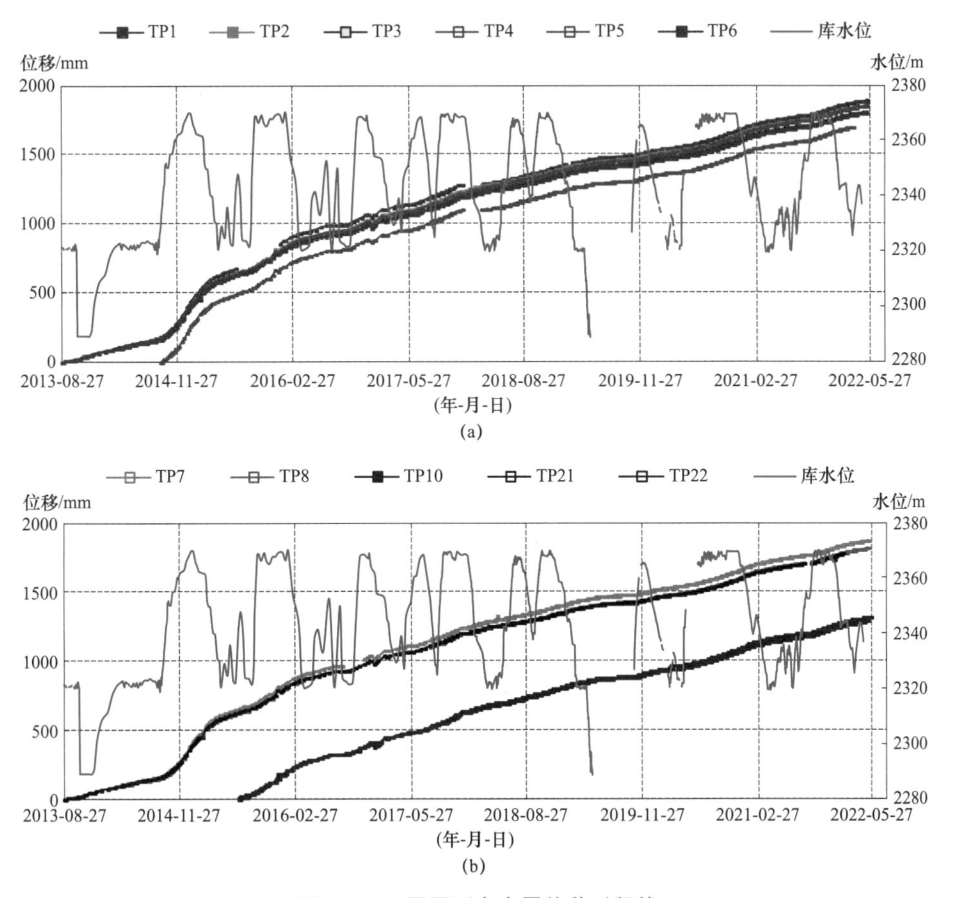

图 7－10　Ⅲ区测点水平位移过程线

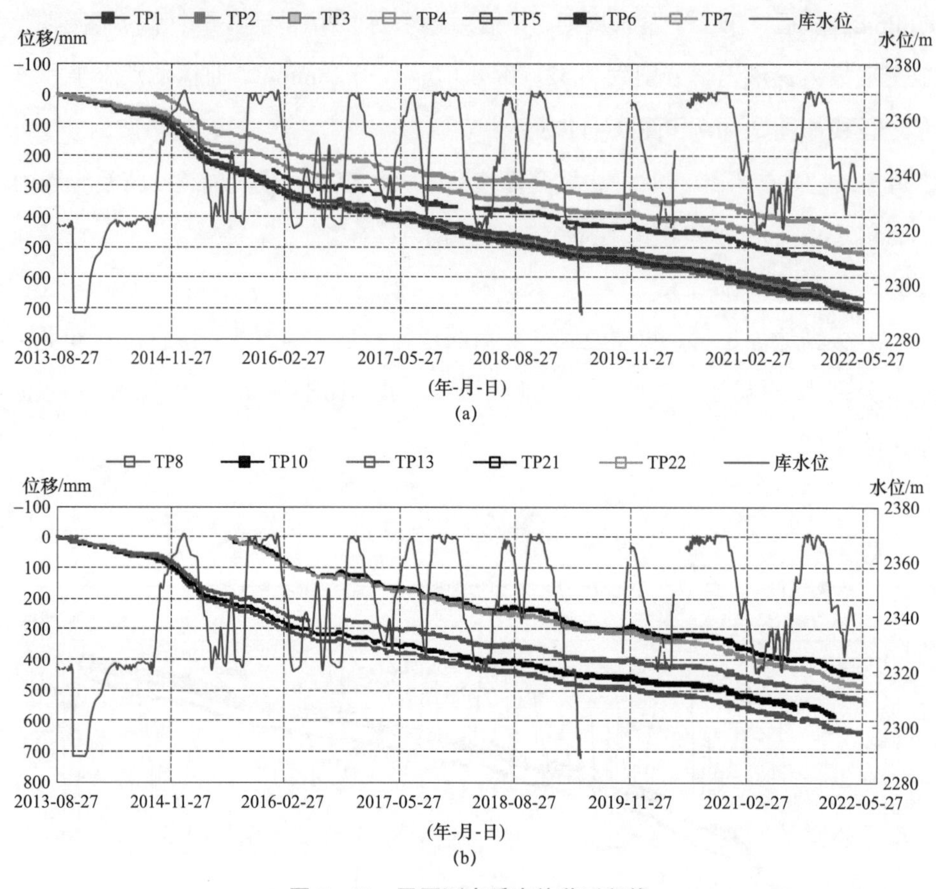

图 7-11 Ⅲ区测点垂直位移过程线

（2）采用刚体极限平衡法对Ⅱ-1 区边坡进行二维稳定计算分析，并拟定后缘高程、前缘剪出口、底滑面不同的 4 种深层、浅层滑移模式。计算结果表明，Ⅱ-1b 区边坡中部在未采取加固措施时浅层强倾倒松动破碎带岩体存在失稳可能，在采取现有加固措施后基本满足安全稳定控制标准，但安全裕度较小；Ⅱ-1 区边坡各工况下深层稳定满足要求，边坡整体基本稳定。

（3）采用有限差分法对近坝右岸边坡进行了二维和三维蠕变反演和长期变形计算分析。计算结果表明，边坡变形在库水涨落作用下仍会持续，但变形将不断减缓并收敛。

（4）Ⅱ区边坡尚未出现整体滑动变形迹象，边坡变形主要发生在 2013 年一期蓄水和 2014 年二期蓄水期间，引水隧洞 0+80m～0+150m 段衬砌出现开裂破坏发生在 2014 年二期蓄水期间及之后一段时间。二期蓄水期后，边坡岩体的总劣化度逐渐趋于平缓，坡体的变形速率逐渐减小，趋于平缓，边坡目前整体基本稳定，计算结果与实际情况相符。综上，岸坡破碎岩体受库水影响的蠕动变形将会持续较长的时间，其变形速率将呈逐渐减小的趋势。

7.3.4　边坡加固处理

（1）2014 年工程二期蓄水前，根据一期蓄水后边坡变形情况，对电站拦污栅闸室边坡、闸门竖井边坡及近坝右岸边坡 B1 区、B2 区、C1 区采取了削坡减载、框格梁、预应力锚索、抗滑桩、锚杆、挂网喷混凝土等加固处理措施。以 B1 区为例，采用了框格梁＋抗滑桩＋锚索的支护方式，在 2320～2375m 高程范围内采用框格梁支护，结合框格梁布置 3～5 排长 9m 的锚筋束；在 2340m 马道布置了 12 根抗滑桩，断面为 2.0m×3.0m；同时在 2340、2360m 高程布置两排共 14 根锚索，间距 4m，吨位 100t，深度 40m；2320m 马道处设混凝土贴坡式挡墙，挡墙高 3m，底宽 1.5m，顶宽 1m；2375m 至公路外边缘段为水上边坡，采用钢筋网锚喷的方式支护。近坝右岸边坡 B1 区前期支护图如图 7－12 所示。

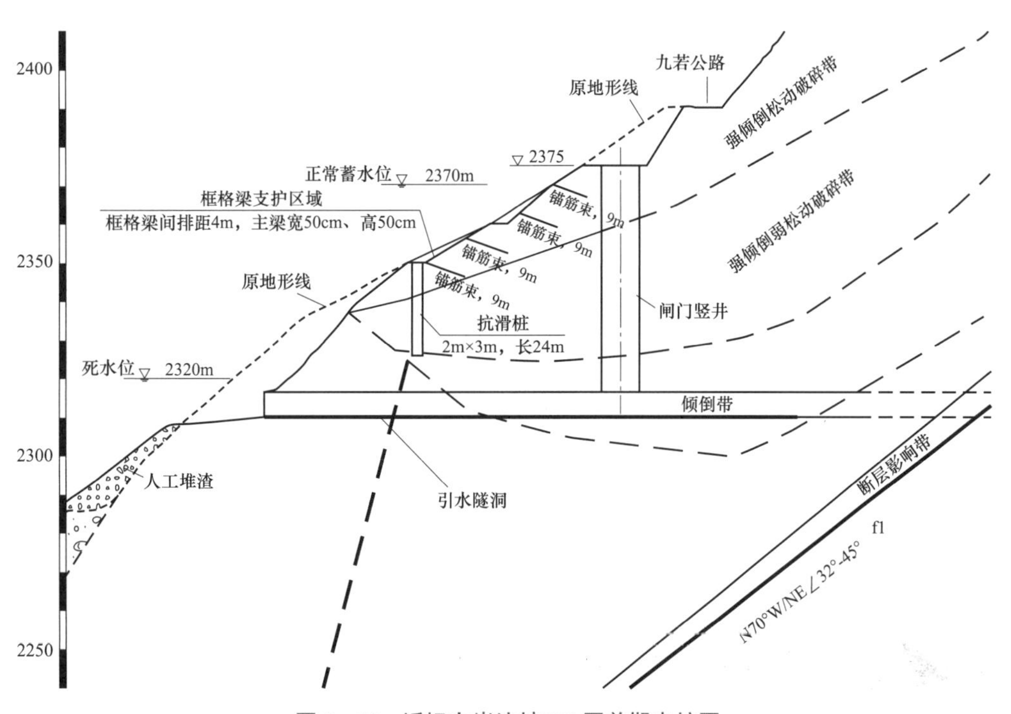

图 7－12　近坝右岸边坡 B1 区前期支护图

（2）2017 年九寨沟“8·8”地震发生后，近坝右岸边坡多处发现变形开裂现象，为遏制边坡变形进一步加剧影响工程正常运行和若九公路通行，在进水口闸门井开挖边坡下游顺河向长 100m、高程 2378～2415m 范围内实施了系统锚索+框格梁加固处理措施，完成公路高程以上 3 排锚索、公路以下 2 排锚索，共施工 91 束，于 2018 年 4 月完成。地震后裂缝坡体应急加固支护图如图 7－13 所示。

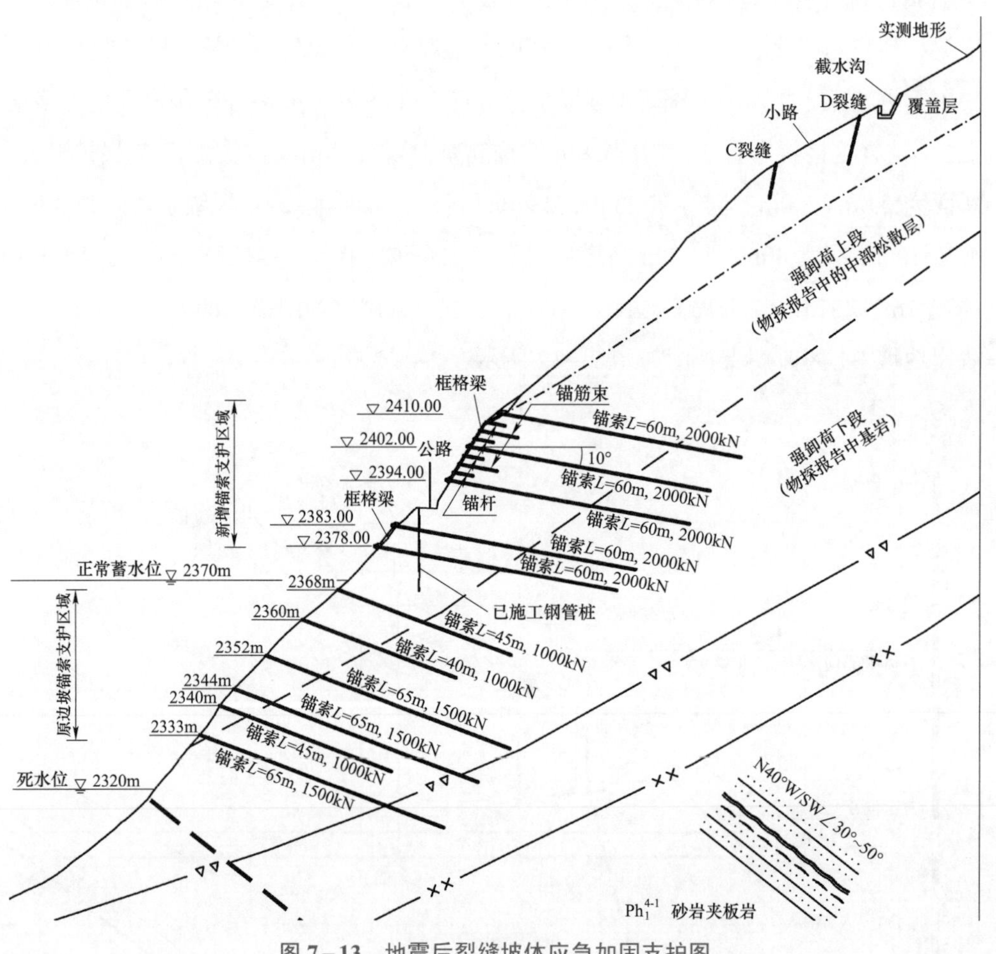

图 7－13　地震后裂缝坡体应急加固支护图

（3）针对 2019 年 4 月对水库进行放空检查发现的近坝右岸边坡水下部分框格梁挤出、破坏现象，采取了在水下边坡原有贴坡挡墙顶部增加 50cm 厚混凝土面板+3 排预应力锚索的加固处理措施，并于 2019 年 10 月水库恢复蓄水前实施完成。近坝右岸边坡水下加固典型剖面图和平面布置图如图 7－14 和图 7－15 所示。

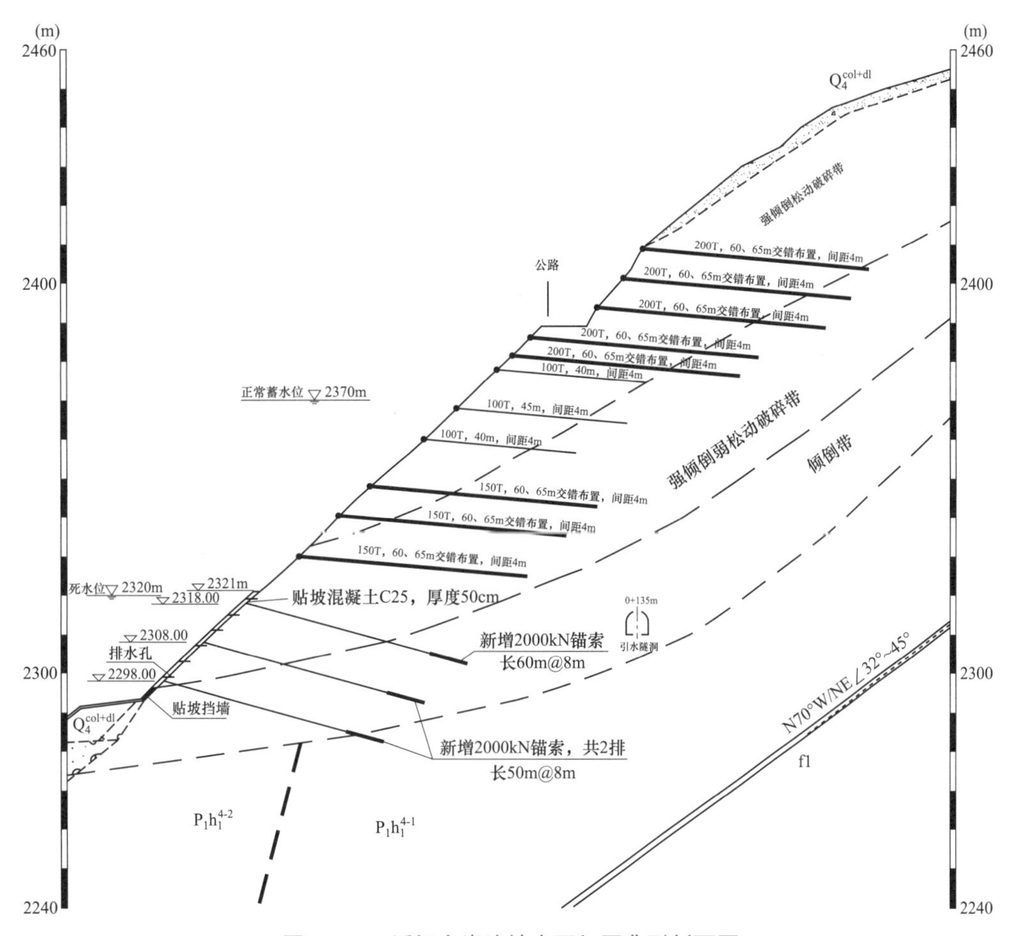

图 7－14　近坝右岸边坡水下加固典型剖面图

7.3.5　结论

综合边坡岩体结构、变形特征和成因分析、监测资料等分析，Ⅰ区为横向坡，未发现明显变形迹象，边坡基本稳定；Ⅱ区为反向坡，倾倒变形发育，边坡岩体倾倒拉裂、松动变形，预计变形将持续较长时间，边坡基本稳定～部分稳定性差，产生整体高速下滑的可能性不大；Ⅲ区为横向坡，岩体卸荷拉裂强烈，边坡整体基本稳定，部分边坡岩体沿顺坡向结构面蠕滑剪切变形，稳定性差。在采取了 3 次加固处理措施后，边坡整体基本稳定。右岸边坡岩体结构和变形机理复杂，工程处理难度大，根据目前的研究成果，边坡变形完全收敛还需较长时间，运行期需要进一步加强监测和巡视检查。

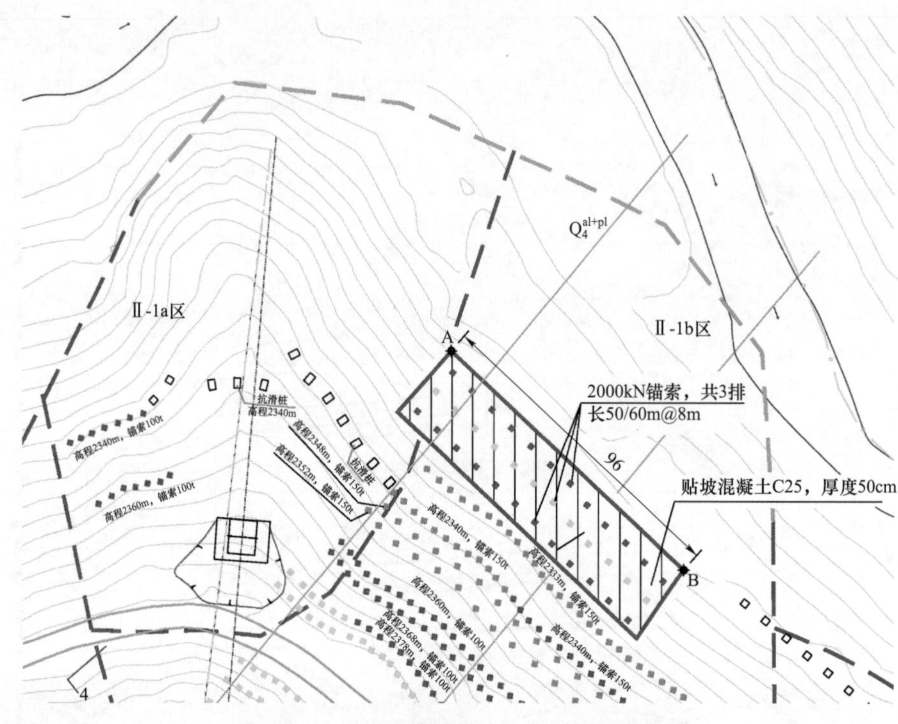

图 7-15　近坝右岸边坡水下加固平面布置图

7.4　TPY 水电站泥石流灾害治理

7.4.1　工程简介

TPY 水电站位于汶川县境内的岷江上游，距成都市 97km；工程以发电为主，电站总装机容量为 260MW。水库正常蓄水位为 1081.00m，相应库容为 92 万 m^3，属日调节水库；设计洪水位为 1077.30m，校核洪水位为 1079.30m。

工程枢纽由拦河闸坝、发电引水系统及发电厂房等组成。工程规模属三等中型，大坝等主要建筑物按 3 级建筑物设计，设计洪水重现期 50 年，校核洪水重现期 500 年。拦河坝为混凝土闸坝，从左至右布置发电进水口、左岸挡水坝段、引渠闸、溢流堰、冲沙闸、泄洪闸及右岸挡水坝段。坝顶高程为 1083.10m，坝顶总长 242m，最大闸高为 29.1m。发电进水口布置于左岸库岸山体内。泄洪建筑物布置于主河床，由 4 孔泄洪闸与 1 孔冲沙闸组成；泄洪闸与冲沙闸均为开敞式平底堰，堰顶高程分别为 1065.00、1069.00m，孔口净宽均为 12.00m；泄洪、冲沙闸闸室长 35m，下游设 80m 长的护坦。

工程于 1991 年 10 月开工建设；1994 年 10 月，工程下闸蓄水；同年 11 月，第 1 台机组并网发电。1996 年 2 月，4 台机组全部投产发电。

7.4.2 “8・20”泥石流灾害

1. “8・20”泥石流灾情概况

2019 年 8 月 20 日凌晨，汶川县银杏乡彻底关沟暴发泥石流，沿沟道对原已建泥石流治理的 5 道拦挡坝和固床排导槽等造成大面积损毁，泥石流冲毁沟口 G213 福堂隧道口大桥、施工钢架桥和沟口原都汶公路桥，泥石流堆积物推携桥面残体快速位移约 320m，堵塞岷江，摧毁对岸 TPY 水电站职工宿舍楼，并对上游造成约 10m 高的涌浪，导致 TPY 水电站拦河闸坝泄水闸门严重变形损坏、厂房机组停运，给电站造成了巨大损失。TPY 水电站“8・20”泥石流灾害情况如图 7–16 所示。

图 7–16　TPY 水电站“8・20”泥石流灾害情况

2. 灾后彻底关沟泥石流调查

（1）彻底关沟概况。彻底关沟沟域形态呈树叶状，沟域纵向长度 6.2km，沟域面积 16.49km^2。沟域最高点位于西南侧火烧坡，高程 3447m，最低点位于彻底关沟岷江汇入口，高程 1065.5m，相对高差 2381.5m。

彻底关沟流域相对高差大，地形陡峻，沟谷纵坡较大，有利于泥石流物质的汇集和成灾；从物源条件上看，沟内泥石流固体物源丰富，固体物源总量 743 万 m^3，可参与泥石流活动的动储量 195 万 m^3，其中汶川“5·20”地震后新增可参与泥石流活动的物源动储量 185 万 m^3；从水源条件上看，彻底关沟沟域面积较大，降雨较充沛，水源条件丰富。因此彻底关沟具备发生泥石流的基本条件。特别是汶川“5·20”地震后，由于物源量的增多，临界雨强可能减小，泥石流暴发频率大大提高，彻底关沟已由原来的中频泥石流沟转变成现在的高频泥石流沟。

（2）彻底关沟“8·20”泥石流情况。2019 年 8 月 20 日凌晨，集中暴雨致使沟内上游大量松散物源启动泥石流。约 35 万～40 万 m^3 的松散物源从 5 号拦挡坝上游向下游运动，摧毁 5 号坝上部的拦碴格栅后，淘蚀 5 号坝下游沟床护坦混凝土和沟床内覆盖层，携带沿途 4 号坝库内碴体、4 号坝与 3 号坝之间左侧小支沟泥石流堆积物、3 号坝库内碴体，又携带并淘蚀 2 号坝库内碴体，一起向下游运动。沿途摧毁 4 号坝坝体、3 号坝右侧拦碴格栅和 2 号坝部分钢筋混凝土格栅，漫过 2 号坝坝顶，向沟口一带运动。摧毁 2 号坝下游固床排导槽混凝土底板，并刷深 1～3m 厚沟床覆盖层。因 2 号坝下游沟床设有混凝土固床排导槽，且沟床坡降较大，致使泥石流体沿排导槽高速而下，摧毁 1 号低坝和沟口的 G213 国道过沟桥、施工临时钢架桥及原都汶公路老公路桥，高速冲入岷江。高速泥石流推移物在将 G213 国道过沟桥桥面、桥墩等碴体运移 320m 距离至对岸时，使对岸 TPY 水电站职工宿舍楼损坏。

泥石流堆积物曾短时间堰塞岷江河谷，并同时产生涌浪，使太平驿电站闸坝 4 号泄洪闸闸门脱离坝体被冲走、5 号泄洪闸闸门严重变形、3 号泄洪闸上部“T”形梁被上抬掀翻。

该泥石流造成岷江河谷淤堵，堆积范围约 350m×300m，按平均厚度 6～7m 估算，堆积体积约 60 万～70 万 m^3。据事件后现场调查，2012 年 8 月完成的彻底关沟沟内 5 道拦挡坝，从上往下的 4 号、3 号和 1 号坝均已基本被摧毁。2 号格栅坝及 5 号格栅坝副坝及护坦已损毁，主坝坝体及沟床坝基因泥石流冲刷而裸露，并有被淘蚀成空腔现象。

3. *泥石流灾害主要损失情况*

彻底关沟“8·20”泥石流冲积扇堵塞 TPY 水电站大坝下游的岷江河道，下游河道河底高程抬高，侵占过流断面，导致上游洪水位大大抬高，从而影响拦河闸坝及进水口的结构安全和防洪安全。

“8·20”泥石流灾后，TPY 水电站 2～5 号泄洪闸工作闸门及启闭机、引渠闸工作闸门及启闭机完全损坏，已丧失挡水和泄洪功能，工作闸门破坏后的残留体卡住泄洪闸孔；3～5 号泄洪闸检修门下游侧门机轨道梁完全～严重损坏，不能正常承载；2～5 号泄洪闸检修门槽局部损坏，不能正常下门；大坝安全监测系统电缆沟损坏，不能及时获得观测资料；闸顶栏杆损坏；拦漂闸和拦污栅闸污物堵塞；沉砾塘淤积严重。

闸首供电系统、照明设施、接地系统等存在部分损坏。闸首电源接入的 10kV 线路、35kV 线路部分损坏；10kV、35kV 闸用变压器损坏；闸首 400V 配电系统盘柜（配电房及启闭机房）浸水；闸首 2 号柴油发电机房进水受污染；闸首大坝照明系统损毁；闸首电缆及电缆桥架损毁；闸首接地系统部分损坏。由于厂房至闸首的 OPGW 光缆和 ADSS 光缆的进站段光缆损坏，造成电站厂房至闸首的监控系统、工业电视系统、通信系统无法运行。

7.4.3 “8・20”泥石流灾后恢复工程

（1）彻底关沟 1～5 号泥石流拦挡坝修复及堆渣清理。地方政府对彻底关沟 1～5 号泥石流拦挡坝进行了修复，同时清理了堆渣。另外，为减小彻底关沟再次爆发泥石流对太平驿电站的影响，大坝运行管理单位在彻底关沟沟口左侧布置了泥石流导墙。

（2）泥石流预警系统。彻底关沟“8・20 ”泥石流灾害对 TPY 大坝造成巨大的财产损失，对泥石流灾害进行实时、持续的检测预警，显得非常必要。

泥石流监测预警系统采用多种探测手段，实现对泥石流高发区域的实时快速监测。在泥石流易发源头地区采集地质信息，同时控制与通信子系统将泥石流发生情况信息通过移动通信、自组网通信和卫星通信多种方式传输至云服务器，通过云服务器对用户端进行灾情告知，便于后方人员可根据灾情信息迅速得知泥石流发生区域及灾害规模，可以有针对性地进行灾害救援处置。泥石流、崩塌、滑坡等时时被检测，触发报警，报警信息远程传输至控制中心判断灾情后指挥触发现场告警、报警数据在后方控制中心完成汇集和管理。系统智能化管理，具体设备自动供电、数据自动传输、故障自我诊断等能力，系统设备可远程遥测遥控。

彻底关沟泥石流监测预警平台建设于 2021 年 6 月完成并投入运行。主要设备为两台泥石流雷达、两套 4G 传输系统。

（3）水工建筑物毁坏恢复。根据灾损调查及评估成果，闸坝各功能水工建筑物等大体积混凝土结构未见破坏，闸坝结构总体安全；受损的主要为门机轨道梁、牛腿二期混凝土、坝顶栏杆等。

大坝运行管理单位更换损坏的泄洪闸检修闸门门机轨道梁，修复了检修闸门门槽、损坏的工作弧门支铰埋件和牛腿，恢复闸顶观测设施。

（4）下游河道治理。“8 • 20”泥石流灾后，造成彻底关沟沟口的岷江河床大面积淤积，大量的孤块石停淤于河床，抬高了闸坝下游河床水位，影响闸坝的正常运行。

大坝运行单位对拦河闸下游河道进行疏浚清淤，确定合理的清淤河段范围和清淤断面尺寸，恢复太平驿闸坝下游河道的行洪能力。按审定的开挖疏浚方案、2013年河道地形图，下游河道按一期底宽 31.5m、纵坡 0.25%断面开挖疏浚并将左岸滩地中转暂存渣场清空后，20 年一遇洪水、50 年一遇洪水、500 年一遇洪水情况下，护坦末洪水位分别降低到 1071.93、1072.69、1075.13m，相应坝前洪水位分别为1075.55、1076.62、1080.45m；进一步的坝顶高程复核计算成果表明，坝顶高程控制工况为最高库水位下闸顶桥梁下的排漂防撞净空要求，坝顶高程计算值为1082.75m，低于当前坝顶高程 1083.10m，满足防洪安全要求。

为减轻彻底关沟泥石流对拦河闸坝的不利影响，在彻底关沟口段开挖排导槽并在沟口敞口段位置施工完成泥石流导墙，将冲积物导向岷江下游方向。

（5）机电设备与金属结构。按照“无人值班，远程控制”标准对相应设备及控制系统进行技改恢复。根据治理要求，更换的拦河闸 1 号冲沙闸、2～5 号泄洪闸的工作闸门及液压启闭机，同时配置两套移动式无电应急操作器，可在液压启闭机失去交流电源、柴油发电机电源等主、备电源后，通过自带柴油动力单元驱动液压系统带动启闭机运行，实现紧急情况下的应急启闭闸门。为了防止 1 号冲沙闸和 2～5号泄洪闸工作弧门在电站遭受灾害过程中液压启闭机油缸发生下滑或油缸损坏造成闸门关闭现象，在每套弧门闸顶平台增设弧门锁定装置，弧门全开状态下通过锁定装置将弧形闸门进行机械锁定。

（6）安全监测。按灾前测点布置，恢复坝顶水平位移、垂直位移、坝基扬压力等监测设施，并实现自动化监测，增设泥石流预测预警设施。

7.4.4 主要结论

（1）彻底关沟区域内地形较为陡峻，地质条件复杂，特别是“5 • 12”地震后，区内崩塌、不稳定斜坡、支沟泥石流等较发育，为泥石流形成提供了更丰富的物源。该沟曾于 1952 年、2011 年、2019 年发生过泥石流，结合彻底关沟危险性指数和易发程度评价成果，综合判断彻底关沟是一条危险性大、易发的中频泥石流沟。彻底关沟泥石流是 TPY 闸坝区运行安全面临主要的地质灾害风险，是电站“8 • 20”泥石流受灾的直接原因。

（2）彻底关沟内的 2～4 号坝按照原设计方案完成了修复，并对库内淤积进行了清理。根据目前现状初步判断，2019 年“8·20”泥石流灾害共冲出彻底关沟泥石流物源量约 60 万～70 万 m^3，沟内尚留存约 100 万 m^3 的松散物源，当再遇暴雨或连续降雨，在上游沟谷有泥石流活动或遇较大洪水的情况下，仍然有发生泥石流的可能。

（3）TPY 水电站大坝“8·20”泥石流灾后恢复工程已按设计方案进行了治理，增加了泥石流监测预警和风险防控措施，运行中需要持续关注泥石流地质灾害。

展　望

安全是发展的前提，发展是安全的保障。党和国家领导人高度重视水电站大坝安全，近年来多次对水电站大坝、防汛救灾、安全生产等相关领域作出重要指示批示。十四届全国人大二次会议指出，要坚持以高质量发展促进高水平安全，以高水平安全保障高质量发展。水电站大坝安全事关人民生命财产安全和社会稳定，不断推进工程隐患治理能力现代化是保持电力安全、能源安全良好形势的必然要求。面对新阶段、新形势、新挑战，工程隐患治理技术的不断进步已逐步成为避免大坝运行安全事故事件的重要保障。在实践的过程中，以下八个方面可以作为推进高质量工程隐患治理的着力点。

一是要坚持依法依规落实主体责任。坚决贯彻落实好党和国家领导人对水电行业的重要指示批示精神和党中央的有关决策部署，不折不扣落实国家能源局的相关工作要求。强化“依法管坝”，根据现行水电站大坝安全法规体系，尤其是近年来国家能源局印发的《水电站大坝工程隐患治理监督管理办法》《水电站大坝运行安全应急管理办法》等文件，严格按照法律法规要求落实好企业主体责任和监管责任。

二是要建立大坝安全工程隐患排查机制。大坝安全监测是大坝运行安全的耳目，是掌握工程运行状态及尽早发现工程隐患的重要手段，应当按照有关技术标准严肃认真执行。大坝安全检查是发现大坝安全问题的重要手段，应根据有关法规文件要求开展大坝安全日常巡查、年度详查、定期检查，在汛前、汛后、暴风雨、特大洪水或者强烈地震发生后及时开展专项检查或特种检查，确保隐患早发现早处理。

三是要积极关注气候变化新趋势。大坝安全运行管理要密切关注全球气候变化的影响。对于小流域大坝，尤其是抽水蓄能电站上、下水库等中、小型水库的设计洪水计算中大部分通过降雨推求，大坝承受极端暴雨等事件的能力较弱，设计和运行都要充分考虑气候变化的大趋势，充分考虑极端降雨影响。

四是要健全自然灾害风险评估机制。水电站大坝运行管理应立足于极端，定期辨识评估可能影响大坝运行安全的危险因素，特别是在气候变化、极端气候频发的大背景下，落实研究具体有效的防范管控措施。

五是要进一步完善水情预测预报，科学开展洪水调度。应着力建设、完善先进、有效的水情预报系统，及时掌握雨水情、预测入库洪水，为极端暴雨情况下的水库预泄等应急准备工作创造条件，化被动应对为主动防范。应推动水库洪水调度技术升级，提高水库洪水调度的科学性、准确度。

六是要不断完善大坝安全应急管理。应在风险动态评估的基础上，针对极端天气灾害给大坝安全带来的风险和危害，制定并持续修订完善大坝安全应急预案、现场处置方案。应建立健全应对极端天气、自然灾害及突发事件等的预警和应急响应机制，加强灾害预警预判和相关方协调联动。应加强多层级的应急演练，提高基层一线、流域公司、集团以至区域地方政府层面的应急响应水平。

七是要不断加强新技术的研发应用，提高应对突发事件的技术装备水平和技术能力。应不断完善大坝安全监测自动化和在线监控系统建设，强化运维管理，提高对大坝运行性态实时把控能力。应加快建设空－天－地一体的监测感知装备，提升对高山峡谷地区极端暴雨、洪水、地质灾害等风险的监测感知能力。应运用数字孪生、人工智能等新技术，推动、推广自然灾害情景构建技术的实用化，实现风险预测、预判、预警和预控。应尽快实现在水电站现场配备卫星电话、北斗短报文终端等可靠的信息传输设备，确保非常时期的通信链路畅通。

八是要强化监督管理，持续推动行业技术进步。持续强化大坝运行安全监督管理，不断提高运行水电站大坝本质安全水平。传承和发扬好电力行业大坝安全管理的先进经验，结合新形势推陈出新。始终坚持工程与非工程措施两手抓，安全管理和技术管理两手硬的工作方向，稳基础、强手段、上水平。

总体上看，近年来我国大坝隐患治理与应急管理成果丰硕，但也面临新形势、新挑战、新任务，主要包括：大坝安全工作要求明显提高；大坝安全工作任务更加艰巨；大坝安全工作基础尚不牢固；大坝运行面临自然条件愈加复杂；大坝安全风险隐患依然突出；大坝应急能力建设任重道远。

这些新任务、新要求始终鞭策着全行业，继承和发扬我国水电站大坝工程隐患治理研究和实践的经验，坚持问题导向，加强风险隐患排查整治和新技术新装备研发应用，进一步夯实大坝安全基础，切实维护人民群众的切身利益和国家安全稳定。

参 考 文 献

[1] 黄维，彭之辰，杨彦龙，等. 水电站大坝运行安全关键技术［M］. 北京：中国电力出版社，2023.

[2] 钮新强，杨启贵，谭界雄，等. 水库大坝安全评价［M］. 北京：中国水利水电出版社，2007.

[3] 王民浩，杨志刚，刘世煌. 水电水利工程风险辨识与电力案例分析［M］. 北京：中国电力出版社，2010.

[4] 杨彦龙，郑子祥，刘畅快. 水电站大坝防洪安全评价总结报告［R］. 杭州：国家能源局大坝安全监察中心，2016.

[5] 杜雪珍，聂广明，郑子祥. 第四轮水电站大坝安全定期检查总结报告［R］. 杭州：国家能源局大坝安全监察中心，2019.

[6] 杨彦龙，李健，郑子祥. 少资料地区水库设计洪水推求不确定性分析［J］. 水利规划与设计，2021（06）：47－49，83，131.

[7] 中国水利电力物探科技信息网. 工程物探手册［M］. 北京：中国水力水电出版社，2010.

[8] 何继善，电法勘探的发展和展望［J］. 地球物理学报，1997.40（增刊）：309－316.

[9] 张秀丽，杨泽艳. 水工设计手册（第 2 版）第 11 卷　水工安全监测［M］. 北京：中国水利水电出版社，2013.

[10] 吴中如. 水工建筑物安全监控理论及其应用［M］. 北京：高等教育出版社，2003.

[11] 吴中如. 重大水工混凝土结构病害检测与健康诊断［M］. 北京：高等教育出版社，2005.

[12] 郑子祥，张秀丽. 湖南白云水电站大坝异常渗漏原因分析及放空处理［J］. 大坝与安全，2015，（06）：25－30.

[13] E. Fadaei Kermani, G. A. Barani, M. Ghaeini Hessaroeyeh. Cavitation damage prediction on dam spillways using Fuzzy-KNN modeling［J］. Journal of Applied Fluid Mechanics, 2018, 11(02): 323－329.

[14] Ojha P.N., Trivedi A., Singh B., et al. High performance fiber reinforced concrete-for repair in spillways of concrete dams［J］. Research on Engineering Structures and Materials, 2021, 7(04): 505-522.

[15] Government of India, Central Water Commission, Central Dam Safety Organization. Manual for rehabilitation of large dams［M］. New Delhi: Dam Safety Rehabilitation Directorate, 2018.

[16] Abigail Stein, Aled R. Hughes, Rick Deschamps, et al. Wanapum Dam repaired using

post-tensioning anchors [J]. The Journal of the Deep Foundations Institute, 2018, 12(02): 81－93.

[17] 慕洪友，娄威立，郑雪玉. RM 水电站泄洪雾化特性及边坡防治对策 [J]. 水电与抽水蓄能, 2019，5（06）：103－110.

[18] 杜雪珍，王樱畯，汪振. 河岸式溢洪道运行存在问题及治理对策探讨 [J]. 大坝与安全，2022，（06）：4－9.

[19] 李建会，冉从勇，何兰. 猴子岩水电站泄洪雾化区堆积体治理设计 [J]. 人民长江，2014，45（08）：51－54.

[20] 周兴波，周建平，杜效鹄. 美国奥罗维尔坝溢洪道事故分析与启示 [J]. 水利学报，2019，50（05）：650－660.

[21] 郭伟，于红彬，柴喜洲，等. 某水电站泄洪洞运行混凝土损伤修复技术 [J]. 人民长江，2016，47（11）：51－54＋69.

[22] 班懿根. 奴尔水利枢纽泄洪冲沙洞及消力池修复设计 [J]. 水利科学与寒区工程，2022，5（02）：98－100.

[23] 郭伟. 糯扎渡水电站泄洪洞工作闸门上游中隔墩修复施工技术研究 [J]. 水利水电快报, 2021，42（S1）：81－83.

[24] 练继建，何军龄，缑文娟，等. 泄洪雾化危害的治理方案研究 [J]. 水力发电学报，2019，38（11）：9－19.

[25] 邝亚力，韩炜，景锋，等. 新型裂缝修补材料在金沙江溪洛渡溢洪道中的应用研究 [J]. 长江科学院院报，2015，32（07）：119－121.

[26] 于海龙，张彦辉，田一，等. 鱼塘水电站溢洪道泄槽段水毁原因解析及修复方法 [J]. 中国水运（下半月），2016，16（01）：186－187.

[27] 王辉义, 秦辉. 奥洛维尔大坝溢洪道事故反思 [J]. 大坝与安全，2018，（01）：67－70.

[28] 董鹏顶. 浅析地质灾害治理中边坡稳定问题及治理方法 [J]. 内蒙古煤炭经济，2022（23）：181－183. DOI:10.13487/j.cnki.imce.022962.

[29] 董玉翠，刘小滨，王殿良. 探究山地泥石流地质灾害特征治理技术及应用 [J]. 内蒙古煤炭经济，2022（14）：169－171. DOI: 10.13487/j.cnki.imce.022402.

[30] 刘思甲，游焰东，姜莹莹. 水工环地质技术在地质灾害治理中的应用 [J]. 当代化工研究，2023（15）：113－115. DOI: 10.20087/j.cnki.1672－8114.2023.15.038.

[31] 王自高，何伟. 水电水利工程地质灾害问题分类 [J]. 地质灾害与环境保护，2011，22（04）：35－40.

[32] 席亚龙. 岩溶地面塌陷区地质灾害治理方法研究 [J]. 绿色环保建材，2021（10）：23－24.

DOI: 10.16767/j.cnki.10－1213/tu.2021.10.012.

［33］袁军. 长江三峡库区重庆市丰都丁庄裂口工业区滑坡及危岩治理工程研究［D］. 重庆：重庆大学，2003.

［34］杨作青. 地质灾害工程中边坡稳定性及滑坡治理措施［J］. 四川水泥，2021（01）：93－94.

［35］朱国平. 水电工程边坡加固与治理的方法［J］. 四川水力发电，2011，30（02）：41－43.

［36］张进，张成强. 水利水电工程施工中常见地质灾害预防措施与安全管理［C］//《施工技术》杂志社，亚太建设科技信息研究院有限公司. 2021年全国土木工程施工技术交流会论文集（中册）. 云南建投第一水利水电建设有限公司，2021：2. DOI: 10.26914/c.cnkihy.2021.034390.

［37］张立. 浅析地质灾害治理与防治措施［J］. 中国金属通报，2022（12）：231－233.

［38］周琦. 浅析地质灾害治理中水工环地质技术的应用［J］. 世界有色金属，2023（13）：133－135.

［39］张雄，杨泽艳. 我国水电工程边坡治理若干问题的思考与研究［J］. 水力发电，2018，44（08）：23－27+46.